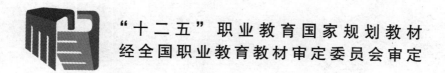

"十二五"职业教育国家规划教材
经全国职业教育教材审定委员会审定

单元机组运行与仿真实训

主　编　陈　洁　齐　强

副主编　姜锡伦　黄　锋　张仁金

编　写　付　蕾

主　审　谭欣星

中国电力出版社
CHINA ELECTRIC POWER PRESS

内 容 提 要

本书为"十二五"职业教育国家规划教材。

本书依据火电厂集控运行工作对知识和能力的需求来选择和组织内容,重点介绍了单元机组的启动、运行调节、停运及事故处理,注重强调工作任务和岗位能力与知识的联系。全书紧密围绕单元机组运行所需的知识和技能,将单元机组运行分解为5个项目共19个相对独立的学习任务,充分体现了工作过程的完整性。每个任务主要由教学目标、任务描述、任务准备、相关知识、任务实施等部分组成。

本书可作为高职高专电力技术类火电厂集控运行、电厂热能动力装置及相近专业的教材,也可作为中、高级工和电厂运行人员的培训教材。

图书在版编目（CIP）数据

单元机组运行与仿真实训 / 陈洁,齐强主编. —北京:中国电力出版社,2015.8(2021.2重印)

"十二五"职业教育国家规划教材

ISBN 978-7-5123-7076-0

Ⅰ. ①单… Ⅱ. ①陈… ②齐… Ⅲ. ①火电厂－单元机组－电力系统运行－高等职业教育－教材 Ⅳ. ①TM621.3

中国版本图书馆 CIP 数据核字（2015）第 033566 号

中国电力出版社出版、发行

（北京市东城区北京站西街 19 号　100005　http://www.cepp.sgcc.com.cn）

三河市航远印刷有限公司印刷

各地新华书店经售

*

2015 年 8 月第一版　2021 年 2 月北京第二次印刷

787 毫米×1092 毫米　16 开本　15 印张　363 千字

定价 30.00 元

前　　言

本书主要以典型 300MW 燃煤火电机组为背景组织材料，分为 19 个基本学习工作任务。每个任务按指导行动的思维过程所具有的六大环节，即"资讯、计划、决策、实施、检查、评估"进行编写，并据此指导学生的学习活动，实现学习过程的完整性，从而为学生从事单元机组运行的职业活动、实现工作过程的完整性打下坚实的基础。本书注意但不强求知识的体系与结构完整，知识内容的采编仅体现在为完成学习工作任务所必需的知识信息准备以及在分析工作问题中的具体应用上。

本书项目 1、项目 2 中任务 2.1、2.2、2.8 由长沙电力职业技术学院陈洁编写；项目 2 中任务 2.3、2.9、2.10 由西安电力高等专科学校齐强编写；项目 2 中任务 2.4～2.6 和项目 5 中任务 5.1 由郑州电力高等专科学校姜锡伦编写；项目 2 中任务 2.7 由长沙电力职业技术学院付蕾编写；项目 3 由福建电力职业技术学院张仁金编写；项目 4 和项目 5 中任务 5.2 由山西电力职业技术学院黄锋编写。全书由陈洁统稿。

本书由长沙理工大学谭欣星主审，并在编写过程中征求了许多从事火电厂集控运行工作的专家的意见，得到了许多同仁的大力支持和帮助，在此一并表示深切的谢意。

限于编者水平，书中疏漏之处在所难免，恳请专家和读者批评指正。

编　者

2015 年 6 月

目　　录

项目 1　单元机组集控环境

【教学目标】

知识要求：（1）了解单元机组，建立单元机组集控运行的概念。

（2）熟悉单元机组集控对象，了解锅炉、汽轮机、发电机—变压器组的结构，掌握机组额定工况下主要参数。

（3）掌握分散控制系统（DCS）画面的切换，以及各种阀门及各种弹出式窗口的操作方式。

能力要求：（1）能说出锅炉、汽轮机、发电机—变压器组的主要参数。

（2）能熟练操作 DCS 画面；会根据界面颜色判断各种执行机构的工作状态，并能熟练操作弹出式窗口。

态度要求：（1）能主动学习，在完成任务过程中能够发现问题、分析问题和解决问题。

（2）在严格遵守安全规范的前提下，能与小组成员通过协商和交流配合完成本学习任务。

【任务描述】

班级学生自由组合为 4～6 人的运行学习小组，各运行学习小组自行选出单元长（由锅炉主控兼任），并明确各小组成员的角色及岗位职责。在仿真环境下，各运行学习小组掌握单元机组集控对象和集控系统，为后续工作任务的学习打下基础。

【任务准备】

课前预习相关知识部分。根据典型的单元机组集控运行控制对象的结构特点和主要运行参数，独立回答下列问题。

（1）什么是单元机组集控运行？单元机组集控运行的主要内容有哪些？

（2）本机组锅炉、汽轮机、发电机的型号和类型是什么？

（3）单元制火电机组的 DCS 由哪些子系统组成？

（4）站在自身岗位的角度，阐述如何做好一个值班员。

【相关知识】

一、单元机组及集控运行的概念

（一）单元机组的构成和特点

典型的单元机组系统如图 1-1 所示。

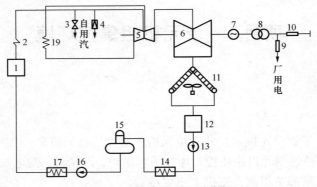

图 1-1　典型单元机组系统

1—锅炉；2—过热器；3—阀门；4—减压阀；5—汽轮机高、中压缸；6—汽轮机低压缸；7—发电机；8—主变压器；
9—厂用电开关设备；10—发电开关设备；11—直接空冷凝汽器；12—凝结水箱；13—凝结水泵；
14—低压加热器；15—除氧器；16—给水泵；17—高压加热器；18—再热器

　　每台锅炉直接向所配合的一台汽轮机供汽，汽轮机驱动发电机，发电机发出的电能直接经一台升压变压器送往电力系统，组成炉、机、电纵向联系的独立单元。各独立单元之间没有大的横向联系，在机组正常运行时，本单元所需要的蒸汽和厂用电均取自本单元。这种独立单元系统的机组称为单元机组。

　　与非单元制系统（母管制系统）相比，单元机组系统简单、管道短，发电机电压母线短，管道附件少，发电机电压回路的开关电器少，投资最为节省，系统本身发生事故的可能性也最少，操作方便，便于滑参数启、停，适合炉、机、电集中控制。

　　单元机组的缺点是其中任一主要设备发生故障时，整个单元都要被迫停止运行，相邻单元之间不能互相支援，机炉之间也不能切换运行，运行的灵活性较差；当系统频率发生变化时，单元机组由于锅炉的热惯性大，故对负荷变化的适应性相对较差。

（二）单元机组集控运行的概念和内容

1. 单元机组集控运行

　　单元机组的炉、机、电纵向联系非常密切，相互构成了一个不可分割的整体。因此在单元机组的运行中，必须把锅炉、汽轮机、发电机—变压器组及其连接设备作为一个整体来进行监视和控制，这就是所谓的单元机组集控运行。

2. 单元机组集控运行的内容

　　单元机组集中控制应能满足以下要求：

　　（1）对机组实现各种方式的启动、停运。

　　（2）在机组正常运行时，对设备的运行情况进行监视、控制，维护，以及对有关参数进行调整。

　　（3）机组的紧急事故处理。

　　单元机组集控运行的内容如下：

　　（1）自动检测。自动检查和测量反映单元机组运行情况的各种参数和工作状态，监视单元机组运行的生产情况和趋势。

　　（2）自动调节。自动维持单元机组在规定的工况下安全、经济地运行。

　　（3）程序控制。根据值班员的指令，自动完成整个机组或局部工艺系统的程序启停。

（4）自动保护。当机组运行情况出现异常或参数超过允许值时，及时发出报警信号或进行必要的动作，以避免发生设备事故和危及人身安全。

二、单元机组集控对象

单元机组集控运行的控制对象包括：锅炉本体及燃料供应系统、给水除氧系统、汽轮机本体及其冷却系统、抽汽回热加热系统、凝结水系统、润滑油系统、发电机—变压器组系统、高低压厂用电及直流电源系统等。升压母线及送出线电气系统另设网控室控制。全厂公用系统中，水处理系统、氢气制备、燃料运输系统、循环水系统、压缩空气系统、脱硫系统等采用公用辅助 DCS 控制。

（一）锅炉总体介绍

1．锅炉整体布置

图 1-2 所示为哈尔滨锅炉厂采用美国 ABB-CE 公司引进技术设计制造的 HG-1056/17.5-YM39 型锅炉，与哈尔滨汽轮机厂 NZK300-16.7/537/537 型汽轮机及哈尔滨电机厂 QFSN-300-2 型发电机匹配成单元机组。锅炉为亚临界参数、一次中间再热、自然循环、单炉膛、固态排渣煤粉炉。设计燃用煤种为乌达烟煤。在锅炉的最大连续蒸发量（BMCR）1056t/h 时，机组电负荷为 329.137MW；机组在额定电负荷 300MW 时，锅炉的额定蒸发量为 943.8t/h。采用中速磨煤机直吹式制粉系统、四角切圆燃烧、固态排渣方式。过热蒸汽温度采用二级三点喷水调节，再热蒸汽温度调节方式采用摆动燃烧器调节。锅炉采用全钢结构构架、高强螺栓连接，连接件接触面采用喷砂处理工艺，提高了连接结合面间的摩擦系数，锅炉为紧身封闭布置结构。

锅炉本体具有下列设计特点：

（1）锅炉为单炉膛，采用四角布置的摆动式直流燃烧器、切向燃烧方式。每角燃烧器为五层一次风喷口，燃烧器采用传统的大风箱结构，由隔板将大风箱分隔成若干风室。每角燃烧器共有 14 个风室，其中顶部燃尽风室 2 个，上端部辅助风室 1 个，其间煤粉风室 5 个，油风室 3 个，中间辅助风室 2 个，下端部辅助风室 1 个。一次风喷嘴可上下摆动 20°，二次风喷嘴可上下摆动 30°，顶部燃尽风室喷嘴反切 18°，可削弱炉膛上部的气流旋转，减少炉膛出口烟温偏差，并且能够上下做 +30～−5° 摆动，以改变燃烧中心区的位置，调节炉膛内各辐射受热面的吸热量，从而调节再热汽温。制粉系统为正压直吹式，配 5 台 ZGM95N 型中速磨煤机，在 BMCR 工况时，4 台磨煤机运行，一台备用。

（2）锅炉的汽包、过热器出口及再热器进出口均装有直接作用的弹簧式安全阀。在过热器出口处装有一套动力排放阀（PCV），以减少安全阀的动作次数。

（3）汽温调节方式。为消除过热器出口左右汽温偏差，过热汽温采用二级三点喷水。第一级喷水减温器设于低温过热器与分隔屏之间的大直径连接管上，布置一点；第二级喷水减温器设于过热器后屏与末级过热器之间的大直径管上，分左右两点布置。减温器采用笛管式，设计喷水量为 BMCR 工况下主蒸汽流量的 10%，其中一级减温水设计喷水量为总喷水量的 2/3，二级减温器设计喷水量为总喷水量的 1/3。再热汽温的调节主要靠燃烧器摆角摆动来调节，过量空气系数的改变对过热器和再热器的调温也有一定的作用。再热器的进口导管上装有两只雾化喷嘴式喷水减温器，主要作为事故喷水减温用。设计事故喷水量为 BMCR 工况下再热蒸汽流量的 5%。

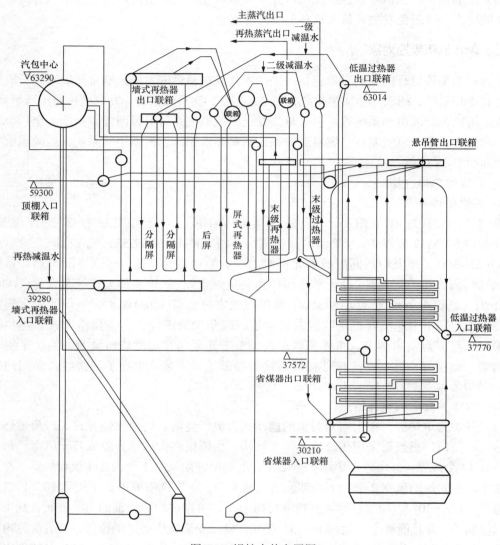

图 1-2　锅炉本体布置图

　　在炉膛、各级对流受热面和回转式空气预热器处均装设不同形式的吹灰器，吹灰器的运行采用可编程序控制，所有的墙式吹灰器和伸缩式吹灰器根据燃煤和受热面结灰情况每 2～4h 全部运行一遍。炉膛及炉膛出口水平烟道采用蒸汽式吹灰器，尾部烟道和回转式空气预热器采用脉冲式吹灰器。

　　在锅炉的尾部竖井下联箱装有容量为 5% 的启动疏水旁路。锅炉启动时利用该旁路进行疏水以达到加速过热器升温的目的。该 5% 容量的小旁路可以满足机组冷、热态启动的要求。

　　锅炉装有炉膛安全监控系统（FSSS），用于锅炉的启、停、事故解列以及各种辅机的切投，其主要功能是炉膛火焰监测和灭火保护，对防止炉膛爆炸和"内爆"有重要意义。

　　机组由 DCS 进行汽轮机和锅炉之间的协调控制，它将锅炉和汽轮机作为一个完整的系统来进行锅炉的自动调节。

2. 各受压部件

（1）锅炉给水和水循环系统。锅炉给水从省煤器入口联箱进入省煤器蛇形管，给水在省煤器蛇形管中与烟气呈逆流向上流动，给水被加热后汇集到省煤器出口联箱，再经省煤器出口连接管引到炉前，并从汽包的底部进入汽包。汽包底端设置了 4 根集中下降管，由下降管底端的分配联箱接出 74 根分散引入管，进入水冷壁下联箱。炉膛四周为全膜式水冷壁，从冷灰斗拐点以上 3m 到分隔屏底，以及上炉膛中辐射再热器区未被再热器遮盖的前墙和侧水冷壁管采用内螺纹管（其余部分为光管）。饱和水流出水冷壁下联箱后，自下而上沿炉膛四周不断加热，汽水混合物进入水冷壁上联箱，然后由引出管引至汽包，在汽包内进行汽水分离。

（2）省煤器。省煤器的作用是从离开锅炉的烟气中回收热量并加热锅炉给水。省煤器布置在锅炉尾部竖井烟道下部，管子为 $\phi51\times6.5mm$，沿锅炉宽度方向顺列布置 98 片水平蛇形管。所有蛇形管都从省煤器入口联箱接入，终止于省煤器出口联箱。

给水经省煤器入口联箱，再进入蛇形管。水在蛇形管中与烟气呈逆流向上流动，以进行有效的热交换，同时减小蛇形管中出现气泡造成停滞的可能性。给水在省煤器中加热后，经出口管引入汽包。

在省煤器入口联箱端部和集中下降管之间装有省煤器再循环管。在锅炉启动停止上水时，打开再循环门，将炉水引到省煤器，防止省煤器中的水产生汽化。启动时，再循环管路中的阀门必须打开，直到连续供水时关闭。

（3）汽包。汽包内径为 1778mm，壁厚 190mm，筒身长度为 18000mm，总长 19982mm，汽包总重 177.3t，由 SA-299 碳钢材料制成。汽包筒身顶部焊有饱和蒸汽引出管座、放气阀管座；两侧焊有汽水混合物引入管座；筒身底部焊有大直径下降管座、给水管座及紧急放水管座；封头上装有人孔门、安全阀管座、加药管座、连续排污管座、2 对就地水位表管座、5 对单室平衡容器管座等。安装现场不能在汽包筒身上进行焊接。

（4）过热器。过热器由顶棚过热器和包墙过热器、立式低温过热器和水平低温过热器、分隔屏过热器、后屏过热器、末级过热器五个主要部分组成。

1）顶棚过热器和包墙过热器由顶棚管、后烟道侧墙、前墙及后墙、水平烟道延伸侧包墙组成。后烟道包墙过热器形成一个垂直下行的烟道。

2）水平低温过热器位于尾部竖井烟道省煤器上方，共 102 片，管径为 $\phi51mm$，以 136mm 的横向节距沿炉宽方向布置。立式低温过热器位于尾部烟道转向室内，水平低温过热器上方，共 102 片，管径为 $\phi51mm$，以 136mm 的横向节距沿炉宽方向布置。

3）分隔屏过热器位于炉膛上方，前墙水冷壁和后屏过热器之间，沿炉宽方向布置 4 大片，每大片又沿炉深方向分为 6 小片。管径为 $\phi51mm$，从炉膛中心开始，分别以 3429、2743.2、2566.3mm 的横向间距沿整个炉膛宽度方向布置。

4）后屏过热器位于炉膛上方折焰角前，共 20 片，管径为 $\phi60mm/54mm$，以 685.8 mm 的横向间距沿整个炉膛宽度方向布置。

5）末级过热器位于后水冷壁排管后方的水平烟道内，共 90 片，管径为 $\phi51mm$，以 152.4mm 的横向间距沿整个炉宽方向布置。

（5）再热器。再热器由末级再热器、前屏再热器、墙式辐射再热器三个主要部分组成。

1）末级再热器位于炉膛折焰角后的水平烟道内，在水冷壁后墙悬吊管和水冷壁排管之间，共 60 片，管径为 ϕ63mm，以 228.6mm 的横向节距沿炉宽方向布置。

2）前屏再热器位于后屏过热器和后水冷壁悬吊管之间，折焰角的上部，共 30 片，管径为 ϕ63mm，以 457.2mm 的横向节距沿炉宽方向布置。

3）墙式辐射再热器布置在水冷壁前墙和侧墙之间靠近前墙的部分，约占炉膛高度的 1/3。前墙辐射再热器由 234 根管径为 ϕ50mm 的管子组成，侧墙辐射再热器由 196 根管径为 50mm 的管子组成，以 50.8mm 的节距沿水冷壁表面密排而成。

在后屏过热器下方、炉膛左侧装有一只烟温探针，在锅炉启动过程中，监视炉膛出口烟气温度，当炉膛出口烟气温度超过 538℃时自动退出，以保护再热器受热面不超温。

3. 锅炉主要设计参数

锅炉主要设计参数见表 1-1。

表 1-1 锅炉主要设计参数

名称	单位	负荷工况				
		BMCR	THA	75%THA	35%BMCR	高压加热器全切
主蒸汽流量	t/h	1056	943.8	687.56	369.6	824.32
主蒸汽出口压力	MPa	17.5	17.32	16.89	16.71	17.15
主蒸汽出口温度	℃	540	540	540	526.6	540
给水温度	℃	283.3	276	256.6	221.2	178.6
给水压力	MPa	19.4	18.91	17.974	17.19	18.44
再热蒸汽流量	t/h	872.12	785.25	583.04	322.27	808.84
再热蒸汽出口压力	MPa	3.839	3.453	2.55	1.336	3.616
再热蒸汽出口温度	℃	540	540	540	496	540
再热蒸汽进口压力	MPa	4.039	3.633	2.684	1.41	3.801
再热蒸汽进口温度	℃	332.9	322.6	299.3	257.1	332
减温水喷水压力	MPa	20.679	19.859	18.499	19.319	19.279
减温水喷水温度	℃	179.6	175.3	163.7	138.1	178.5
过热器一级喷水量	t/h	0	12.5	36.1	6	59.7
过热器二级喷水量	t/h	0	6.4	17.9	3.0	29.1

名称	单位	负荷工况				
		BMCR	THA	75%THA	35%BMCR	高压加热器全切
再热器喷水量	t/h	0	0	0	0	0
总燃煤量	t/h	142.2	129.6	100.2	56	134.2
总风量（到风箱）	t/h	1158.2	1055.9	919.1	475.5	1092.8
炉膛漏风	t/h	60.96	55.6	48.4	25	57.5
总风量	t/h	1219.16	1111.5	967.5	500.5	1150.3
下炉膛出口烟温	℃	1311	1313	1252	1146	1288
炉膛出口烟温	℃	1032	1016	963	818	1014
煤粉喷嘴投运数	层	4	4	3	2	4
喷嘴摆动角度	°	0	12	20	27	-18
炉膛截面热负荷	kW/m^2	4.416	4.025	3.099	1.718	4.168
炉膛容积热负荷	kW/m^3	101.18	92.22	71.01	39.36	95.49
总热损失	%	10.36	10.26	10.66	10.38	9.48
效率（按高位发热量）	%	89.64	89.74	89.34	89.62	90.52
效率（按低位发热量）	%	93.50	93.60	93.18	93.47	94.41
过量空气系数		1.25	1.25	1.412	1.312	1.25

（二）汽轮机总体介绍

1. 汽轮机整体布置

图 1-3 所示为哈尔滨汽轮机厂生产的 NZK300-16.7/537/537 型汽轮机整体布置。

（1）新蒸汽从下部由主蒸汽管进入布置于高中压合缸两侧的两个高压主汽调节联合阀，由 6 个调节阀（每边 3 个）经 6 根高压导汽管，按一定的顺序从高中压外缸的上半部和下半部通过钟形套筒分别进入高压缸的 6 个喷嘴室，通过各自的喷嘴组流向正向的冲动式调节级，然后返流经过高压通流部分的 12 级反向的反动式压力级后，由高压缸下部两侧排出进入再热器。再热后的蒸汽由再热主汽管进入置于汽轮机机头两侧的两个中压再热主汽调节联合阀，再经过两根中压导汽管将蒸汽从下部导入高中压外缸的中压内缸，经过中压通流部分 9 级正向布置的反动式压力级后，从中压缸上部排汽口经过联通管进入低压缸。低压缸为双分流结构，蒸汽从中部流入，经过正反向各级反动式压力级后，从两个排汽口向下排入一个排汽装置。

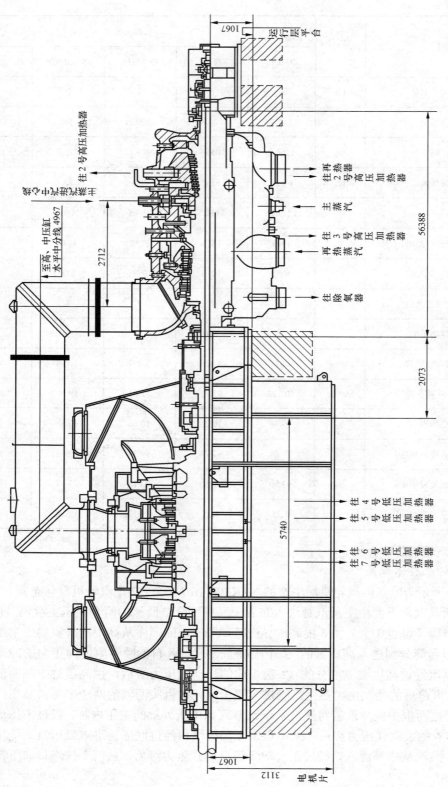

图 1-3　汽轮机本体布置图

TV、GV 及喷嘴弧段排列（从调速器向发电机方向看）如图 1-4 所示。

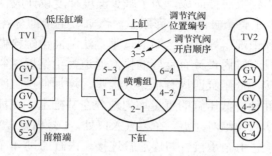

图 1-4　TV、GV 及喷嘴弧段排列

（2）高中压转子是高中压部分合在一起的 1 根 30Cr1Mo1V 耐热合金钢整锻结构，高压部分为鼓形结构，中压部分为半鼓形结构。调节级叶轮根部有冷却蒸汽口，调节级后的蒸汽一股通过冷却蒸汽口反向流动，冷却高压转子及蒸汽室，另一股流向高压平衡环汽封。高压平衡环汽封漏汽一股流向高压外缸与高压内缸的夹层，冷却高压内缸外壁及高温进汽部分，经高中压外缸上下部分各 1 根冷却蒸汽管引向 2 级抽汽止回阀前的抽汽管路；另一股通过中压进汽平衡环汽封漏往中压进汽区，冷却中压转子进汽区。在中压外缸与中压内缸的夹层中有来自中压 5 级后的冷却蒸汽冷却中压内缸外壁。设计的冷却蒸汽系统可延长转子、汽缸的使用寿命。在转子的前端用螺栓刚性连接 1 根接长轴，推力盘、主油泵叶轮及危急遮断器均在该轴上。推力轴承位于前轴承箱处，与推力盘形成轴系的膨胀死点。高压动叶片叶根由纵树形改为 T 形，消除了纵树形叶根处的漏汽，提高高压缸效率。调节级正向布置，高压叶片反向布置，中压叶片正向布置，同时还设计有 3 个平衡鼓，机组在额定负荷运行时保持不大的正推力。在某一负荷出现负推力时，推力轴承非工作瓦承力，保持稳定运行。

（3）低压转子为 30Cr2Ni4MoV 合金钢整锻结构。低压转子为双分流对称结构，1～5 级为半鼓形结构，6 级带有较大的整锻叶轮。低压末级叶片，强度好，跨声速性能好。低压转子通过中间轴与发电机转子刚性连接。

（4）转子装好叶片后，要进行高速动平衡，达到一定平衡精度，减少运行时的振动。为此在每根转子的中部和前后各有一个动平衡面，沿每个平衡面圆周分布螺孔，可以实现制造厂高速动平衡和电厂不揭缸动平衡。

（5）高中压汽缸由高中压外缸、高压内缸、中压内缸组成，形成双层缸结构，高温区设计有回流冷却，从而使每个汽缸承受的压差及温差均有降低，内压应力和热应力水平均可降低。内外缸壁的厚度都可以设计得比较薄。外缸和内缸水平中分面螺栓靠近缸壁中心线，使缸壁与法兰厚度差别量减小，上下半缸结构基本对称，质量接近，热容量差别小，因而对热负荷变化的适应性增强。内缸由外缸的水平中分面支承，顶部和底部由定位销导向，以保证内缸在外缸内横向定位，并可使内缸随温度的变化在外缸内自由地膨胀和收缩，内缸的定位靠内缸凸台与外缸槽的配合来实现。外缸下半部分有 4 个猫爪，支承在前轴承箱两侧及低压缸轴承箱两侧，支承面与水平中分面相平，受热时汽缸中心保持不变。

（6）高压缸共有 6 个喷嘴室，上下半部分各 3 个，进口都焊在高压内缸上，靠喷嘴室上的键槽镶嵌在内缸的凸缘上定位。高中压隔板由单只自带内外环的静叶片整圈组焊而成。

（7）低压外缸全部由钢板焊接而成，为了减少温度梯度设计成 3 层缸。由外缸、1 号内缸、2 号内缸组成，减少了整个缸的绝对膨胀量。汽缸上下半部分各由 3 部分组成：调端排汽部分、电端排汽部分和中部。各部分之间通过垂直法兰面由螺栓做永久性连接而成为一个整体，可以整体起吊。排汽缸内设计有良好的排汽通道，由钢板压制成，由面积足够大的排汽口与排汽装置弹性连接。低压缸四周有框架式撑脚，增加低压缸刚性，撑脚坐落在基架上承担全部低压缸重量，并使得低压缸的重量均匀地分在基础上。在撑脚四边通过键槽与预埋在基础内的锚固板形成膨胀的绝对死点。在蒸汽入口处，1 号内缸、2 号内缸通过 1 个环形膨胀节相连接，1 号内缸通过 1 个承接管与连通管连接。内缸通过 4 个搭子支承在外缸下半中分面上，1 号内缸、2 号内缸和外缸在汽缸中部下半部分通过 1 个直销定位，以保证 3 层缸同心。为了减少流动损失，在进排汽处均设计有导流环。

（8）低压缸两端的汽缸盖上装有 2 个大气阀，其用途是当低压缸的内压超过其最大设计安全压力时，自动进行危急排汽。大气阀的动作压力为 0.034～0.048MPa（表压）。低压缸排汽区设有喷水装置，空转和低负荷时按要求自动投入，降低低压缸温度，保护末级叶片。

（9）根据直接空冷机组的运行特点，低压缸和轴承箱分别落地，以避免排汽温度的变化使轴承标高受到影响，保证轴承的稳定性。同时低压缸端汽封以 3 个支撑臂固定在轴承箱上，并具有水平及横向键以确定汽封体的中心，这样端汽封能与转子具有良好的同心性，避免动静碰磨，保持合理的间隙。汽封体与低压缸之间设有膨胀节，在保证真空前提下，能吸收低压缸膨胀引起的位移。

（10）汽轮机的连通管上采用连杆膜板式膨胀节，吸收各方向热膨胀。

2. 汽轮机主要设计参数

汽轮机主要设计参数见表 1-2。

表 1-2　　　　　　　　　　　　　　汽轮机主要设计参数

序号	项目	单位	数据
1	机组类型		亚临界压力、一次中间再热、单轴、双缸、双排汽、直接空冷凝汽式汽轮机
2	汽轮机型号		NZK300-16.7/537/537
3	TRL 铭牌出力工况	MW	300
4	T-MCR 最大保证工况	MW	317
5	VWO 调阀全开工况	MW	329
6	THA 热耗率保证值工况	MW	300
7	高压加热器停用工况（全停，部分停）	MW	300
8	厂用汽工况	MW	300
9	额定主蒸汽压力	MPa	16.7
10	额定主蒸汽温度	℃	537

续表

序号	项目		单位	数据
11	额定高压缸排汽压力		MPa	3.8
12	额定再热蒸汽进口压力		MPa	3.42
13	额定再热蒸汽进口温度		℃	537
14	主蒸汽额定进汽量		t/h	943.8
15	主蒸汽最大进汽量		t/h	1056
16	再热蒸汽额定进汽量		t/h	785.3
17	排汽压力		kPa	15
18	配汽方式			喷嘴
19	额定给水温度		℃	276
20	额定转速		r/min	3000
21	THA 工况热耗		kJ/kWh	8187
22	给水回热级数（高压+除氧+低压）			3+1+3
23	低压末级叶片长度		mm	620
24	通流级数	高压缸		I +12
		中压缸		9
		低压缸		2×6
25	临界转速（一阶/二阶）	高中压转子	r/min	1711/4215
		低压转子	r/min	1632/3831
		发电机转子	r/min	1313/3463
26	机组外形尺寸		m×m×m	17.4×10.4×6.95
27	盘车装置	盘车转速	r/min	3.6
		全真空情走时间	min	48
		无真空情走时间	min	10～15

（三）发电机总体介绍

1. 发电机整体布置

图 1-5 所示为哈尔滨电机厂生产的 QFSN-300-2 型水-氢-氢冷发电机整体布置图。

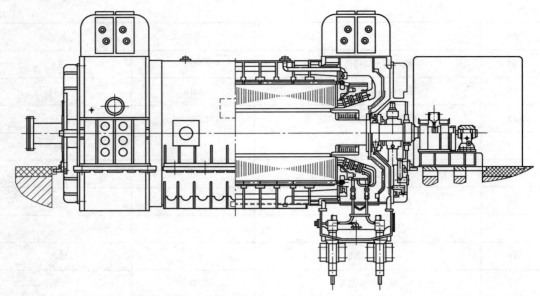

图 1-5　发电机整体布置图

（1）定子。定子由机座及其隔振结构，定子铁芯、定子绕组及其进、出水汇流管，主引线、出线罩、出线瓷套端子与电流互感器等部件组成。

发电机的机座为整体式。机座外壳由优质锅炉钢板卷制成筒后，套装焊接而成。整个机座焊后经过消除应力处理、水压强度试验和严格的气密检验，具有足够的强度、刚度和气密性。

定子铁芯由高导磁、低比损耗的无取向冷轧硅钢板冲制的扇形片叠压而成，每张冲片的两面均经绝缘处理。铁芯由定位筋固定到机座上，两端通过无磁性压指及压圈固定整体，以确保压紧铁芯。铁芯沿轴向分成 64 段，每段铁芯间形成约 8mm 的径向通风沟。在两端压圈外侧用特制的铜屏蔽覆盖，以减小端部铁芯的损耗和发热，满足发电机进相运行的要求。

定子绕组由实心股线和空心股线编织而组成，绕组槽内部分采用 5400 罗贝尔换位，以减小环流附加损耗。五分之一股线为空心股线。空心股线构成冷却线圈的水路，因此绕组本身的温度很低。定子绕组对地绝缘采用"F"级多胶云母带连续缠绕模压成型。绕组槽内部分的固定采用在上、下层线棒间放中温固化适形材料的方法，以保持良好接触，使线棒紧固可靠。线棒与槽楔之间垫弹性波纹板并有滑移层，保证压紧的同时允许线棒轴向胀缩，以便适应调峰运行工况并满足事故状态下所要求的足够的刚度和强度。

定子绕组总进、出水汇流管分别装在机座的励磁和汽端，在出线罩内还装有单独的出水小汇流管。由进水汇流管经绝缘引水管构成向定子绕组、主引线、出线瓷套端子及中性点母线板的供水通路，由出水汇流管汇集排出。这些水路元件构成了发电机内部水系统。总进、出水管的进、出口位置设在机座的顶部侧面，保证绕组在事故状态下不失水。

（2）转子。发电机转轴是高强度高导磁率合金钢整体锻件，具有优异的机械性能。本体开有轴向槽用于安放励磁绕组。在本体磁极表面沿轴向均匀地开有横向槽，以平衡本体两个方向的刚度。转子绕组每匝线圈由两股铜排组成，槽内部分加工出两排风孔构成斜流式气隙去气冷却风道。端部铜排铣成凹形，两个凹形铜排彼此对合形成一根空心导体，并与槽部的斜向风道相通。绕组的匝间绝缘用热固定性胶粘接到铜上，匝间绝缘上有着与铜排对应的双排通风孔。转子绕组槽部用开有风斗的铝合金槽楔固定。为了减小风磨损耗并防止风斗意外损伤，槽楔上的风斗凹入本体表面，结构上在进风区为迎风、出风区为被风，转子旋转时形成动压头使冷却气体在斜流孔道内流动。槽部楔下垫条与铜排的接触面粘有滑移层，当铜排与绝缘出现热膨胀差时允许转子导体滑动，以适应调峰运行工况。

转子绕组端部由高强度无磁性钢护环包住以承受离心力作用。护环材料为 1Mn18Cr18Ni 合金钢锻件，其一端过盈热套在转子本体端部，另一端与中心环热套配合。随着转速的增加，护环的配合公盈会减小，当达到规定的超速值时，转子本体与护环之间仍有足够的公盈，不会分离。为了防止护环相对于转子本体沿轴向移动，在护环与转子本体配合处装有开口环键。环键开口处装有搭子，用以在拆、装护环时收拢或张开环键。该型发电机采用悬挂式中心环，中心环的功能是限制转子绕组轴向位移和变形。

转子绕组槽部采用气隙取气斜流通风系统。冷风自铁芯径向风道进入气隙，通过转子表面进、出风斗的旋转压头效应，进入转子绕组的内风道，气体在风道内被加热后从两侧相邻出风区排入气隙。端部采用两路通风系统：一路由绕组端部直线部分侧面进风，由本体第一风区（或第九风区）出风；另一路由绕组端部弧部外侧进风，经过端部铜排的风沟至弧部中心里侧出风，再由大齿端头月牙槽排入气隙。这种结构具有风路短的特点，减少了转子绕组温升不均匀系数。

2. 发电机的主要设计参数

发电机的主要设计参数见表 1-3。

表 1-3   发电机主要设计参数

名称		单位	技术参数
型号			QFSN-300-2
视在功率		MVA	353
额定功率		MW	300
功率因素 $\cos\varphi$			0.85
定子电压		kV	20
定子电流		A	10189
额定励磁电压（计算值）		V	365
额定励磁电流（计算值）		A	2642
空载励磁电压		V	127
空载励磁电流		A	1019
设计效率		%	99.02
频率		Hz	50
额定转速		r/min	3000
临界转速	一阶	r/min	1290
	二阶	r/min	3453

续表

名称		单位	技术参数
绝缘等级			F
励磁方式			自并励
冷却方式	定子绕组及引出线		水冷
	转子绕组定子铁芯端部		氢冷
接地方式			中性点经配电变压器高阻接地

三、单元机组集控系统

现代单元制火力发电机组容量大、参数高、辅助设备多、一体化性强，且要求变工况运行的适应性强、具有较高的运行可靠性和经济性。因此，必须采用高度自动化的机、炉、电集中控制运行方式。以新华公司推出的第二代集控系统 XDPS-400$^+$ 为例，该系统实现了单元机组的机、炉、电、辅与公用系统的一体化控制。集控系统的组成如图 1-6 所示。

管控一体化是火力发电厂集控运行及实现生产过程综合自动化管理的最高级形式。它采用厂级实时监控系统（Supervisory Information System，SIS）把企业管理信息系统（Management Information System，MIS）与生产过程集控系统 DCS 联为一体，实现全厂生产的一体化数字管理和控制。

单元制火电机组的 DCS 由下列子系统组成：

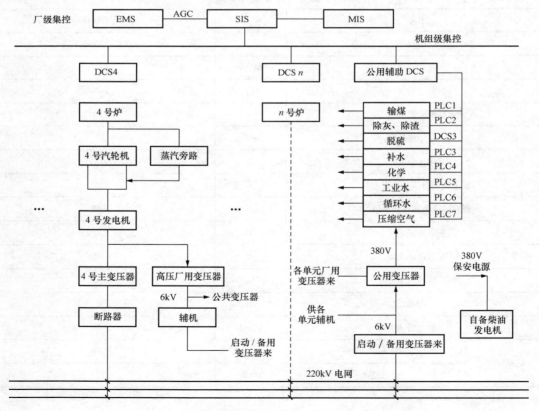

图 1-6 集控系统的组成

（1）模拟量控制系统（MCS）及其单元机组协调控制系统（CCS）。

（2）锅炉炉膛安全监控系统（FSSS）或称燃烧器管理系统（BMS）。

（3）顺序控制系统（SCS）。

（4）数据采集系统（DAS）。

（5）汽轮机数字电液控制系统（DEH）。

（6）旁路控制系统（BPS）。

（7）发电机—变压器组控制系统（ECS）。

DCS 把先进的计算机技术、数据通信技术、控制技术与 LCD 显示技术融于一体，采用了分布式结构和"危险分散"的原则，使系统具备强有力的功能、极大的灵活性和很高的可靠性。目前，DCS 的控制器处理能力、网络通信能力以及软件功能（系统软件、控制软件、数据软件等）得到了大幅度的提高和更新。然而 DCS 基本的系统结构仍保持"三点一线"的结构，"三点"即操作员站、工程师站、过程控制站，"一线"即通信网络。其中，操作员站实现控制系统的控制操作、过程画面显示、报警显示、历史数据的存储、报表生成、打印等。工程师站用于系统的管理、组态、生成与下装。过程控制站则与生产过程直接相连，实现信号的采集与交换处理、各种控制回路的运算，并将运算结果用于对过程的控制。系统的网络线路提供各功能站之间的数据通信和联络。

单元机组集控运行自动化程度高、控制功能分散、监视及调整操作集中、信息量大，运行人员要随时跟踪设备及系统的运行状态及控制逻辑，当被控对象的运行状态和控制系统本身出现异常时通过人工软手操或硬手操进行必要的人工干预（调整或停机）。因此，集控运行人员应熟练掌握集控操作盘面的功能及使用，在任何情况下都能及时准确地对机组的运行状态做出操作调整，确保机组正常运行或安全停运。

四、集控运行对集控值班员的素质、认知技能和岗位职责要求

单元机组实行的是一个主值、两个副值的一体化控制，是全能值班监控制度。因此，对集控运行操作人员有极高的综合素质和认知技能要求。

1. 素质要求

对集控人员的素质要求具体体现在技术素质、身体素质和心理素质三个方面。

（1）技术素质。熟练掌握单元机组机、炉、电、控主辅设备结构及工作原理，各系统连接组成，各模拟量和开关量的调节控制规律，DCS 软手操监控界面；熟练掌握运行操作规程。

（2）身体素质。具备良好的身体状况和充沛的精力。

（3）心理素质。在认知能力、人格特质、心理健康三方面有优良的综合素养。

1）认知能力。①观察力；②操作能力；③注意力；④记忆力；⑤数量分析能力；⑥逻辑综合判断能力。

2）人格特质。①合群性；②决断性；③自律性；④情绪稳定性；⑤风险处理能力；⑥成就愿望。

3）心理健康。包括躯体化、强迫症状、人际关系敏感、抑郁、焦虑、恐怖、偏执、敌对、精神病性等九个维度。

2. 认知技能要求

单元机组的集控操作是一项复杂的、知识密集型的工作。对操控人员的认知技能有极高的要求。集控操作的认知技能行为有三种类型：

（1）技能型行为。只需对机组的运行状态作简单的判断，即可做出正确的响应。

（2）规则型行为。对机组的运行信息进行一定的分析处理，按照操作规程，做出某种决策，选择相应的规则，即可做出正确的响应。

（3）知识型行为。当机组面临某种特殊或紧急运行状态时，又没有事先准备好的明确规程，就会涉及高水平的决策。需要操控人员应用多方面的知识及丰富的临场经验，进行综合诊断、快速决策或周密计划后才能做出正确的操控响应。

集控操作认知行为的五个阶段及顺序为：状态监测→状态分析→目标分析→方案确定→操控行为。

状态监控阶段：观察多方面的仪表信息，综合各方面的状态信息，确定信息，人员间及时交换各种有用信息。

状态分析阶段：综合有用的关联信息，判断机组当前状态，预测未来状态，把状态信息与操作规程联系起来。

方案确定阶段：确定应执行的规程，确定相应的程序，确定操作行为的顺序，杜绝误操作。

控制行为阶段：按确定方案准确执行具体的操作。

单元机组的运行工况复杂多变，常有突发性事件发生，要求集控人员的集控操作认知行为应及时快速，即对机组的状态监测→状态分析→目标分析→方案确定→操控行为要准确无误地快速完成。

3. 对运行危险点分析预控能力的要求

运行危险点是指机组运行过程中在时间及空间上事故的易发点、多发点，设备隐患的所在点，以及人为操作失误的潜伏点。集控操盘应把安全放在首位，要求集控操盘人员对机组运行操控中的危险点要有超前的分析预控能力。

4. 各岗位职责

（1）现场设备巡检岗位。现场机、炉及电气设备运行状态的巡回检查及简单测试，按操作票并在专人监护下执行现场辅助设备的启停、开关、倒闸操作，日常的抄表及巡检记录。

（2）操作员（主值或副值）岗位。在集控室对机、炉及电气设备的运行进行监盘操控；在 DCS 上实时生成日常运行记录数据，对数据进行审核分析，掌握数据变化趋势及机组的受控状态，记录并汇报设备异常及故障情况，填报设备缺陷单；做好交接班工作。

（3）单元长岗位。单元长也称机组长，是单元机组集控运行操控的主要操控人、责任人和组织管理者，对下属岗位人员的工作负有管理、监督和指导的责任。机组长在值长的直接指挥下工作，值长不在时全权负责单元机组运行组织管理及指挥工作。

（4）值长岗位。当班期间全权负责全厂所有单元机组的运行组织管理及指挥工作；与电网调度中心密切配合，做好相互间的联系、沟通、负荷及运行方式的协调工作；做好厂内机组的负荷优化分配调度；做好厂内机组运行方式的优化安排；做好值长日志记录及运行分析工作；做好事故处理的现场指挥工作及事故资料收集、整理、分析、汇报工作；做好全厂公用系统的运行检查、监督及调度工作。

【任务实施】

一、启动仿真机环境

（1）在主机上启动仿真支撑软件，装入模型及装载初始条件。
（2）启动操作员站和就地操作站。

二、集控系统的认识

DCS 控制主界面包括锅炉、汽轮机、电气 DCS 控制主菜单，DEH、FSSS、负荷控制中心控制主菜单，锅炉、汽轮机、电气报警"光字牌"，以及机组重要监控参数。

三、操作员站的功能及使用

操作员站是以 LCD 为基础的人/机接口，通过软手操站实现单元机组的正常启、停及运行维护和紧急事故下的停机应急操作。

1. **画面显示**

（1）动态设备。动态设备显示由两部分组成：一部分是设备图符，用标准的动态图符代表相应的设备；另一部分是禁止操作模式显示，用黄色的"小手"表示设备处于就地控制状态、粉红色"小手"表示设备的控制电源消失、红色"小手"则表示设备软挂牌，"小手"放在设备图符上。动态设备颜色具体含义如下。

1）电动机、泵、风机开关状态显示：

已启——红色

已停——绿色

信号未接——黄色

故障——白色

操作失败——慢速闪烁

跳闸——慢速闪烁

2）禁止操作状态（小手）含义：

就地状态——黄色

电源消失——粉红色

软挂牌——红色

（2）二位式阀门。二位式阀门包括电动门、电动蝶阀、缸式气动门、膜式气动门、气动止回阀、电动挡板、缸式气动挡板、板膜式气动挡板。

设备状态显示如图 1-7 所示，具体为

开到位——红色

开过程——红色快速闪烁

关到位——绿色

关过程——绿色快速闪烁

图 1-7　二位式闸门状态图

中间位——黄色

故障——白色

操作失败——慢速闪烁

跳闸——慢速闪烁

禁止操作状态（小手）含义：

就地状态——黄色

电源消失——粉红色

软挂牌——红色

（3）电动调节阀、气动调节阀、液动调节阀等。

开到位——红色

关到位——绿色

中间位——黄色

故障——白色

2．画面控制

图1-8　MCS标准软手操器面板

（1）MCS标准软手操器面板如图1-8所示，图中区域说明如下：

1—手操器铭牌。该区域说明手操器操作的对象。将鼠标移至铭牌区域后，会出现一个"手"的样式；点击该区域，将弹出帮助画面（如果有）。

2—变量显示区域。该区域显示过程量（PV）、设定值（SP）或偏置（BIAS）的棒状图及数值。

3—设定值（偏置值）设置。该区域进行设定值或偏置值的调整。有增减按钮和置数两种调整方法。如果设定值由M/A模块直接设定，即可在手操器上点击"设定"弹出模拟量置数窗口，进行设定值的置数。

4—方式选择。该区域用于设定并显示手操器的工作方式。手操器可有手动（M）、自动（A）或就地（L）三种工作方式。按钮底色为灰色表示未运行在该方式。当存在强制切手动条件时，投自动按钮上的字"A"呈灰色，表示该方式无效。

5—输出控制。该区域用于手操器输出调节。输出调整有增减按钮和置数两种方法；点击"输出"可弹出模拟量置数窗口，进行输出值的置数。当存在方向闭锁信号时，按钮上的"＋"、"—"字变灰色，表示该方向操作无效。当存在超驰开、关信号时，相应方向的按钮底色变为红色。仅有手动操作的操作器无方向闭锁和超驰功能。

6—指令、反馈显示。该区域用于显示手操器的输出及执行器的反馈。手操器的输出一般为百分数0～100%，也可以是工程量，视具体组态而定。如果没有执行器反馈显示，可将其屏蔽。

（2）SCS标准软手操器面板如图1-9所示，图中区域说明如下。

1—手操器铭牌。该区域说明手操器操作的对象。将鼠标移至铭牌区域后，会出现一个"手"的样式；点击该区域，将弹出帮助画面（如果有）。

当存在以下情况时，手操器禁止操作，并且铭牌上出现禁操指示并以不同的颜色显示：

设备不在 DCS 远方——黄色

设备操作电源失去——粉色

设备软手操在检修位——红色

如果以上几种情况同时出现，则显示颜色的优先级由高到低依次为：检修→电源→远方/就地。

2—故障显示及确认。该区域显示设备的故障状态报警及确认按钮。当设备开/关（启/停）反馈同时存在时，"故障"红色闪烁；未发指令而反馈发生变化时，"跳闸"红色闪烁；发出指令后规定时间内相应反馈未到达，则"失败"红色闪烁。当发生故障报警时，可以按"确认"按钮确认故障，消除报警（"故障"除外，必须反馈正常后才可确认）。

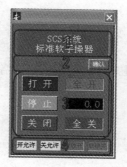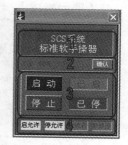

图 1-9   SCS 标准软手操器面板

3—操作按钮及反馈指示。该区域进行设备开/关（启/停）操作及状态显示。

4—操作许可及连锁指令指示。该区域用于显示设备的操作允许状态及是否存在连锁指令。

（3）SCS 顺控操作器模板如图 1-10 所示，图中区域说明如下。

1—手操器铭牌。该区域说明手操器操作的对象。将鼠标移至铭牌区域后，会出现一个"手"的样式；点击该区域，将弹出帮助画面（如果有）。

2—操作按钮及步序显示。该区域进行顺控的启停操作及步序显示。顺控不允许启动时，"开始"按钮为灰色；顺控允许操作时，按钮变为红色，点击该按钮启动顺控。如要中止顺控程序，按"复位"按钮。"当前步序"显示顺控目前执行的步序，"剩余时间"显示当前步序剩余的允许完成时间。

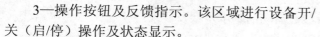

3—步序描述及完成情况显示。该区域指示各顺控步的内容及完成情况显示。指示灯含义如下：

灰色——步序尚未执行到

黄色——步序正在执行

绿色——步序已完成

4—顺控状态显示。该区域显示顺控的运行状态。

"允许"——顺控允许启动

"进行"——顺控正在进行

"结束"——顺控已完成

"故障"——顺控执行故障

（4）报警界面。

参数正常——白色

图 1-10   SCS 顺控
操作器面板

参数高或低 I 值——黄色快速闪烁，按"确认"键后闪烁消失

参数高或低 II 值——红色快速闪烁，按"确认"键后闪烁消失

项目 2　单元机组启动

【项目描述】

接值长令，机组大修后首次启动，各运行学习小组接令后在仿真机上正确完成单元机组滑参数启动任务。

【教学目标】

知识目标：（1）掌握机组的启动方式及特点。

（2）掌握单元机组冷态滑参数启动的基本步骤及要求。

（3）掌握单元机组热态启动的基本步骤及要求。

能力目标：（1）能根据汽轮机金属温度和锅炉压力情况，选择机组的启动方式。

（2）能够完成单元机组的冷态滑参数启动操作。

（3）能够完成单元机组的热态启动操作。

态度目标：（1）能正确理解和应用运行规程。

（2）能主动学习，在完成任务过程中发现问题、分析问题和解决问题。

（3）能用精炼准确的专业术语与小组成员协商、交流配合完成本学习任务。

【教学环境】

典型 300MW 机组仿真机房，仿真实训指导书，多媒体课件。

任务 2.1　启动方式的选择

【教学目标】

知识要求：（1）了解启动过程中，锅炉、汽轮机及辅机的安全经济性。

（2）掌握单元机组启动方式的分类及特点。

（3）掌握机组冷态滑参数启动的原则性步骤。

能力要求：（1）能根据汽轮机金属温度和锅炉压力情况，选择机组的启动方式。

（2）能够绘制机组的启动网络流程图。

态度要求：（1）能主动学习，在完成任务过程中发现问题、分析问题和解决问题。

（2）在严格遵守安全规范的前提下，能与小组成员协商、交流配合完成本学习任务。

【任务描述】

在"冷态"和"热态"工况下，各运行学习小组根据启动前锅炉、汽轮机的状态分析确定机组的启动方式，并初步制订冷态启动方案。

【任务准备】

课前预习相关知识部分。了解我国电力行业标准关于炉、机、电的运行导则等知识，并独立回答下列问题。

（1）单元机组启动过程中，在安全性和经济性方面应注意哪些问题？

（2）单元机组冷态、温态、热态及极热态的划分原则是什么？

（3）什么是单元机组冷态滑参数启动？其原则性步骤有哪些？

【相关知识】

单元机组的启动是指机组由静止状态转变成运行状态的工艺过程，包括锅炉点火、升温升压，汽轮机冲转升速、并列，直到带至额定负荷的全过程。根据炉、机、电设备的配置不同和设备结构的特点，启动时具有不同的方式与方法。

锅炉设备的启动过程是一个极不稳定的变化过程。在启动初期，锅炉各受热面内工质流动不正常，工质的流量、流速较小，甚至工质短时间断续流动会影响受热面的冷却而造成局部受热面金属管壁的超温。在锅炉点火后的一段时间内，燃料投入量少，炉膛温度低，燃烧不易控制，容易出现燃烧不完全、不稳定，炉膛热负荷不均匀的现象，可能出现灭火和爆炸事故。

单元机组启动工作是机组运行过程的一个重要阶段，同时也是机组设备最危险、最不利的工况。很多机组的设备损坏事故就是在机组启动过程中发生的。有些启动中发生的异常现象，虽然未立即造成设备损坏事故的发生，却给机组设备的安全运行带来隐患，降低了设备的使用寿命。因此，寻求合理的单元机组启动方式，就成为发电厂集控运行的一项重要任务。

所谓合理的启动方式、方法就是在机组的启动过程中，使机组各部件得到均匀加热，使各部温差、胀差、热应力和热变形等均在允许的范围内变化，尽可能地缩短机组总的启动时间，使机组的启动经济性最高。

一、启动过程的安全经济性

单元机组的启动过程是一个极其复杂的不稳定传热、流动过程。启动过程中，各热力设备中的工质温度及各部件温度随时间变化，由于受热不一致，且部件不同部位温度不同，因而产生热应力，甚至使部件损坏。一般来说，部件越厚，在单侧受热时的内、外壁温差越大，热应力也越大。汽包、过热器联箱、蒸汽管道和阀门、汽缸、转子、高压加热器、给水泵泵壳和转子等的壁厚均较大，所以在受热过程中必须妥善控制，尤其是汽包、汽轮机转子和汽缸、高压给水加热器等。

1. 锅炉启动过程的安全经济性

就锅炉而言，启动初期受热面内部工质的流动尚不正常，工质对受热面金属的冲刷和冷却作用是很差的，有的受热面内甚至在短时间内根本无工质流过。如果这时受热过强，金属壁温可能超过许用温度。锅炉的水冷壁、过热器、再热器及省煤器均有可能超温。因此，启动初期的燃烧过程应谨慎进行。

炉膛爆燃也是启动过程中容易发生的事故。锅炉启动之初，燃料量少、炉温低、燃烧不易控制，可能会由于燃烧不稳而导致灭火，一旦发生爆燃，将使设备受到严重损害。

启动过程中燃料消耗所产生的热量，除用于加热工质和金属部件外，还有一部分耗于排汽和疏水，既造成热损失，又有工质损失。在低负荷燃烧阶段，过量空气和燃烧损失也较大，锅炉的运行效率要比正常运行时低得多。

总之，在锅炉启动中，既有安全问题又有经济问题，两者经常是矛盾的。例如，为保证受热面的安全、减小热应力，启动过程应尽可能较慢地升温升压，燃料量的增加也只能缓慢进行。但是，这样势必会延长启动时间，使锅炉在启动过程中消耗更多的燃料，降低经济性。锅炉启动的原则是在保证设备安全的前提下，尽可能缩短启动时间、减少启动燃料消耗量，并使机组尽早承担负荷。

2. 汽轮机启动过程的安全经济性

就汽轮机而言，启动初期蒸汽进入汽缸后与汽缸及转子的热交换方式为凝结放热，其热交换强烈，如果冲转汽温与汽轮机金属温度间的温差过大，将引起较大的冲击热应力，使寿命损耗超过计划值。因此要合理选用和控制好冲转参数（汽温、汽压和流量）。对于冷态启动，可采用冲转前盘车预热的方式提高缸温，以减小冲转温差，同时还可适当提高冲转参数，在保证寿命损耗合理的原则下加快启动进程，及时并网发电。

在汽轮机冲转、升速、升负荷过程中，汽缸内部凝结放热产生的疏水应及时排净，避免产生水冲击和增大上下缸温差。上下缸温差过大会导致汽缸上拱变形，通流部分和轴封部位产生径向或轴向碰磨。

在汽轮机冲转、升速、升负荷过程中，转子及轴承的振动对机组能否安全顺利启动有重要影响。启动过程中，转子振动超标的原因之一是热弯曲过大，从而导致旋转的不平衡离心力过大。轴承工作不正常（油压、油温、油质不合格）也是引起振动超标的重要因素。

转速升至 3000 r/min 后做超速试验对转子安全性也至关重要，若转子中心温度未达脆性转变温度以上，则做超速试验极易引发转子断裂的恶性事故。

在升速、升负荷过程中汽轮机转子与汽缸间的胀差对安全启动有重要影响，若胀差过大将会引起保护动作，汽轮机跳闸。转子轴向位移过大也会引起保护动作，汽轮机跳闸。

3. 辅机启动过程的安全经济性

对单元制机组，辅机能否安全顺利启动直接影响主机能否及时并网发电。特别是锅炉的引风机、送风机、回转式空气预热器、电动给水泵组、凝结水泵、循环水泵、水环式真空泵、除氧器、转动机械的润滑油系统、汽轮机 DEH 的控制油系统、发电机氢冷系统、密封油系统、发电机内冷却水系统等一旦出现事故，主机便不能及时并网发电。若机组不能一次启动成功，将浪费数十吨的启动燃油。

对于厂用电消耗较大的辅机，其启动时机的合理安排对节约启动过程的厂用电消耗有重要意义，故应根据每次启动的工期目标以及主辅机启动的逻辑时序关系，在启动准备工作万无一失的前提下进行辅机的启动。

二、启动方式分类及主要特点

1. 按启动前汽轮机金属温度 T（内缸或转子表面金属温度）的高低分类

锅炉和汽轮机冷态、热态启动的规定如下：

（1）冷态启动。停机 72h 以上，汽轮机高压或中压转子金属的初始温度 $T<121℃$ 情况下的启动。

（2）温态启动。停机 10～72h，汽轮机高压或中压转子金属的初始温度 $121℃≤T<260℃$ 情况下的启动。

（3）热态启动。停机 1～10h，汽轮机高压或中压转子金属的初始温度 $260℃≤T<450℃$ 情况下的启动。

（4）极热态启动。停机 1h 以内，汽轮机高压或中压转子金属的初始温度 $T≥450℃$ 情况下的启动。

高压转子的金属温度用高压内缸第一级金属热电偶测量，中压转子的金属温度用中压叶片持环热电偶测量。

关于冷态、温态、热态和极热态的划分原则主要是考虑汽轮机转子材料的性能。试验研究表明：转子金属材料的冲击韧性随温度的下降而显著降低，呈现冷脆性，这时即使在较低的应力作用下，转子也有可能发生脆性断裂破坏。热态启动时金属温度已超过转子材料的脆性转变温度，它可以避免转子产生脆性破坏。故对冷态启动，在升速过程中，必须安排一定时间的中速暖机，以便高、中压转子安全通过低温脆性转变温度，并防止因加热不均引起过大的热应力和胀差。而对于温态、热态和极热态启动，冲转前要注意上下缸温差和大轴晃度要符合规定值，冲转后在低速下进行全面检查，无须中速暖机，直接尽快升速到额定值（或缸温相应的负荷数值）。

2. 按冲转时高、中压缸的进汽情况分类

（1）高、中压缸联合启动（HIP）方式。启动时，高、中压缸同时进汽，冲动转子，升速，接带负荷。这种启动方式可使合缸机组分缸处均匀加热，减小热应力。高、中、低压缸同时进汽，蒸汽焓降大，所需冲转流量小，故暖机时间长。

（2）中压缸启动（IP）方式。中压缸启动是指在机组启动冲转过程中，汽轮机高压缸先隔离不进汽，主蒸汽经 I 级旁路和再热器进入中压缸，用压力较低的再热蒸汽冲动转子升速，待机组达到一定转速或带到一定负荷后，再切换为高、中压缸共同进汽的方式，直至机组带预定负荷运行。该方式具有启动时间短、燃料消耗少、汽轮机零部件受热均匀、寿命损耗小，以及对空负荷、低负荷和带厂用电等特殊运行方式的适应性强等优点，特别适用于大型调峰机组。

（3）高中压缸启动为主、中压缸启动为辅方式。冷态时，为高、中压缸同时进汽，主汽阀启动方式；热态时（带旁路），采用中压缸进汽方式启动。

3. 按控制进汽量的阀门分类

（1）高压缸调节汽阀控制冲转。冲转前自动主汽阀全部开启，冲转时由高压缸调节汽阀控制进入汽轮机的蒸汽流量。该方式可减少对蒸汽的节流，但冲转时只有部分调节汽阀开启，蒸汽只通过汽缸喷嘴的某一弧段，易使汽缸受热不均，各部温差较大，产生热应力。优点是启动过程中都用调节汽阀控制，操作方便灵活。

（2）高压自动主汽阀内旁路阀控制冲转。冲转前调节汽阀全开，用自动主汽阀内旁路阀来控制进入汽轮机的蒸汽流量。这种启动方式不仅便于控制升温速度，而且能全周进汽，在所有通道里，蒸汽的流动均匀分布，加热均匀。但由于需要进行阀切换（冲至一定转速或加至一定负荷后，将蒸汽流量控制机构由自动主汽阀或电动主汽阀的旁路阀切换为调节汽阀），因而对控制系统和操作的要求都比较高。另外，用自动主汽阀冲转的缺点是易造成自动主汽阀被冲刷而关闭不严，降低自动主汽阀的保护作用，因而对自动主汽阀的材质提出了更高的要求。用电动主汽阀的旁路阀冲转可避免对自动主汽阀的冲刷，缺点是系统复杂、设备投资增加、操作不灵活。

（3）自动主汽阀预启阀冲转。冲转前，调节汽阀、电动主汽阀全开，用自动主汽阀的预启阀控制蒸汽流量，机头受热均匀，但阀门加工比较困难。

4. 按新蒸汽参数分类

（1）额定参数启动。额定参数启动是指从冲转到机组带额定负荷的整个启动过程中，汽轮机自动主汽阀前的蒸汽参数（压力和温度）始终为额定值的启动方式。新蒸汽与汽缸、转子等金属部件的温差大，需控制很小的进汽量来保证机组不产生过大的热应力和热变形，这样节流损失增加，同时汽轮机必须延长升速和暖机的时间，并网时间较迟，致使经济性降低。汽轮机调节级后温度变化剧烈，零部件受到很大的热冲击，热应力也大，各部件受热不均易产生热弯曲。在锅炉升温升压过程中，由于没有很大的蒸汽负荷，炉水循环差，使汽包产生较大的温差和热应力。为冷却过热器，必须不断放汽到大气，造成工质和热量的损失。另外，锅炉还需将蒸汽参数达到额定值后，汽轮机才能冲转。在整个启动过程中将损失大量的燃料和工质，降低发电厂的效益，所以额定参数启动仅用于母管配汽的机组，而不适用于单元制的大容量发电机组。

（2）滑参数启动。滑参数启动方式就是在锅炉点火、升温升压的过程中，利用低温低压蒸汽进行暖管、冲转升速、暖机、定速并网及带负荷，并随着汽温汽压的升高，逐步增加机组的负荷，直至锅炉达到额定参数，汽轮发电机组达到额定出力。由于汽轮机自动主汽阀前的蒸汽参数（温度和压力）是随着机组转速或负荷的变化而滑升的，故这种启动方式称为滑参数启动。

汽轮机暖管、暖机与锅炉升压、升温过程同时进行，具有经济性好、能均匀加热零部件等优点，故在现代大型机组启动中，得到广泛的应用。

按冲转时主汽阀前的压力大小，滑参数启动又可分为真空法启动和压力法启动。

1）真空法滑参数启动。锅炉点火前，把锅炉与汽轮机之间主蒸汽管道上的空气阀、直通疏水阀和汽包、过热器及再热器的空气阀全部关闭，全开汽轮机电动主汽阀、自动主汽阀和调节汽阀，凝汽器抽真空，待真空能使汽包、过热器及再热器内的积水直通凝汽器，即真空达 40～50kPa 时，锅炉开始点火，炉水在真空状态下汽化，在不到 0.1MPa 的汽压下就可冲动汽轮机。随着锅炉燃料量的增大，一方面提高汽温汽压，另一方面汽轮机进行升速、暖机、并网及带负荷。由于这种启动方式是用低参数蒸汽暖管、暖机、升速和带负荷，汽温是从低到高逐渐上升，所以允许通汽流量大，有利于暖管、暖机，可使过热器和再热器得到充分冷却，促进炉水循环及减小汽包壁的温差，也可使锅炉产生的蒸汽得以充分利用，所以比较安全、经济。但由于真空法启动存在疏水困难、蒸汽过热度低、转速难以控制、易引起水击、启动前建立真空的系统庞大等缺点，对中间再热机组更为不利，故目前一般不采用该方法，而采用压力法滑参数启动。

2）压力法滑参数启动。是指待锅炉所产生的蒸汽具有一定的压力和温度后，才冲动汽轮机。汽轮机启动前，在抽真空和投盘车时，主汽阀和调节汽阀处于关闭状态。待锅炉点火，升温、升压至主汽阀前温度达 300～500℃、压力达到 4～6MPa 时，才开始冲转升速。

（3）滑压启动。这种方式主要应用于机组"两班制"运行的热态启动。保持锅炉停用时的剩余压力，锅炉点火后通过汽轮机的旁路系统将自动主汽阀前的蒸汽温度提升到与汽轮机金属温度相匹配的温度（450～500℃）。然后逐渐开大调节汽阀进行升速、并网、带负荷。调节汽阀全开后，由锅炉调节燃烧提升新汽压力，逐步提升至额定出力。

三、单元机组的启动状态及启动方式的选择

1. 单元机组的启动状态

单元机组的启动状态一般以冲转前汽轮机的缸温来区别，分为热态和冷态。

锅炉启动时的状态也有冷态和热态之分。冷态启动是指锅炉在没有压力，且其温度与环境温度接近情况下的启动，通常是新锅炉、锅炉经过检修或较长时间的备用后的启动。热态启动是指在保持有一定压力，且温度高于环境温度的情况下启动。

就单元机组整体而言，其启动状态有炉和机均为冷态，炉和机均为热态，炉为热态、机为冷态，炉为冷态、机为热态等形式。

了解单元机组启动状态的划分有助于掌握好机组各种状态下的启动特点及机、炉启动的衔接。如冷态启动时，机组温度水平低，为使其均匀加热，不至于产生较大的热应力，锅炉升温、升压以及升速、升负荷都应缓慢进行；而热态、极热态启动时，机组各部件处于较高水平，此时锅炉进水、燃烧率控制、升速、升负荷都应明显加快，冲转参数也较高。

2. 机组启动方式选择及要求

（1）锅炉、汽轮机均处于冷态时，机组按冷态启动方式启动，进入汽轮机的主、再热蒸汽温度至少应有 56℃ 的过热度，但其最高温度不得大于 427℃，再热汽温最高温度不得大于 380℃，主汽阀前、再热汽阀前蒸汽的压力和温度应满足"冷态启动蒸汽参数曲线"（见附录 A.1）的要求，并根据冷态启动曲线决定其冲转升速及暖机时间。

机组冷态滑参数启动时间与冲转参数对应情况如表 2-1 所示。

表 2-1 汽轮机组冷态启动时间与冲转参数对应情况

状态	时间（min）	阀位	高压参数（MPa/℃）	中压参数（MPa/℃）	冲转流量	旁路流量高/低
锅炉点火～汽轮机冲转	120		6/340	1/260		12%/12%
汽轮机冲转～600r/min	6	IV 控制	6/340	1/260	3%	10%/7%
600r/min	6	IV、TV 同时控制	6/340	1/260		

续表

状态	时间（min）	阀位	高压参数 （MPa/℃）	中压参数 （MPa/℃）	冲转流量	旁路流量高/低
600~2450r/min	18	IV、TV 同时控制	6/340	1/260		
2450r/min	60	IV、TV 同时控制	6/340	1/260		
2450~2900r/min	5	IV、TV 同时控制	6/340	1/260		
2900r/min		IV 固定阀位低压旁路整定	6/340	0.8/260		
2950r/min	10	TV-GV 切换，锅炉升负荷	6/340	0.8/260		
同步转速		GV、IV 同时控制	6/340	0.8/260	5%	10%/5%
5%初负荷	30	GV、IV 同时打开至 5%计算阀位	6/370	0.8/320	10%	10%/10%
5%~10%负荷		GV、IV 同时控制				
15%负荷		旁路退出				0
30%~40%负荷	85	IV 全开	升温率 2℃/min	升温率 2.5℃/min	升负荷率 1.1%/min	
40%~90%负荷		滑压运行				
90%~100%负荷		定压运行				

（2）锅炉、汽轮机均处于热态时，机组按热态启动方式启动，根据汽轮机要求控制进入汽轮机的主、再热蒸汽温度至少应有 56℃的过热度，并根据汽缸金属温度按"温态启动蒸汽参数曲线"（见附录 A.2）、"热态启动蒸汽参数曲线"（见附录 A.3）、"极热态启动蒸汽参数曲线"（见附录 A.4）和表 2-2～表 2-4 的要求决定其冲转参数及时间。

机组温态启动时间与冲转参数的对应情况如表 2-2 所示。

表 2-2　　　　　　　　　　汽轮机组温态启动时间与冲转参数对应情况

状态	时间（min）	阀位	高压参数 （MPa/℃）	中压参数 （MPa/℃）	冲转流量	旁路流量高/低
锅炉点火~汽轮机冲转	90		8/420	1/340		12%/12%
汽轮机冲转~600r/min	5	IV 控制	8/420	1/340	3%	10%/7%
600r/min	5	IV、TV 同时控制	8/420	1/340		
600~2900r/min		IV、TV 同时控制	8/420	1/340		
2900r/min		IV、固定阀位低压旁路整定	8/420	0.8/340		
2950r/min	15	TV-GV 切换锅炉升负荷	8/420	0.8/340		
同步转速		GV、IV 同时控制	8/420	0.8/340	5%	10%/5%
5%初负荷	5	GV、IV 同时打开至 5%计算阀位	8/420	0.8/340	10%	10%/10%

续表

状态	时间（min）	阀位	高压参数（MPa/℃）	中压参数（MPa/℃）	冲转流量	旁路流量高/低
5%～10%负荷		GV Ⅳ 同时控制				
15%负荷		旁路退出				0
30%～40%负荷	90	Ⅳ 全开	升温率 1.3℃/min	升温率 2.2℃/min	升负荷率 1.1%/min	
40%～90%负荷		滑压运行				
90%～100%负荷		定压运行				

机组热态启动时间与冲转参数的对应情况如表 2-3 所示。

表 2-3　　　　　　　汽轮机组热态启动时间与冲转参数对应情况

状态	时间（min）	阀位	高压参数（MPa/℃）	中压参数（MPa/℃）	冲转流量	旁路流量高/低
锅炉点火～汽轮机冲转	40		10/500	1/480		12%/12%
汽轮机冲转～600r/min		Ⅳ 控制	10/500	1/480	3%	10%/7%
600r/min		Ⅳ、TV 同时控制	10/500	1/480		
600～2900r/min	10	Ⅳ、TV 同时控制	10/500	1/480		
2900r/min		Ⅳ、固定阀位，低压旁路整定	10/500	0.8/480		
2950r/min		TV-GV 切换，锅炉升负荷	10/500	0.8/480		
同步转速		GV、Ⅳ 同时控制	10/500	0.8/480	5%	10%/5%
5%初负荷		GV、Ⅳ 同时打开至 5%计算阀位	10/500	0.8/480	10%	10%/10%
5%～10%负荷		GV、Ⅳ 同时控制				
15%负荷		旁路退出				0
30%～40%负荷	40	Ⅳ 全开	升温率 0.9℃/min	升温率 1.4℃/min	升负荷率 2.5%/min	
40%～90%负荷		滑压运行				
90%～100%负荷		定压运行				

机组极热态启动时间与冲转参数的对应情况如表 2-4 所示。

表 2-4　　　　　　　汽轮机组极热态启动时间与冲转参数对应情况

状态	时间（min）	阀位	高压参数（MPa/℃）	中压参数（MPa/℃）	冲转流量	旁路流量高/低
锅炉点火～汽轮机冲转	20		10/510	1/490		12%/12%
汽轮机冲转～600r/min		Ⅳ 控制	10/510	1/490	3%	10%/7%
600r/min	10	Ⅳ、TV 同时控制	10/510	1/490		
600～2900r/min		Ⅳ、TV 同时控制	10/510	1/490		

续表

状态	时间（min）	阀位	高压参数（MPa/℃）	中压参数（MPa/℃）	冲转流量	旁路流量高/低
2900r/min		IV 固定阀位低压旁路整定	10/510	0.8/490		
2950r/min	10	TV-GV 切换锅炉升负荷	10/510	0.8/490		
同步转速		GV、IV 同时控制	10/510	0.8/490	5%	10%/5%
5%初负荷		GV、IV 同时打开至 5%计算阀位	10/510	0.8/490	10%	10%/10%
5%～10%负荷		GV、IV 同时控制				
15%负荷	20	旁路退出	升温率 1.3℃/min	升温率 2.3℃/min	升负荷率 4.7%/min	0
30%～40%负荷		IV 全开				
40%～90%负荷		滑压运行				
90%～100%负荷		定压运行				

四、单元机组冷态滑参数启动网络流程图

单元机组设备及系统庞大复杂，技术含量高，设备及系统运行的时间因素、物资耗费等对机组运行的经济性和安全性影响很大。一次常规的 300MW 机组冷态启动，涉及要按不同的、错综复杂的逻辑时序启动或停运成百上千的机组及热力设备，对启动过程的工期及时序有严格的要求。如从接到机组启动指令到机组稳定带上额定负荷、对外供电，所需时间约为 8h。时间过短会因设备温升过快使机组热应力过大，寿命损耗增大，严重时导致恶性事故；时间过长则会延缓机组向电网供电的时间，增大启动过程中的物资消耗（如锅炉燃油量、厂用电），使经济效益和社会效益受到严重影响。若启动过程中运行操作人员操作启、停各设备及系统的逻辑时序不合理或发生误操作，则会导致无谓的资源消耗，甚至造成启动失败。一次启动失败，意味着要浪费近 20t 燃油和在启动过程中约 18MW 功率的厂用电。

鉴于大型火力发电机组启动过程的复杂性、风险性和逻辑时序的严密性，完全有必要应用网络计划技术，严谨周密地做好启动组织工作。本着科学优化的原则，设计制订出滑参数启动过程网络图，并严格执行。同时对启动过程中潜在的风险也应有严格周密的预测、识别、防范及控制措施。

1. 仿真机组边界条件

（1）环境温度 20℃，大气压力 101kPa；电网电压 220kV，频率 50Hz；DCS 及各控制子系统均已送电并运行正常。

（2）化学水处理、燃煤输送、补充水、启动锅炉、除灰除渣、脱硫、网控等系统未进行

仿真，当使用这些系统或设备的条件或参数时，认为已经存在并正常。

（3）所有设备状态良好，具备启动条件即可投运。

2．单元机组冷态滑参数启动的主要步骤

（1）厂用电送电。

（2）辅助系统恢复运行。

1）投运辅机循环冷却水系统。

2）投运压缩空气系统。

3）投运润滑油系统。

4）投运密封油系统。

5）投运发电机氢气系统。

6）投运发电机定子冷却水系统。

7）投运汽轮机盘车运行。

8）投运 EH 油系统。

9）投运凝汽水系统。

10）投运辅助蒸汽系统。

11）投运除氧器系统。

12）投运给水系统。

（3）锅炉上水并加热。

（4）投运空冷系统。

（5）投运轴封系统。

（6）投运汽轮机本体疏水系统。

（7）空冷凝汽器抽真空。

（8）锅炉吹扫及点火。

1）投运风烟系统。

2）投运炉前燃油系统。

3）锅炉点火、暖炉。

4）投运旁路系统。

5）投运锅炉排污系统。

（9）汽轮机冲转、升速及定速。

（10）发电机并网接带初始负荷。

1）投运低压加热器抽汽系统。

2）投运高压加热器抽汽系统。

（11）机组升负荷至额定负荷。

1）投运制粉系统。

2）厂用电切换。

3）投入机组负荷协调控制。

3．单元机组冷态滑参数启动流程图

网络流程图是由箭线和节点组成的，用来表示工作流程的有向、有序的网状图形；网络计划是在网络图上加注工作时间参数而编制的进度计划。冷态滑参数启动网络如图 2-1 所示。

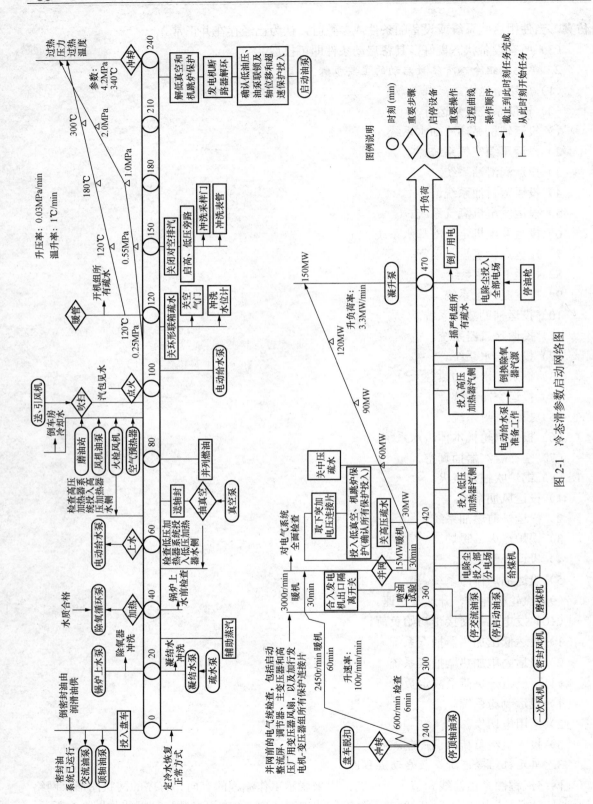

图 2-1　冷态滑参数启动网络图

【任务实施】

一、调出"冷态启动"工况并选择机组启动方式

1. 选择启动方式

（1）在 DCS 主界面选择"DEH-蒸汽温度"，确认汽轮机内缸第一级金属温度为 20℃，第二级金属温度为 20℃，中压叶片持环金属温度为 19.8℃。

（2）在 DCS 主界面选择"汽轮机主要参数一览"，核对调节级金属温度为 20℃。

（3）汽轮机高压或中压转子金属的初始温度 $T<121℃$，属于冷态启动方式。

（4）查 DCS 主界面重要参数，锅炉主蒸汽压力为 0MPa，属于冷态启动方式。

（5）综合相关知识，在该工况下机组应采用冷态压力法滑参数启动。

2. 选择冲转参数

查附录 A.1（汽轮机冷态启动曲线），机组冲转参数如下：

（1）主蒸汽压力为 4.2MPa，主蒸汽温度为 340℃。

（2）再热蒸汽压力为 1MPa，再热蒸汽温度为 260℃。

（3）主、再热蒸汽温度有 56℃ 以上的过热度。

3. 确定启动网络网

根据附录 A.1 和表 2-1 默画出机组冷态滑参数启动网络时序图。

二、调出"热态启动"工况并选择机组启动方式

1. 选择启动方式

（1）按照上述"一、"中"选择启动方式"的（1）、（2）步骤，确定汽轮机高压或中压转子金属温度 T，当 $121℃≤T<260℃$ 时属于温态启动；当 $260℃≤T<450℃$ 属于热态启动；当 $T≥450℃$ 属于极热态启动。

（2）查 DCS 主界面重要参数锅炉主蒸汽压力 $p>4MPa$，为热态启动方式。

2. 选择关键参数

（1）冲转参数。

1）温态启动。主蒸汽压力为 8MPa，主蒸汽温度为 420℃；再热蒸汽压力为 1MPa，再热蒸汽温度为 340℃。

2）热态启动。主蒸汽压力为 10MPa，主蒸汽温度为 460℃；再热蒸汽压力为 1MPa，再热蒸汽温度为 430℃。

3）极热态启动。主蒸汽压力为 10MPa，主蒸汽温度为 480℃；再热蒸汽压力为 1MPa，再热蒸汽温度为 450℃。

（2）升速和带最低负荷时间。机组热态启动时，冲转和带最低负荷时间由图 2-2 决定。

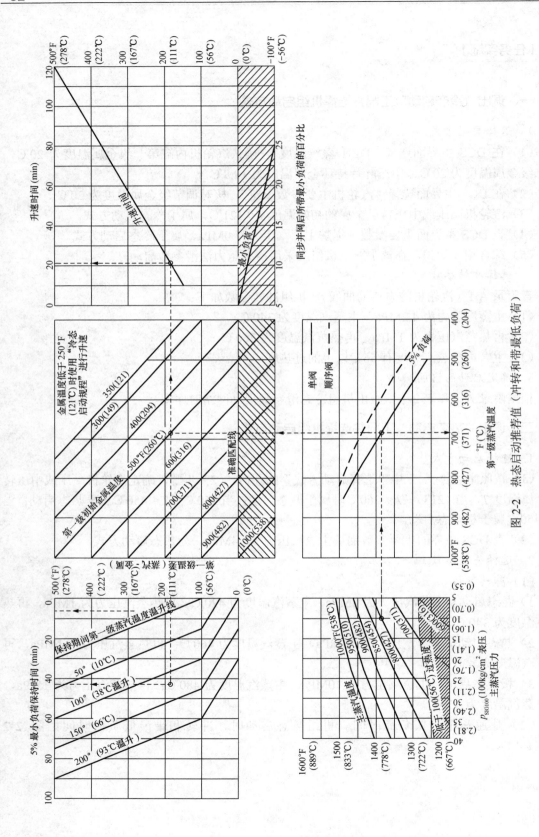

图 2-2　热态启动推荐值（冲转和带最低负荷）

任务 2.2　厂用电系统送电

【教学目标】

知识目标：（1）掌握 220kV、6kV、400V 厂用电系统的运行方式，厂用电设备送电原则。
　　　　　（2）掌握事故保安电源系统的运行方式、负荷分布。
　　　　　（3）了解 UPS、直流系统的接线及运行原则。

能力目标：（1）能够完成 6kV、400V（PC、MCC）厂用电系统的送电操作。
　　　　　（2）能说出 6kV 厂用电系统各 PC 的运行方式，并能正确切换。
　　　　　（3）能描述 UPS、直流系统、保安系统的功能、组成及基本运行方式。

态度目标：（1）能主动学习，在完成任务过程中发现问题、分析问题和解决问题。
　　　　　（2）在严格遵守安全规范的前提下，能与小组成员协作共同完成本学习任务。

【任务描述】

单元机组在冷态工况下，厂用电系统检修已结束，所有工作票已收回，已具备送电条件。单元长组织各学习小组在仿真机环境下，认真分析运行规程，填写厂用电送电操作票后，正确完成厂用电送电操作，并确保系统安全、经济运行。

【任务准备】

课前预习相关知识部分。根据 220kV、6kV、400V（PC、MCC）和事故保安电源厂用电系统的接线和运行方式，经讨论后制订厂用电送电的操作票，并独立回答下列问题。

（1）电气主接线特点和 220kV 系统的运行方式是什么？主变压器 220kV 中性点接地如何规定？

（2）简述 6kV、400V（PC、MCC）和事故保安电源厂用电系统的接线特点和运行方式。

（3）什么是明备用？什么是暗备用？厂用电快切装置的投退原则是什么？

（4）厂用电电压等级有两种，即 6kV 和 400V，试列出 6kV 母线和各 PC 段的负荷。

【相关知识】

一、发电厂电气主接线

发电厂的电气主接线是电力系统接线的主要部分。它是由发电厂的电气设备通过连接线按其功能要求组成接受或分配电能的电路，称为传输电流、高电压的网络，也称为一次接线或电气主接线。它表明了发电机、变压器、线路和开关等电气设备的数量，并且指出了应该以怎样的方式来连接发电机、变压器、线路以及怎样与电力系统相连接，从而完成发电、变电和输配电的任务。电气主接线应满足以下几点要求：

（1）运行可靠性。主接线系统应保证对用户供电的可靠性，特别是保证对重要负荷的供电。

（2）运行灵活性。主接线系统应能灵活地适应各种工作情况，特别是当一部分设备检修或工作情况发生变化时，能够通过倒换运行方式，做到调度灵活，不中断向用户的供电。在扩建时应能很方便地从初期扩建到最终接线。

（3）主接线系统还应保证运行操作的方便以及在保证满足技术条件的要求下，做到经济合理，尽量减少占地面积、节省投资。

220kV 电气主接线如图 2-3 所示。

4、5 号机组接线采用双母接线。发电机、变压器（主变压器）接线为发电机—变压器组单元接线，经 220kV 主开关与 220kV 母线相连接。220kV 母线为双母运行方式，有三回引出线。4、5 号机组两回引出线平均分配在 I、II 母线上，正常工作状态下，母联开关合。另有一启动备用变压器由 220kV 侧提供电源，作为机组启动或机组厂用负荷的备用电源。同时，因带公共负荷，所以正常工作时启动备用变压器处于运行状态，其中性点直接接地。

主变压器中性点经隔离开关接地。为保证电网在各种运行方式下零序电流和零序电压分布基本不变，以满足零序保护的要求，中心调度则可根据电网的接地方式，即零序电流的分配，决定主变压器中性点隔离开关的投入和退出。但在主变压器带电操作时，必须投入中性点隔离开关以限制操作过电压。正常运行后，则由调度决定其投入和退出。

高压厂用变压器从发电机出口引接，并且采用分裂绕组变压器，提供正常运行时该机组的厂用负荷。

发电机的中性点经消弧绕组 XQ 接地，单相接地故障后使发电机的对地电容电流小于 1A。发电机的出口经封闭母线引接三台电压互感器，分别用于同期检测和过电压保护等。

为了防止雷电危及电气设备，在主变压器高压侧装设了避雷器；在主变压器中性点装设了放电间隙；在发电机出口装设了避雷器。其中，避雷器用来限制入侵雷电波的幅值，使变压器得到可靠的保护。放电间隙是用来保护变压器中性点绝缘的，根据电网和继电保护的要求，220kV 系统为中性点直接接地系统。正常运行时，主变压器中性点一台接地，一台不接地。对中性点不接地运行的变压器，当雷电波侵入变压器时，在中性点将产生入射渡过电压。为保护中性点绝缘，限制该过电压，在主变压器中性点装设放电间隙。发电机出口的避雷器是保护发电机绝缘的。一般情况下，侵入主变压侧的雷电波过电压，经电容耦合传递到发电机的幅值已被限制到安全的数值，但在多雷地区或对 200ms 及以上的发电机，其传递过电压幅值较高，将影响发电机绝缘。

220kV 交流系统正常运行方式如下：

（1）220kV 主接线采用双母线接线，正常运行方式为双母线运行，母联开关合上。

（2）5 号发电机接至 220kV I 母线上运行，4 号发电机接至 II 母线上运行。

（3）乌前 I 回线接至 220kV I 母线上运行，乌前 II 回线接至 220kV II 母线上运行。

（4）01 启动备用变压器接至 220kV II 母线上，但在单机运行时，应与发电机组接于不同的母线上。

（5）主变压器 220kV 中性点接地方式由调度决定，但在主变压器停送电操作前，必须合上其中性点接地开关。

二、厂用电系统

现代发电厂生产过程中，机械化、自动化程度相当高，这就需要许多辅助机械为发电厂主要设备（锅炉、汽轮机、发电机）及其辅助设备服务，以保证发电厂安全可靠运行，这些

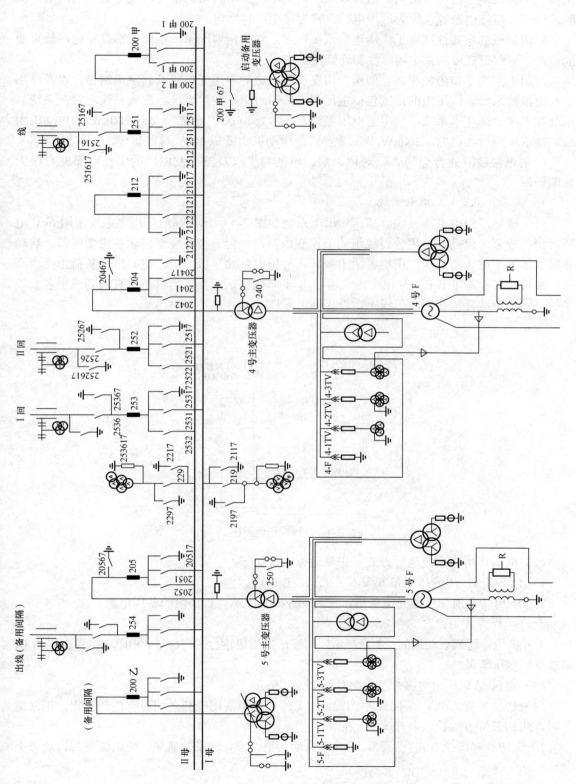

图 2-3　220kV 电气主接线图

机械通称为发电厂的厂用机械。这些以电动机拖动的厂用机械的用电，发电机照明用电，试验、检修、整流电源等总称为厂用电，也称为发电厂自用电。

厂用机械的重要性决定了厂用电的重要程度。在任何情况下，厂用电都是发电厂最重要的负荷，应保证高度的供电可靠性和连续性。

厂用电系统是指由机组高、低压厂用变压器，启动备用变压器及其供电网络，以及厂用负荷组成的系统。厂用电的范围包括主厂房内厂用负荷、输煤系统、脱硫系统、除灰系统、水处理系统、循环水系统。厂用电电压等级有 6kV 和 400V 两种。大于 200kW 的电动机由 6kV 高压厂用母线供电，200kW 及以下容量的电动机由低压 400V 母线供电。

厂用电接线方式合理与否，对机、炉、电的辅机以及整个发电厂的工作可靠性有很大影响。

1. 高压（6kV）厂用电系统

（1）6kV 厂用电系统接线。高压厂用电系统如图 2-4 所示。高压厂用电系统采用 6kV 电压等级，设置一台高压厂用分裂绕组的工作变压器，一台三相双绕组启动备用变压器，启动备用变压器平时作为高压厂用电备用电源。4 号机组单元（机、炉、电）厂用负荷由两段高压厂用母线（ⅣA 和ⅣB）分担，正常运行由 4 号高压厂用变压器供电。有双套或更多套设备的，可均匀地分接在两段母线上，以提高可靠性。

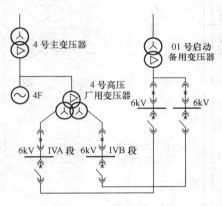

图 2-4　高压厂用电系统

（2）6kV 厂用电系统运行方式。正常运行方式如下：

1）4 号高压厂用变压器带 6kV 厂用ⅣA、ⅣB 段。

2）01 启动备用变压器充电备用，作为 6kV 厂用ⅣA、ⅣB 段的备用电源。

允许运行方式为：

4 号机组停运或启动期间，4 号高压厂用变压器退出运行时，6kV 厂用ⅣA、ⅣB 段由 01 启动备用变压器带。

（3）高压 6kV 厂用电接带负荷系统如图 2-5 所示。

（4）快切装置。6kV 厂用ⅣA、ⅣB 段工作电源与备用电源之间设有快切装置，正常运行时，快切装置方式投入并联方式。

1）快切装置切换方式有三种：①并联自动切换。若并联条件满足，快切装置将自动合上

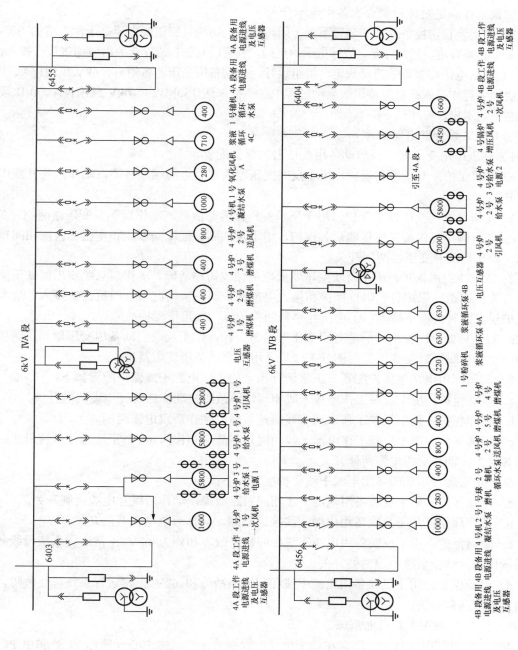

图 2-5　高压 6kV 厂用电接带负荷系统

备用（工作）电源开关，经一定延时后再自动跳开工作（备用）电源开关。②并联半自动切换。若并联条件满足，快切装置将自动合上备用（工作）电源开关，而跳开工作（备用）电源开关的操作由人工完成。③串联自动切换。先跳工作电源开关，在确认工作电源开关已跳开且切换条件满足时，自动合上备用电源开关。

2）快切装置切换条件为：装置不处于闭锁状态；切换目标电源电压高于额定值的 80%；装置本身必须有电，且各灯光、信号指示均正确，装置已复位；装置有关出口连接片在投入位。

3）厂用电快切装置的投退规定。机组运行，启动备用变压器备用时，6kV 厂用ⅣA、ⅣB 段的快切装置均投入；机组停运或启动过程中（负荷未达 150MW），6kV 厂用ⅣA、ⅣB 段的快切装置均退出。

（5）6kV 系统继电保护。

1）高压厂用变压器（或启动备用变压器）保护配置。

a. 差动保护：变压器主保护，用于反映变压器内部及电缆馈线故障，动作后跳开变压器两侧开关。

b. 瓦斯保护：变压器主保护，用于反映变压器内部故障，动作后跳开变压器两侧开关。

c. 高压侧距离保护：变压器后备保护，用于反映高、低压侧馈线和变压器内部相间短路故障，动作后跳开变压器两侧开关。

d. 低压侧距离保护：用于反映变压器低压侧馈线短路故障，动作后只跳变压器低压侧的对应开关。该距离保护包括阻抗保护和最大电流保护。正常情况下，阻抗保护投入，最大电流保护仅在两种情况下投入：①电压互感器回路故障；②阻抗保护故障。

e. 220kV 侧零序保护：启动备用变压器后备保护，用于反映启动备用变压器高压侧接地故障，动作后跳开启动变压器两侧开关（只适用于启动备用变压器）。

2）高压厂用电系统保护配置。正常运行系统的工作电源干线保护配置如下：

a. 差动保护：用于反映工作电源干线相间短路故障，动作后跳开电缆两侧开关。

b. 零序保护：用于反映工作电源干线接地故障，动作后跳电缆两侧开关。

c. 距离保护：用于反映工作电源干线相间短路故障和作为 6kV 正常运行系统母线故障的后备保护，动作后跳电缆两侧开关。

6kV 正常运行系统的备用电源干线保护配置如下：

a. 差动保护：用于反映备用电源干线相间短路故障，动作后跳开电缆两侧开关。

b. 零序保护：用于反映备用电源干线接地故障，动作后跳电缆两侧开关。

c. 距离保护：用于反映备用电源干线相间短路故障和作为 6kV 正常运行系统母线故障的后备保护，动作后跳电缆两侧开关。

d. 过流保护：用于反映备用电源干线相间短路故障和 6kV 正常运行系统母线故障，动作后跳电缆两侧开关。

2. 低压（400V）厂用电系统

400V 低压厂用电系统，通常在一个单元中设有若干个动力中心（简称 PC）和由 PC 供电的若干个电动机控制中心（简称 MCC）。一般容量在 75～200kW 的电动机和 150～650kW 的静态负荷接于 PC，容量小于 75kW 的电动机和小功率加热器等杂散负荷接于 MCC。从 MCC 又可接出至车间就地配电屏（PDP），供车间小容量杂散负荷。

400V 各 PC 段基本接线为单母线分段，如图 2-6 所示。

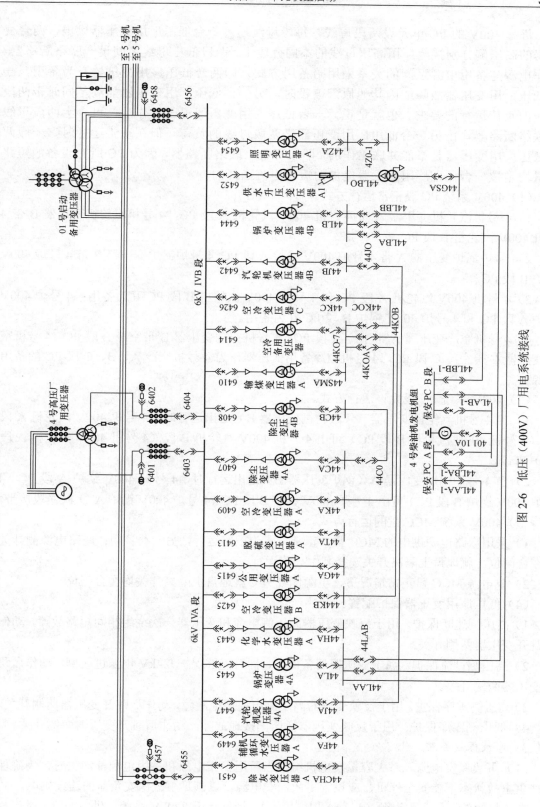

图 2-6　低压（400V）厂用电系统接线

每一 400V 的 PC 单元设两段母线，每段母线通过一台低压厂用变压器供电，两台变压器的高压侧分别接至厂用高压母线的不同分段上。两段低压母线之间设一联络断路器。工作电源与备用电源之间的关系采用暗备用方式，即两台低压厂用变压器互为备用，一台低压厂用变压器故障或因其他原因停役时，另一台低压厂用变压器能满足同时带两段母线的负荷运行的要求。也就是说，一台低压厂用变压器退出工作后，可合上两段母线的联络断路器，由另一台低压厂用变压器带两段母线的负荷。但在正常运行时，一般两台低压厂用变压器是不能并联工作的，即不可合上联络断路器，因为 PC 所有设备的短路容量均是按一台低压厂用变压器提供的短路电流选择的。

（1）400V 系统 PC 段正常运行方式。

1）4 号机汽轮机变压器 A 带 4 号机 400V 汽轮机 A 段 PC，4 号机汽轮机变压器 B 带 4 号机 400V 汽轮机 B 段 PC。

2）4 号炉锅炉变压器 A 带 4 号炉 400V 锅炉 A 段 PC，4 号炉锅炉变压器 B 带 4 号炉 400V 锅炉 B 段 PC。

3）4 号机 400V 汽轮机 A 段 PC 和 4 号机 400V 汽轮机 B 段 PC 互为备用；4 号炉 400V 锅炉 A 段 PC 和 4 号炉 400V 锅炉 B 段 PC 互为备用。

4）4 号机空冷变压器 A 带空冷 A 段 PC，4 号机空冷变压器 B 带空冷 B 段 PC，4 号机空冷变压器 C 带空冷 C 段 PC，4 号机空冷备用变压器作为 4 号机空冷 A、B、C 段 PC 的备用电源。

（2）400V 系统 PC 段允许运行方式。

1）当 4 号机汽轮机变压器 A（汽轮机变压器 B）退出运行时，4 号机 400V 汽轮机 A 段 PC（4 号机 400V 汽轮机 B 段 PC）可由 4 号机 400V 汽轮机 B 段（4 号机 400V 汽轮机 A 段 PC）串带。

2）当 4 号炉锅炉变压器 A（锅炉变压器 B）退出运行时，4 号炉 400V 锅炉 A 段 PC（4 号炉 400V 锅炉 B 段 PC）可由 4 号炉 400V 锅炉 B 段（4 号炉 400V 锅炉 A 段 PC）段接带。

（3）400V 系统 MCC 盘的运行方式。

1）采用双路电源供电的 MCC 盘，正常方式为一路运行，另一路备用；两路电源侧开关均在合闸位，就地盘上隔离开关选择其中一路运行。

2）单电源 MCC 盘正常情况下，电源侧开关与就地盘上隔离开关均在合闸位。

（4）低压厂用变压器保护配置。

1）高压侧速断保护。用于反映变压器高压侧电缆和变压器一次绕组相间短路故障，动作后跳开变压器两侧开关。

2）高压侧过流保护。属于变压器后备保护，同时能够保护 0.4kV 电源进线侧，动作后跳开变压器两侧开关。

3）高压侧零序保护。用于反映变压器高压侧电缆接地故障，动作后跳开变压器两侧开关。

4）低压侧零序保护。用于反映变压器低压侧接地故障，动作后跳开变压器两侧开关。

3. 事故保安系统

（1）事故保安电源。对大容量发电机组，当厂用工作电源和备用电源都消失时，为确保在严重事故状态下能安全停机，应设置事故保安电源，以满足事故保安负荷的连续供电。

单元机组的厂用备用电源（启动备用变压器），通常接于 220kV 系统，供电的可靠性已相当高，但仍需设置后备的备用电源，即事故保安电源。采用的事故保安电源是蓄电池组和柴油发电机。

1）蓄电池组是一种独立而可靠的保安电源。蓄电池组不仅在正常运行时承担控制操作、信号设备、继电保护等直流负荷，而且在事故情况下，仍能提供直流保安负荷用电，如润滑油泵、氢密封油泵、事故照明等。同时，还可经过逆变器将直流变为交流，兼作交流事故保安电源，向不允许间断供电的交流负荷供电。由于蓄电池容量有限，故不能带很多的事故保安负荷，且持续供电时间一般不超过 1h。

2）柴油发电机是一种广泛采用的事故保安电源，当失去厂用电源时，柴油发电机能在 10～15s 之内向保安负荷供电。每台机组厂用负荷设置一套 400V、三相、50Hz 柴油发电机组，作为交流事故保安电源。当一个发电厂有两个以上单元机组时，各个单元机组的柴油发电机保安母线之间也可设置联络线，以保证互为备用。

（2）事故保安电源接线。对于在失去正常厂用电的事故中，会危及机组主、辅机安全，造成永久性损坏的负荷（如汽轮机盘车电动机及其轴承润滑油泵和顶轴油泵、给水泵汽轮机的主油泵、发电机密封油泵、锅炉扫描冷却风机、空气预热器电动机及润滑油泵、UPS 装置、直流系统充电器、汽轮机、锅炉热力设备保安用阀门挡板电源、通信系统及主要生产场所的事故照明等），即机组的保安负荷，由专门设置的保安 PC 对其集中供电，柴油发电机作为交流保安负荷的备用电源（也称交流保安电源）。接线如图 2-7 所示。

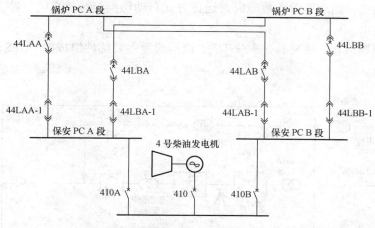

图 2-7　事故保安电源接线

图 2-7 中保安 PC 每段（保安 PC A 段、保安 PC B 段）有两个电源。正常运行时，锅炉 PC A 段、锅炉 PC B 段分别作为保安 PC A 段、保安 PC B 的工作电源，两路电源互为备用。当保安 PC 失电时，柴油发电机自动投入，一般 15s 内可向失电的保安 PC 恢复供电。

（3）负荷。交流事故保安负荷一般可分为允许短时间断供电的负荷和不允许间断供电的负荷两类。

1）允许短时间断供电的负荷。汽轮机盘车电动机和顶轴油泵；交流润滑油泵；空侧交流密封油泵；回转式空气预热器的电动盘车装置；各种辅机的交流润滑油泵（如电动给水泵的润滑油泵、汽动给水泵的润滑油泵、送/引风机及其电动机的润滑油泵、磨煤机润滑油泵、一次风机及其电动机的润滑油泵、回转式空气预热器的润滑油泵等）；电动阀门（必须作为事故保安的电动阀门极少，如真空破坏门）。

2）不允许间断供电的负荷。计算机系统微机保护、微机远动装置和各种变送器；汽轮机电调装置；机组的保护连锁装置；程序控制装置；主要热工测量仪表等。

4. 交流不停电电源系统

发电厂的交流不停电电源（uninterruptible power system，UPS）一般为单相或三相正弦波输出，为炉 DCS 电源柜、机 DCS 电源柜、DEH 机柜、TSI 机柜、ETS 机柜、励磁调节柜、数据网接入设备屏、保护及故障信息远传系统、远方电量计费、AGC 及 RTU 屏、NCS 工程师站、远动通信柜电源、电子间管理机、NCS 上位机电源、柴油发电机控制柜、发电机—变压器组变送器及故障录波器程控等负荷提供与系统隔离、防止干扰、可靠的不停电交流电源。

UPS 应满足下列条件：

（1）在机组正常和事故状态下，均能提供电压和频率稳定的正弦波电源。

（2）能起电隔离作用，防止强电对测量、控制装置，特别是晶体管回路的干扰。

（3）全厂停电后，在机组停机过程中保证对重要设备不间断供电。

（4）有足够容量和过载能力，在承受所接负荷的冲击电流和切除出线故障时，对本装置无不利影响。

UPS 装置的简要原理是：正常运行时，UPS 由 380V 交流工作电源经整流—逆变后，产生稳频稳压的高质量交流电供给负荷，直流电源作为备用。当交流主电源失去后，逆变器改由直流电源供电。当逆变单元故障时，运行方式自动切换至旁路系统，经旁路变压器自动调压器向负荷供电。

UPS 是由整流器、逆变器、静态开关、调压器等主要部件组成的。UPS 系统接线如图 2-8 所示。

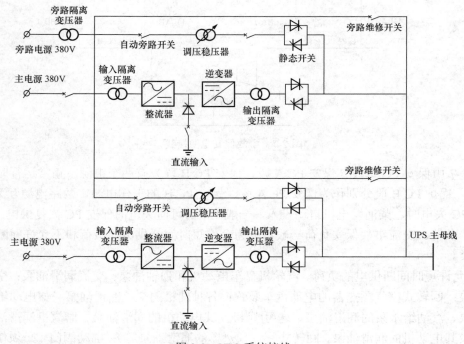

图 2-8　UPS 系统接线

　　UPS 系统运行方式如下：

　　（1）正常运行方式。在正常运行方式下，主电源（整流器的工作电源）来自保安 PC 的 400V 交流母线，经隔离变压器、整流器、逆变器、输出隔离变压器 220V 交流，并通过静态切换开关送至 UPS 主母线。

　　（2）在工作电源电压下降或输入隔离变压器、工作整流器故障时，将由蓄电池直流系统 220V 母线通过闭锁二极管经逆变器转换为 220V 交流，继续供电。

　　（3）在工作电源故障，而电池放电接近电压的下限或逆变器发生故障时，自动转入旁路运行。旁路系统电源来自保安 PC（或 400V PC），经隔离降压变压器，再经调压稳压器经静态切换开关送至 UPS 主母线。

　　工作电源部分、直流电源部分、旁路系统均可进行自动切换，同时保证负荷稳定连续不间断供电。

　　5. 直流系统

　　发电厂的直流系统主要用于对开关电器的远距离操作、信号设备、继电保护、自动装置及其他一些重要的直流负荷（如事故油泵、事故照明和不停电电源等）的供电。直流系统是发电厂厂用电中最重要的一部分，应保证其在任何事故情况下都能可靠和不间断地向用电设备供电。

　　直流系统由蓄电池组及充电装置组成，向所有直流负载供电。蓄电池组与充电装置并联运行。充电装置正常运行时除承担经常性的直流负荷外，还同时以很小的电流向蓄电池组进行充电，用来补偿蓄电池组的自放电损耗。但当直流系统中出现较大的冲击性直流负荷时，由于充电装置容量小，只能由蓄电池组供给冲击负荷；冲击负荷消失后，负荷仍恢复由充电装置供电，蓄电池组转入浮充电状态。这种运行方式称为浮充电运行方式。

　　直流系统接线如图 2-9 所示。直流系统整套电源装置由交流电源、充电模块、直流馈电、绝缘监测单元、集中监控单元等部分组成。

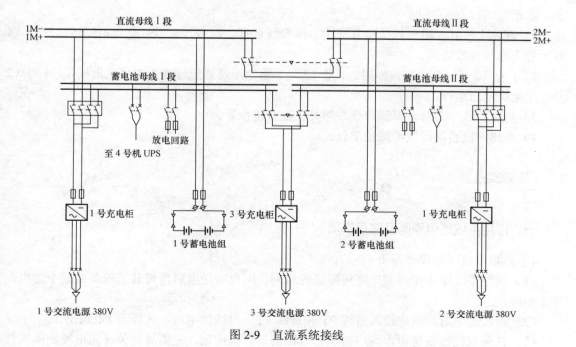

图 2-9　直流系统接线

两路交流输入经交流配电单元选择其中一路交流提供充电模块，充电模块输出稳定的直流，一方面对蓄电池进行浮充电，另一方面为控制负荷提供工作电流。绝缘监测单元可在线监测直流母线和各支路的对地绝缘状况，集中监控单元可实现对交流配电单元、充电模块、直流馈电、绝缘监测单元、直流母线和蓄电池组等运行参数的采集和对各单元的控制和管理，并可通过远程接口接受 DCS 的监控。

（1）交流电源。各充电装置交流电源均采用双路交流自投电路，由交流配电单元和两个接触器组成。交流配电单元为双路交流自投的检测及控制元件，接触器为执行元件。切换开关共有"退出""1 号交流""2 号交流""互投"四个位置，切换开关处于"互投"位置时，工作电源失压或断相，可自动投入备用电源。

（2）直流馈电单元。直流馈电单元是将直流电源通过负荷开关送至各用电设备的配电单元，各回所用负荷开关为专用直流开关，分断能力均在 6kA 以上，保证在直流负荷侧故障时可靠分断，容量与上下级开关相匹配，以保证选择性。

（3）绝缘监测单元。绝缘监测单元用于监测直流系统电压及绝缘情况，在直流电压过、欠或直流系统绝缘强度降低等异常情况下发出声光报警，并将对应报警信息发至集中监控器。

（4）直流系统运行方式。直流 220V 系统正常运行方式如下：

1）直流 220V 系统由蓄电池组和充电柜在直流母线上并列运行，充电柜除带正常 220V 母线上负荷外，同时对蓄电池组浮充电。

2）4、5 号机直流Ⅰ、Ⅱ母线联络开关在断开位置。

3）1 号充电柜 1 号蓄电池组上Ⅰ段直流母线，2 号充电柜 2 号蓄电池组上Ⅱ段直流母线，3 号充电柜备用。

4）直流母线绝缘监测仪投入运行。

非正常运行方式如下：

1）直流Ⅰ（Ⅱ）段母线串带Ⅱ（Ⅰ）段母线运行，2 号（1 号）充电柜停运，2 号（1 号）蓄电池与母线隔离。

2）1 号（2 号）充电柜故障时，1 号（2 号）蓄电池及直流母线由 3 号充电柜带，1 号（2 号）充电柜退出运行。

3）直流母线串带时，直流母线联络开关在合闸位置。

4）退出一段直流母线绝缘监测仪。

【任务实施】

一、厂用系统送电原则及注意事项

1. 厂用系统送电操作原则

（1）正常停送电操作应遵守逐级停送的原则，即母线送电后再将其所带负荷逐个送电，停电顺序反之。

（2）母线送电时，应先投入进线 PT 和母线 PT。母线停电后，才能将 PT 退出。

（3）任何电气设备送电，均应按照先电源侧、后负荷侧，先隔离开关（先电源侧隔离开关，后负荷侧隔离开关）、后开关的顺序进行；停电顺序与之相反。

（4）电气设备送电前，必须将有关保护投入。

（5）拉、合隔离开关（包括小车或抽屉式开关的一次触点）前，必须检查开关在断开位置。分相显示的开关（110kV 及以上），还应检查开关三相均在分闸位置。

（6）配置有专用电气保护（如速断、过流等）的开关，拉、合隔离开关（包括小车或抽屉式开关进、出车）操作，必须在保护起作用的情况下进行（保护连接片、控制熔断器、二次插头均投入）；没有配置专用电气保护的开关（接触器—熔断器—热电偶组合开关），拉、合隔离开关（包括抽屉式开关进、出车）操作，必须在操作电源全部断开（控制、合闸熔断器均取下）的情况下进行。

（7）应优先使用开关进行接通、断开负荷电流的操作，原设计回路中无开关的设备，允许用隔离开关接通、断开负荷电流。

（8）为了确保 6kV 厂用电切换的安全可靠性，正常切换时应选择"并联半自动方式"，切换完毕后再转到"串联方式"，以提高事故切换的成功率。

2. 厂用电系统操作的注意事项

（1）禁止低压侧对厂用变压器充电。

（2）低压厂用变压器如需短时并列运行，必须核对相序一致，测量其低压侧电压小于 35V 时，才能合上联络开关。

（3）在没有备用电源的情况下，除瓦斯保护和差动保护动作使厂用变压器跳闸外，可以仍用跳闸厂用变压器强送电一次。

（4）不论正常切换还是事故切换，切换后都应检查母线电压，及时调整电压至合格范围。

二、任务实施

厂用电系统送电操作的主要步骤见表 2-5。

表 2-5　　　　　　　　　　　　**厂用电系统送电操作主要步骤**

序号	操作项目、内容
	6kV 母线投运前的检查
1	查所属一、二次系统工作结束，工作票全部收回，拆除全部安全措施
2	检查所有手车开关在试验/隔离位置
3	用 2500V 兆欧表测量母线绝缘应>6MΩ
4	用 2500V 兆欧表测量高压厂用变压器（启动备用变压器）低压侧及共箱封闭母线绝缘应合格（>100MΩ），无进水受潮现象
5	互感器的变比和极性正确
6	启动备用变压器分支保护具备投运条件
7	检查母线 PT、工作和备用电源开关及测量设备具备投运条件

续表

序号	操作项目、内容
	6kV 手车开关（VD4-12）送电操作
8	6kV 手车开关投运前的检查： （1）检查接地开关已断开。 （2）检查开关柜和开关本体的二次回路元件完好。 （3）检查开关本体各触点完好。 （4）测量所带负荷及电缆的绝缘良好。 （5）检查保护装置完好。 （6）将手车开关放至开关柜内试验位置，关上并锁好柜门
9	合上 6kV 手车开关的二次插头
10	合上二次柜内的控制电源开关、保护电源开关
11	开关位置由试验位置切至工作位置
12	电动弹簧储能开关切至投入位，检查开关储能正常
13	将开关的就地/远方选择开关切至远方位置
14	投入综合保护及差动保护出口连接片
	6kV 系统送电（系统见图 2-6）
15	确认 220kV 升压站母线已经带电，电压正常
16	确认 01 启动备用变压器运行正常，调整低压 A、B 分支电压为 6.3kV
17	检查 6kVⅣA（ⅣB）段母线所有负荷开关在检修位置
18	检查 6kVⅣA（ⅣB）段母线所有工作票已经终结
19	拆除 6kVⅣA（ⅣB）段母线临时接地线
20	验明 6kVⅣA（ⅣB）段母线三相确无电压
21	测量 6kVⅣA（ⅣB）段母线绝缘良好
22	检查 6403、6404、6455、6456 手车开关已送电
23	检查 DCS 画面厂用ⅣA（ⅣB）快切装置确已投入闭锁
24	合上 6kVⅣA（ⅣB）段母线 6411（6412）开关
25	合上 6kVⅣA（ⅣB）段母线备用电源进线 PT 6457（6458）开关
26	合上 6kVⅣA（ⅣB）段母线工作电源进线 PT 6401（6402）开关
27	合上 6kVⅣA 段母线工作电源进线 6455 开关，检查电压在合格范围内
28	合上 6kVⅣB 段母线工作电源进线 6456 开关，检查电压在合格范围内
29	6kV 母线电压正常后，对所有 6kV 电动机进行送电
	PC 送电（以锅炉 PC A、PC B 段送电为例）
30	PC 段母线送电前检查： （1）查锅炉 PC A、PC B 段母线所属一、二次系统工作结束，工作票全部收回，拆除全部安全措施。 （2）用 500V 兆欧表测量锅炉 PCA、PCB 段母线绝缘应＞1MΩ。 （3）检查母线 PT 一次侧熔断器完好

续表

序号	操作项目、内容
31	检查锅炉 PC A、PC B 段母线具备送电条件
32	确认 6kVⅣA、ⅣB 段母线电压为 6.3kV
33	检查锅炉 PCA、PCB 段母线负荷开关全部断开
34	检查 6445、6444、44LA、44LB、44L0 手车开关已送电
35	合上 6445 开关，查锅炉变压器 A 充电正常
36	合上 44LA 开关，查锅炉 PC A 段电压正常
37	合上 6444 开关，查锅炉变压器 A 充电正常
38	合上 44LB 开关，查锅炉 PC B 段电压正常
	MCC 送电
39	按 MCC 送电原则对所有 MCC 进行送电操作

注 空冷 PC A～PC C 母线及保安 PC A、PC B 段具备送电条件后，应断开备用电源自投装置，再进行送电。送电正常后，
投入其备用电源自投装置。

任务 2.3 辅助系统恢复运行

【教学目标】
------------------○

知识目标：（1）掌握单元机组系统的划分，以及系统构成、系统图绘制的相关知识。
（2）掌握单元机组各辅助系统的运行方式和运行操作原则。
（3）熟悉单元机组各辅助系统相互间的联系。
能力目标：（1）能绘制典型系统的系统图。
（2）能描述单元机组辅助系统恢复启动的顺序和步骤。
（3）能描述单元机组各辅助系统启动操作的主要内容操作原则及注意事项。
（4）能正确写出辅助系统启动的操作票。
（5）能在仿真机上完成辅助系统恢复的操作。
态度目标：（1）能主动学习，积极利用网络、学习资料等收集和获取与任务相关的信息，
在完成任务过程中发现问题、分析问题和解决问题。
（2）在严格遵守安全规范的前提下，能与小组成员协作共同完成本学习任务，
主动提升团队协作能力、交流沟通能力、总结能力、评价能力。

【任务描述】
------------------○

通过小组学习和协作，绘制典型系统的系统图，熟悉单元机组系统的划分和系统构成，
能对典型系统进行分析（如凝结水系统、除氧给水系统、润滑油系统、风烟系统等）。熟知单
元机组冷态滑参数启动辅助系统的操作顺序和步骤，单元机组各辅助系统启动操作的主要内
容，操作的原则、注意事项，拟定辅助系统启动操作票，在仿真机上完成辅助系统恢复的启

动操作，任务完成后各小组进行总结汇报。

【任务准备】

课前预习相关知识部分。根据单元机组设备系统的构成、划分和运行方式，经讨论后制订典型系统恢复启动的操作票，并回答下列问题。

（1）单元机组一般划分为哪些系统？

（2）给水系统的作用是什么？其系统包含的主要设备有哪些？

（3）单元机组厂用电系统的设置特点有哪些？

（4）风烟系统系统的作用是什么？其系统包含的主要设备有哪些？

（5）简述单元机组冷态滑参数启动辅助系统恢复的内容和步骤。

【相关知识】

一、发电厂系统的划分

火力发电厂设备繁多、系统复杂，为了便于安全经济运行和生产管理，根据设备类型、作用、性质及运行管理的目的划分了若干系统。根据设备系统的范围一般分为单元机组系统和全厂公用系统；根据设备的性质又可分为主设备系统和辅助系统；根据传统的专业学科和设备管理类别一般分为锅炉系统、汽轮机系统、电气系统、热工系统、化水系统、输煤系统等；根据设备的作用、工质的流程关系以及便于运行控制操作，又将系统划分为若干子系统。

大型火力发电厂的单元机组系统一般划分为锅炉系统、汽轮机系统和电气系统等几个主要系统。

1. 锅炉系统

（1）锅炉本体系统。

（2）主蒸汽、再热蒸汽系统。

（3）锅炉给水系统。

（4）风烟系统。

（5）制粉系统。

（6）锅炉燃油系统。

（7）等离子点火系统。

（8）炉底加热系统。

（9）蒸汽吹灰系统。

（10）主蒸汽、再热蒸汽减温水系统。

（11）炉膛安全监控系统。

（12）引、送风机润滑油系统。

（13）磨煤机润滑油系统。

（14）除灰系统。

（15）暖风器系统。

2．汽轮机系统

（1）汽轮机本体系统。

（2）主、再热蒸汽及旁路系统。

（3）汽轮机本体疏水系统。

（4）汽轮机润滑油系统。

（5）汽轮机 EH 油系统。

（6）汽轮机 DEH 系统。

（7）凝结水系统。

（8）除氧、给水系统。

（9）轴封系统。

（10）抽真空系统。

（11）辅汽系统。

（12）抽汽加热系统。

（13）高、低压加热器疏水系统。

（14）循环水系统。

（15）直接空冷系统。

（16）开式冷却水系统。

（17）闭式冷却水系统。

（18）电动给水泵系统。

（19）汽动给水泵系统。

（20）发电机密封油系统。

（21）发电机氢冷系统。

（22）发电机冷却水系统。

3．电气系统

（1）电气主接线。

（2）6kV 厂用电系统。

（3）400V 厂用电系统。

（4）发电机励磁系统。

（5）同期系统。

（6）220V 直流系统。

（7）110V 直流系统。

（8）保护系统。

二、典型辅助系统介绍

本部分仅就凝结水系统作为典型系统进行介绍，旨在引导读者学习和掌握发电厂的设备系统，通过对典型系统的学习，举一反三，为掌握系统的运行操作奠定基础。

1．凝结水系统的构成及作用

凝结水系统由凝汽器、凝结水泵、除盐装置、轴封加热器、低压加热器、除氧器等主要设备及其连接管道组成，如图 2-10 所示。

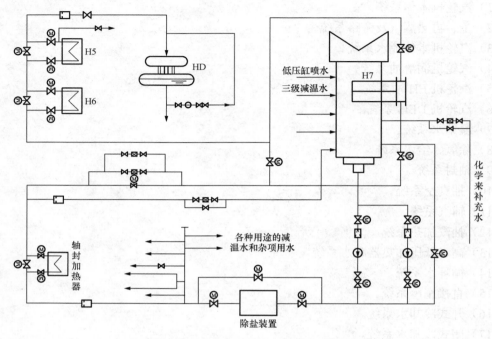

图 2-10　300MW 机组主凝结水系统

凝结水系统的作用是使用凝结水泵将凝汽器中由汽轮机排汽凝结成的凝结水升压，流经精除盐装置进行化学水处理和流经轴封加热器及各低压加热器加热后送到除氧器，构成汽水热力循环的一个部分。此外，凝结水系统还为许多凝结水用户提供减温水、密封水、冷却水和控制水等，如低压旁路减温水、后缸喷水、轴封减温水等。

2. 凝结水系统主要设备及特点

（1）凝结水泵。设两台容量为 100% 的凝结水泵，一台正常运行，一台备用，运行泵故障时连锁启动备用泵。泵出口母管设有一路再循环，启动泵前打开，防止泵汽蚀。

（2）除盐装置。大型机组为确保锅炉给水品质，在凝结水泵之后设置一套凝结水精除盐装置，以控制凝结水溶解固形物的浓度。除盐装置装设进、出水电动阀和旁路电动阀，机组正常运行时进、出口阀开启，旁路阀关闭，除盐装置投入运行；在机组启动充水、冲洗或运行中除盐装置故障时，旁路阀开启，进、出口阀关闭，除盐装置退出运行，主凝结水走旁路。

（3）低压加热器及管道。机组设置 3 台低压加热器，采用小旁路设置，即每台加热器均设一个旁路。正常运行时各加热器旁路关闭，进、出口阀开启；当一台加热器故障时，该加热器解列（旁路阀开启，进、出口阀关闭）。

（4）凝结水最小流量再循环。为使凝结水泵在低负荷运行时不发生汽蚀，同时保证轴封加热器有足够的凝结水量流过，使轴封漏汽能完全凝结下来，以维持轴封加热器中的微负压状态，在轴封加热器后的主凝结水管道上设有凝结水最小流量再循环，它由一个调节阀、两个隔离阀和一个旁路阀组成。调节阀的信号取自轴封加热器前凝结水流量装置，当运行中流量小于凝结水泵和轴封加热器所要求的最小流量时，自动开启再循环管路，以维持凝结水升压泵和轴封冷却器中的最小流量。

（5）除氧器水箱水位控制。除氧器水箱水位调整阀设在轴封加热器之后、7 号低压加热器 H7 的进水侧，由主、副两只调节阀组成。正常运行时，副阀全开，由主调节阀利用水箱水位、锅炉给水流量和凝结水流量三冲量控制，自动调节保持除氧器水箱水位正常。当机组负荷小于 30%MCR，或主调节阀故障检修时，使用手控副阀维持水箱水位。

（6）各种减温水和杂项用水。各种减温水及杂项用水管道接在凝结水泵出口或除盐装置后。用户包括汽轮机低压缸排汽减温水管，真空阀水封用水管，汽轮机主汽阀、中压联合汽阀及猫爪冷却水管，锅炉汽水取样冷却器冷却水管，高、中压疏水扩容器减温水管，给水泵、凝结水泵及凝结水升压泵等密封水管，低压旁路减温水管，低压旁路入凝汽器三级减温器水管，凝汽器水幕喷水管，汽封蒸汽减温水管，发电机水内冷系统补充水管，辅助蒸汽减温水管等。

（7）凝结水系统的冲洗。在凝汽器热井底部、最后一台低压加热器的出口阀前凝结水管道上、除氧器水箱底部都接有排地沟的支管，以便在机组投运前，冲洗凝结水管道时，将不合格的凝结水排入地沟。

3. 凝结水系统设备规范

（1）凝结水泵规范。

1）凝结水泵技术参数见表 2-6。

表 2-6   NLTD860-6B 凝结水泵技术参数

项目	单位	正常运行点	夏季最大能力工况点	最大运行点
入口水温度	℃	54.4	69.5	54.4
流量	t/h	790.29	781.46	870.11
扬程	m	325	327.5	302
效率	%	82	82	82
汽蚀余量	m	2.5	2.5	2.8
转速	r/min	1480	1480	1480
轴功率	kW	853	850	873
出水总压力	MPa	3.22	3.24	2.99
旋转方向		顺时针（从凝结水泵向电动机看）		

2）各种工况下单台凝结水泵运行参数见表 2-7。

表 2-7   各种工况下单台凝结水泵运行参数

项目	单位	机组运行工况（变压运行）					
		最大运行工况	额定运行工况	夏季最大能力工况点	75%负荷运行工况	50%负荷运行工况	30%负荷运行工况
排汽背压	MPa	0.015	0.015	0.03	0.015	0.015	0.015
凝结水泵进口水温	℃	54.4	54.4	69.5	54.4	54.4	54.4
凝结水泵进口比体积	m³/kg	1000	1000	1000	1000	1000	1000
凝结水泵进口流量	t/h	870.11	790.29	781.46	543.95	382.36	254.44
凝结水泵出口总压力	MPa	2.99	3.22	3.24	3.67	3.84	3.92
凝结水泵轴功率	kW	873	853	850	747	673	624
凝结水泵效率	%	82	82	82	73.5	60	44
凝结水泵转速	r/min	1480	1480	1480	1480	1480	1480

3）凝结水泵电动机技术参数见表 2-8。

表 2-8   **YKKL500-4 凝结水泵电动机技术参数**

项目	单位	数据
额定功率	kW	1000
额定电压	V	6000
额定电流	A	115.6
额定转速	r/min	1489
效率	%	93.1
功率因素	0.89	

注　在额定电压下，电动机的启动电流倍数为 6.5。

4）凝结水箱参数见表 2-9。

表 2-9   **卧式圆筒凝结水箱参数**

工作介质	水、蒸汽	设计温度	120℃
水箱长度	8000mm	工作温度	110℃
设计压力	0.17MPa	直径	2650mm
工作压力	0.065MPa	腐蚀裕度	2.5mm
总高度	8472mm		

（2）除氧器技术规范。

1）除氧器技术参数见图 2-10。

表 2-10   **YY1200 卧式内置式除氧器技术参数**

项目	单位	数据
设计压力	MPa	1.2078
设计温度	℃	350
额定工作压力	MPa	0.9662
额定工作温度	℃	178.4
出力	锅炉最大连续蒸发量为 1056t/h，除氧器最大出力为 1200t/h	
运行方式	定—滑—定（滑压、定压）	
滑压范围	MPa	0.2819~0.9662
加热蒸汽额定温度	℃	338.8
凝结水额定温度	℃	132.4
凝结水最高温度	℃	135.8
出水温度	℃	98.9~176.2
出水含氧量	μg/L	≤7

续表

项目	单位	数据
质量（净重）	kg	73500
有效容积	m³	150
总容积	m³	220
水箱双支座间距	m	12
除氧器内径	mm	3800
除氧器长度	mm	20940
整体高度	mm	4500
pH		8.8~9.3
工作介质	水、蒸汽	

2）除氧器最大运行（VWO）工况参数见表 2-11。

表 2-11　　　　　　　　　　　除氧器 VWO 工况参数

名称	流量（t/h）	压力（MPa）	温度（℃）	焓（kJ/kg）
进入除氧器给水	791.1	—	135.8	572.2
高压加热器疏水	210.48	—	185.2	786
除氧器加热蒸汽	49.12	0.9179	338.2	3134.1
除氧器出水	1056	—	176.2	746.6
轴封漏汽来汽	5.39			3046

3）除氧器水箱参数见表 2-12。

表 2-12　　　　　　　　　　　除 氧 器 水 箱 参 数

主凝结水除氧器		补充水除氧器	
形式	立式圆筒	形式	立式圆筒
直径	2650mm	直径	1020mm
壁厚	10mm	壁厚	6mm
与水箱连接方式	焊接	与水箱连接方式	法兰连接

（3）低压加热器技术规范。

1）5 号低压加热器技术参数见表 2-13。

表 2-13　　　　　　　　　5 号 JD-542-1 型低压力加热器技术参数

名称	单位	壳程	管程	名称	单位	壳程	管程
设计压力	MPa	0.59	3.45	腐蚀裕度	mm	1.25	1.25
工作压力	MPa	0.3349	2.65	有效容积	m³	12.2	2.62
设计温度	℃	300	180	程数	—	—	2
工作温度	℃	223	134.5	加热面积	m²	542	

续表

型号				JD-542-1			
名称	单位	壳程	管程	名称	单位	壳程	管程
工作介质	—	蒸汽	水	质量	t	17.324	
流量	t/h	22.77	792.67				

2）6 号低压加热器参数见表 2-14。

表 2-14　　　　　　　　6 号低压加热器参数

型号				JD-617-1			
名称	单位	壳程	管程	名称	单位	壳程	管程
设计压力	MPa	0.59	3.45	腐蚀裕度	—	0.85	1.25
工作压力	MPa	0.2076	2.65	程数	—	—	2
设计温度	℃	200	150	加热面积	m²	617	
工作温度	℃	174	118.6	质量	t	18.64	
工作介质	—	蒸汽	水				
流量	t/h	26.46	792.67				

3）7 号低压加热器参数见表 2-15。

表 2-15　　　　　　　　7 号低压加热器参数

型号				JD-973-1			
名称	单位	壳程	管程	名称	单位	壳程	管程
设计压力	MPa	0.59	3.45	腐蚀裕度	mm	1.25	1.25
工作压力	MPa	0.10925	2.65	程数	—	—	2
设计温度	℃	150	110	流量	t/h	57.15	792.67
工作温度	℃	114	99.3	加热面积	m²	973	
工作介质	—	蒸汽	水	质量	t	27.314	

4）低压加热器水位定值见表 2-16。

表 2-16　　　　　　　　低压加热器水位定值

7 号低压加热器		6 号低压加热器		5 号低压加热器	
正常水位	390mm	正常水位	270mm	正常水位	270mm
高Ⅰ值	440mm	高Ⅰ值	320mm	高Ⅰ值	320mm
高Ⅱ值	490mm	高Ⅱ值	370mm	高Ⅱ值	370mm
低Ⅰ值	340mm	低Ⅰ值	220mm	低Ⅰ值	220mm
低Ⅱ值	290mm	低Ⅱ值	170mm	低Ⅱ值	170mm

4．凝结水系统运行

（1）凝结水系统启动前准备。对凝结水系统进行全面检查，并使凝结水系统具备下列启动条件：

1）凝结水补充水系统已启动运行，具备向凝结水箱补水的条件。

2）凝结水系统启动前检查已完成，各设备和系统处于能够启动的状态。

3）凝结水泵再循环电动阀开启，凝结水最小流量再循环、除氧器给水箱、凝汽器热井水位等自动控制装置处于可运行状态。全部控制系统均处于完善状态。

（2）凝结水泵启动。上述启动条件都满足要求时，开启凝汽器补水阀，并向凝汽器热水井补水；当补水使水位达到规定值后，开启凝结水泵再循环，然后手控启动凝结水泵运行；检查凝结水泵启动正常，开启除氧器水位调整阀向除氧器上水，待凝结水泵的进口压力达到一定值时，关闭凝结水泵再循环电动阀，投入轴封加热器后凝结水再循环，开启凝结水系统上的各种减温水和杂项用水的供水门。凝结水泵投入正常运行后，应注意监视和检查水泵的运转情况如电流、电压以及泵进、出口压力等。

（3）低压加热器启动。低压加热器的启动一般分为机组运行中的启动和随机启动。

1）机组运行中的启动。启动时，首先缓慢开启低压加热器至凝汽器的启动放气阀，以排出低压加热器停运时汽侧空间集聚的大量空气，此时要注意凝汽器真空的变化，以防止加热器启动时放气阀开得过快而导致凝汽器真空的降低。然后缓慢开启低压加热器水侧进口阀，向低压加热器注水，并监视加热器疏水水位，注意加热器有无泄漏，同时开启水室的放气阀，待有水流出后关闭。注水正常后，逐渐全开水侧出、进口阀，加热器通水。当用加热器出口阀来调整凝结水水位时，应注意根据水位情况确定出口阀的开度，之后投入抽气管道上的止回阀控制系统，使其置于运行状态。缓慢打开抽气管道上的电动隔离阀向加热器送汽，对加热器预热，按规程规定预热一段时间后，全开进气阀，并根据抽气管道上的疏水情况，关小直至全关其止回阀前、后的疏水阀。对于设有疏水泵的回热加热器，待加热器水位升至水位计的 3/4 时，开启疏水泵，打开疏水泵的出口阀，保持水位正常。若疏水泵工作失常，将疏水切换经水封管至凝汽器。

2）随机启动。低压加热器随汽轮机一起启动时，将加热器水侧的进、出口阀，进气阀，疏水阀及空气阀全部打开，并投入止回阀控制系统，关闭汽侧放水阀，操作较为简单。

低压加热器正常运行时，主要监视其水位变化，如果低压加热器管系泄漏或水位调整失灵，均会造成水位升高或满水。低压加热器满水时除能引起壳体振动外，还可能使汽轮机中、低压缸进水。判断低压加热器水位是否过高，除了水位计及水位信号外，还可以从低压加热器出口温度来判断。如果负荷未变而出口水温下降，则说明某台低压加热器水位过高。另外，在正常运行中，对汽侧压力最低的低压加热器出入口水温也要注意检查，如果该低压加热器的出入口水温降低，说明汽侧抽汽量减少。这可能是由于空气排不出去引起的，应进行调整。

（4）轴封加热器及轴封风机。

1）轴封加热器。轴封加热器用凝结水来冷却由各段轴封和高中压调节阀主汽阀阀杆漏出的汽气混合物，使混合物中的蒸汽凝结成水，从而回收工质，又使热量传给主凝结水，提高了经济性，同时将混合物的温度降低到轴封风机长期运行所允许的温度。

轴封加热器工作运行中大部分蒸汽凝结成水，通过虹吸管疏入凝汽器，不凝结气体和少量蒸汽则由轴封风机抽出并排入大气。必须监视水位指示器中水位的变化，如果水位已达到

195mm，表明凝结水已淹没换热器，使传热恶化。另外冷却水量不能小于 200t/h，否则将难以维持所需真空。

2）轴封风机。轴封风机用来抽出轴封加热器内的不凝结气体，以保证加热器在良好的换热条件下工作，并维持一定的汽封压力，它是保证汽封系统安全运行的一个重要设备。

风机投运前要试转。首先脱开联轴器单独对电动机进行试转 0.5～1h，检查电气系统、转向、轴承温度及振动是否正常。电动机正常后，连接联轴器进行风机试转，先由人工盘动，应轻松灵活且动静之间无碰磨声，方可进行风机运转。风机启动时，进风口前的阀门应关闭，待风机达到额定转速 2920r/min 后，再缓慢开启阀门至预定位置。风机启动前及运行中应定期检查油杯是否有足够润滑油，运行中定时巡视风机内部是否有响声以及轴封振动的情况。

（5）系统正常运行调节。机组正常运行时，凝结水系统根据汽轮机发电机组负荷的变化，通过调整凝结水系统除氧器水位调整阀的开度，改变凝结水流量，适应除氧器水位变化的要求，并维持凝汽器水位的正常，除氧器给水箱、凝汽器热井、补充水箱等水位调整均投自动运行，自动维持在正常值。凝结水系统的再循环在低负荷时自动投入。

【任务实施】

一、单元机组辅助系统恢复的操作步骤

单元机组辅助设备及系统恢复投运的内容和操作步骤如下：
（1）启动开式和闭式循环冷却水系统。
（2）投入压缩空气系统运行。
（3）汽轮机润滑油系统投运。
（4）发电机冷却系统投运。
（5）盘车的投运。
（6）辅汽系统投运。
（7）凝结水系统投运和除氧器进汽加热。
（8）给水系统的启动。
（9）锅炉上水及炉底加热。
（10）投入锅炉燃油及辅机油系统运行。
（11）汽轮机抽真空及轴封供汽。
（12）发电机—变压器组启动前准备操作。
（13）风烟系统的运行。

二、单元机组辅助系统恢复的原则和注意事项

（1）开式循环冷却水系统是汽轮机冷油器、发电机和调速给水泵空气冷却器、发电机水冷却器、辅机轴承润滑油系统等的冷却水源，闭式循环冷却水系统是各种转动机械的轴承冷却水的水源，是其他辅机系统恢复运行的基础和条件，应首先恢复投运。

（2）压缩空气系统是为机组提供仪用压缩空气和气控操作机构的动力气源，应优先恢复运行。

（3）汽轮机润滑油系统的投运。汽轮机润滑油系统运行是顶轴油系统和盘车启动的条件，同时也是发电机密封油系统运行和冷却系统投运的条件，润滑油系统提前启动即可以满足汽轮机冲转前必须提前4h以上投运盘车运行的要求。此外，润滑油系统投运也是满足汽轮机启动前要进行油循环，检查油系统完好程度，进一步净化油质，并调节油温的需要。

润滑油系统投运应注意：监视检查主油箱油位正常，油质化验合格，油压正常，投入直流油泵连锁，加强对油温的监视，根据油温情况投入冷油器的冷却水控制油温在规定的范围内运行。冷油器出口油温规定为：汽轮机启动时，润滑油的温度不得低于35℃，在转子通过第一临界转速后，油温应在40℃以上；正常运行时，油温控制在40～45℃，但不得超过45℃。

（4）发电机冷却系统投运。汽轮机盘车投运前应投入发电机密封油系统运行并对发电机充氢，投入发电机冷却系统。

发电机冷却系统投运操作原则和顺序为：①密封油系统投运，先投空侧密封油，再投氢侧密封油。②发电机充氢。③投入发电机定子冷却水系统。

发电机冷却系统投运注意事项如下：①密封油系统投运后要注意维护空侧和氢侧密封油压差在±500Pa（50mmH$_2$O）以内，空侧密封油压高于发电机内气压0.085MPa。②发电机充氢采用置换法，维持氢气纯度和氢压值在规定范围内。③发电机的定子水冷却系统投运时应进行必要的冲洗，保证水质合格，备用泵投入连锁，维持水压，并保证定子冷却水水压低于发电机内的氢压。

（5）汽轮机盘车的投运。

1）盘车投运的条件。汽轮机润滑油系统工作正常，发电机密封油系统运行正常。

2）盘车投运的操作原则。首先启动顶轴油系统运行正常，然后启动盘车运行。

3）盘车投运的注意事项。盘车后要检查电流和转速正常，并投入盘车连锁，如电流异常应查明原因及时消除；检查大轴的晃动值应不超过原始值的0.03mm，同时通过听声检查汽轮机是否有动静摩擦。

（6）辅汽系统投运。辅助蒸汽系统必须在除氧器加热之前投入运行，如果辅汽用汽来自启动锅炉，应提前将启动锅炉正常启动。

辅助蒸汽系统投运应注意：辅助蒸汽系统投入前一定要先打开管道和联箱疏水阀，缓慢开启进汽阀对联箱进行暖管；控制温升3～5℃，疏水完毕后，才能全开进汽阀将辅汽系统投入运行。

（7）凝结水系统投运和除氧器加热。凝结水系统投运的原则和操作顺序为：①投入除盐水补水系统运行，开启补水阀向凝汽器汽侧补水，控制水位至规定值。②检查凝结水系统轴封加热器和各级低压加热器的旁路阀关闭，进、出水阀开启，使随机启动的各低压加热器能正常工作。凝汽器热水井（凝结水箱）补水至规定水位后，开启再循环，启动一台凝结水泵运行，检查电流、水压、振动正常，向除氧器上水，另一台泵无倒转，投入连锁。③开启使用凝结水系统供水的相关水阀，如凝结水供旁路系统用的减温水总阀等。④除氧器达到正常水位，水质合格，启动除氧器循环水泵运行，投入除氧器进汽加热。开启辅汽联箱至除氧器加热蒸汽电动阀，使用除氧器进汽调整阀通过控制进汽量来控制温升，将除氧器水温加热至锅炉上水要求的温度。

凝结水系统投运的注意事项如下：①如果是新机组启动或大修后机组启动，应对凝结水系统进行分段清洗，清洗时要将除盐装置解列，冲洗合格后投入除盐装置。②凝结水泵启动前应开启再循环，保证凝结水泵工作正常。③除氧器投入加热时要缓慢进行，防止引起管道和除氧器振动。④系统正常运行时或系统冲洗完成后应检查 5 号低压加热器出口阀前排地沟阀关闭。

（8）给水系统的投运。除氧器水位正常且加热至规定值后，可根据锅炉需要投运给水系统向锅炉上水。给水系统投运的原则和操作顺序如下：①系统检查。按照启动前的检查要求完成检查，设备系统应具备基本启动条件，如检查高压加热器系统的进、出口水电动阀开启，出水旁路阀关闭，给水调整阀关闭，锅炉减温水阀关闭。给水泵的油箱、油管给油泵、冷油器及给水泵密封水回路应完整良好，给水泵电动机空气冷却器风阀严密等。②投入给水泵暖泵。开启暖泵门进行暖泵，使泵体温度逐渐上升到接近给水的温度值。③启动给水泵的辅助系统。投入给水泵冷却水系统，投入给水泵工作油冷油器、润滑油冷油器的冷却水，给水泵电动机冷却器的冷却水系统等，启动密封水泵，使给水泵密封水系统运行正常；启动辅助油泵，使油系统工作正常。④启动给水泵。检查给水泵电流正常，再循环阀自动开启，调整勺管，给水压力正常，控制给水流量向锅炉上水。

给水系统投运的注意事项如下：①给水泵启动前应进行暖泵操作，一般暖泵约需 1h，冬季较冷的时期可延长暖泵时间。②给水泵启动前应检查锅炉减温水系统总阀关闭，防止给水泵启动后过热器进水。③高压加热器有检修工作或机组大修后启动时，给水系统启动应将高压加热器进、出口阀关闭，旁路阀打开，给水走旁路，待高压加热器注水确定无泄漏时再投入水侧运行。

（9）锅炉上水及炉底加热。

1）锅炉上水。锅炉上水的原则和规定为：高参数大容量锅炉的汽包壁较厚，为防止过大的汽包热应力，规定上水温度一般在 90～110℃，上水时间一般需 2～4h，冬季上水时间应比夏季长一些。开始时采用小流量，控制上水持续时间，当锅炉金属的初温较低时(如在冬季)，上水水温开始时不得超过 50～60℃，上水速度也应慢些。对于有缺陷的锅炉则更要酌情减慢。锅炉上水至最低可见水位后停止上水，并开启省煤器再循环阀。

锅炉上水的注意事项如下：①锅炉上水一般应用经除氧器除过氧的热水。②锅炉上水期间应密切监视汽包壁温的变化，调整上水流量，严格控制汽包任意两点的壁温差不超过 50℃。③锅炉上水一般是通过带有节流装置的旁路进行的，这样可以防止过多地磨损给水主调节阀，易于控制。

2）炉底加热。自然循环锅炉在启动初期为迅速建立稳定的水循环，缩短启动时间和节约点火用油，通常在汽包锅炉的水冷壁下联箱装有炉底加热蒸汽管，用邻炉或辅助汽源加热炉水，使其升到一定温度、压力时再点火。操作时，先将锅炉上水至点火水位后关闭上水阀，开启省煤器再循环阀，然后投入炉底蒸汽加热。

炉底加热操作的注意事项：①炉底蒸汽投运前要先疏水暖管，暖管结束后再缓慢开启水冷壁下联箱的加热分门进行加热。②加热过程中应密切监视汽包壁温的变化，调整进汽流量，严格控制汽包任意两点的壁温差不超过 50℃。

（10）投入锅炉燃油及辅机油系统运行。锅炉辅机油系统包括预热器、送风机、引风机等各辅机的润滑、调节油系统。由于油系统都需要一定时间的循环，以保证设备启动前的油温和油质，所以应在辅机投入前提前投入运行。锅炉燃油系统也应在点火前提前投入运行。

（11）汽轮机抽真空及轴封供汽。

1）汽轮机抽真空。锅炉点火后需要开启蒸汽旁路向再热器通汽，以及汽轮机进行暖管时，会有大量的蒸汽注入凝汽器。如果不建立一定真空，汽水进入凝汽器，会使凝汽器内形成正压，损坏排汽缸安全门等设备。在锅炉点火前一般要求凝汽器真空应达到 30kPa 以上，汽轮机抽真空本身需要一定的时间，一般约需要 40min，因此锅炉准备点火前应提前进行汽轮机的抽真空操作。

目前大机组凝汽系统的抽气设备一般使用真空泵，汽轮机抽真空的操作原则及步骤如下：①启动前的系统检查，确证系统具备启动条件。②真空泵汽水分离器补水至正常。③启动真空泵运行，缓慢开启空气阀抽真空。

2）汽轮机轴封供汽。汽轮机轴封供汽的操作步骤如下：①对轴封联箱进行暖管和供汽。开启轴封联箱疏水阀，缓慢开启辅汽联箱至轴封供汽联箱的进汽阀进行暖管，暖管结束全开进汽阀。②开启联箱至各轴封段供汽阀，调整轴封压力、温度正常。

3）汽轮机抽真空及轴封供汽的原则和注意事项。①机组冷态启动一般要求先抽真空后送轴封，轴封系统必须经充分暖管后方可向轴封送汽。送轴封一般在汽轮机冲转前进行。在真空达到冲动转子所要求的数值之前，当真空增长缓慢时，若要采用向轴封送汽以提高到需要的数值，应注意向轴封送汽的时间必须恰当。过早地向轴封送汽，在连续盘车的情况下转子虽然不致弯曲，但供汽时间过长会使上、下汽缸的温差增大，这同样会使机组动静部分的径向间隙减小。同时供汽时间长，转子受热膨胀较多，因而在冲动转子前，转子和汽缸的相对膨胀正值便要增大，这些对机组启动都是不利的。②必须在连续盘车后才可向轴封送汽，防止转子产生热弯曲。③轴封送汽后，应检查轴封抽气器、轴封冷却器水位和内部压力是否正常。无论在启动时向轴封送汽，还是机组正常运行时向轴封供汽，都应保持轴封冷却器和轴封抽气器工作的正常，使轴封供汽和轴封抽气形成环流，防止轴封蒸汽压力过高而沿轴泄出。否则会造成蒸汽顺轴承油挡间隙漏入油中，从而恶化油质。

（12）发电机—变压器组启动前准备操作。发电机—变压器组启动前准备操作应在锅炉点火前完成，其工作内容是通过对发电机—变压器组电气系统的检查和操作使发变组处于"冷备用"状态。主要内容为检查发电机及其励磁系统，主变压器，厂用高压变压器，励磁变压器，发电机出口封闭母线、PT，厂用封闭母线及其进线 PT，发电机—变压器组出口开关、隔离开关及辅助设备等处于符合启动投运要求，发电机—变压器组保护、测量、同期、操作控制及信号系统等二次设备系统完好、功能正常。完成发电机—变压器组绝缘的测量、发电机转子绝缘电阻测量，完成发电机出口封闭母线和厂用封闭母线的排潮工作，封闭母线无其他异常情况。

（13）风烟系统的投运。锅炉点火前应将风烟系统投入运行，其操作的原则和步骤为：①启动前的检查。确认无检修工作，各辅机的油系统已运行正常，辅机具备启动条件。②首先启动两台空气预热器，检查启动后运行正常。③启动引风机运行，检查启动后运行正常，开启前后风门挡板，将静叶开度调整到适当开度。④启动送风机运行，检查启动后运行正常，调整动叶开度，维持炉膛负压在规定值。

风烟系统投运注意事项：①各辅机启动前应注意其轴承冷却油系统、冷却风系统及冷却水系统运行正常。各风门和烟气门位置正确，各辅机启动后电流、振动、风压等正常。②风烟系统的启动顺序为先启动预热器，再启动引风机，后启动送风机，对采用定速风机的机组，锅炉点火时可以将引风机和送风机先各启动一台（同侧）。③风机启动后风量的调整按炉膛、烟道及预热器的吹扫要求进行，调整过程中要保证炉内维持负压，且控制负压在规定范围内。

三、典型系统操作

（一）凝结水系统的启动操作

1. 凝结水系统投运前的检查及准备

（1）检查凝结水系统检修工作结束，工作票收回，现场清洁干净无杂物，各种标志齐全正确。

（2）凝结水箱、排汽装置及真空系统经清扫、冲洗合格，人孔门关闭，灌水至正常水位。

（3）检查就地仪表配置齐全且已投入，指示正确，画面上各参数及报警指示符合实际，联系热工投入各连锁保护。

（4）检查疏水泵及电动机地脚螺栓紧固无松动，联轴器防护罩完整牢固，电动机接线完整，无松动断股现象，热备用良好。

（5）检查疏水泵轴承油位在油标刻线处。

（6）检查凝结水泵的轴承油位在 1/3～1/2 处，油质良好。

（7）检查凝结水泵地脚螺栓紧固，电动机接线良好，外壳接地线牢固，无松动断股现象，联轴器防护罩完整牢固。

（8）查凝结水泵与电动机联轴器连接完好。

（9）打开凝结水泵、疏水泵密封冷却水阀门，仔细检查密封水管路是否畅通；打开轴承冷却水阀门，仔细检查轴承冷却水管路是否畅通，轴承冷却水量为 0.3～0.5t/h，水压大于 0.3MPa。

（10）按凝结水系统启动前阀门检查卡检查系统各阀门位置是否正确。

（11）打开凝结水泵的入口阀及连续排空阀给凝结水泵泵体注水。

（12）打开疏水泵的入口阀及连续排空阀给疏水泵体注水，出口阀应关闭。

（13）凝结水系统启动前，应联系化学进行精处理投运前的检查和准备。

（14）按规定进行系统各连锁试验合格。

（15）检查凝结水泵、疏水泵具备启动条件后，联系凝结水泵、疏水泵送电。

2. 凝结水系统的投运

（1）凝结水系统的允许投入条件。

1）至少一台除盐水泵运行。

2）至少一台辅机循环水泵运行。

3）排汽装置水位大于 1500mm(就地)。

4）凝结水箱水位大于 860mm。

5）精处理已注水排空或者其旁路阀已打开，其入口压力大于 0.1MPa。

6）将凝结水泵再循环阀打开至手动，将凝结水至除氧器上水调节阀及其旁路阀关闭。

7）将凝结水泵的出口电动阀关闭。

（2）凝结水泵的启动。

1）满足启动条件后，并且就地检查正常，可在画面启动凝结水泵电动机。

2）凝结水泵电动机启动后，延时 30s 打开凝结水泵出口阀门，检查各仪表读数及密封水泄漏情况。

3）如果凝结水泵启动后出口阀未打开，则最多允许运转时间不得超过 1min，1min 后其出口阀还未打开，则应紧急停止此泵。

（3）启动凝结水泵电动机后，查其出口止回阀正常打开，出口电动阀联开正常，泵的出口压力、流量正常，无异常振动及噪声，轴承温度不超限。

（4）凝结水泵运行正常后，逐渐打开凝结水泵供除氧器调节阀，将另一台凝结水泵投入备用；备用泵的进出口阀打开。

（5）待化学化验合格后，方可投入轴封加热器及各个低压加热器对其进行冲洗。待化学化验合格后，可回收至除氧器，同时联系化学尽快投入精处理运行。

（二）凝结水系统的运行及维护

（1）查运行凝结水泵的出口门及其止回阀打开，泵入口滤网差压未发报警。

（2）查凝结水箱水位正常，凝结水泵出口压力大于 3.2MPa。

（3）查凝结水泵运行中流量随负荷变化正常，再循环阀投自动，并动作正常。

（4）查凝结水泵轴承冷却水畅通，温度正常低于 38.5℃，冷却水量在 0.3～0.5t/h，冷却水压为 0.30～0.4MPa。当冷却水量小于 0.3 t/h 或水压低于 0.3 MPa 时，必须立即检查，30min 不能恢复则应停泵处理。

（5）查凝结水泵轴承油位在 1/2～2/3 处，油温低于 70℃，油质透明，无混浊现象。

（6）查凝结水泵轴承温度低于 70℃，电机轴承温度低于 70℃，电动机定子绕组温度低于 130℃。

（7）疏水泵轴承温度最高不高于 75℃，轴承温升最高不超过 50℃。

（8）查备用泵备用良好，电动机加热器投运正常。

（9）查连续排空手动门开启，运行泵运行平稳，声音正常无异声，无摩擦，轴承振动小于 0.085mm。

（10）查系统各管道、阀门、法兰、表计等处无渗漏现象，各管道无振动现象。

（11）查凝结水箱水位就地与画面一致，且在正常范围内，无水位故障报警现象。

（12）查排汽装置的水位正常，各排汽管道无振动、变形现象，疏水泵运行良好。

（13）查电动机接线牢固完整，泵地脚螺栓紧固、无松动，联轴器连接牢固，防护罩完好。

（三）凝结水系统的停运

（1）机组停运，真空破坏后。当低压缸的排汽温度低于 50℃，没有上升趋势且确认凝结水系统没有用户时，可停运凝结水系统。

（2）确认凝结水泵的再循环在自动状态。

（3）确认排汽装置疏水泵的最小流量阀在自动状态。

（4）将除盐水至凝结水箱调节阀置于手动并关闭，其旁路阀也关闭(如另一台机组也处于停运状态，应先停运除盐水泵再关闭其出口，防止除盐水泵发生汽蚀而损坏)。

（5）将疏水泵的出口阀门及再循环阀置于手动并关闭，将疏水泵的自动解除后停运疏水泵的运行。

（6）将凝结水泵至各个用户的电动阀关闭，将凝结水至除氧器的调节阀及其旁路阀置手动并关闭。

（7）将凝结水至除盐水箱的电动阀及其旁路阀关闭。

（8）将精处理解除自动，打开其旁路电动阀后，关闭其进出口电动阀。

（9）将凝结水泵解除自动后停运凝结水泵的运行。

任务 2.4　锅炉上水及炉底加热

【教学目标】

　　知识目标：（1）掌握锅炉汽包及受热面在启动过程中的热应力、热状态的变化规律。

　　　　　　　（2）掌握上水方式及上水过程中的控制指标。

　　　　　　　（3）了解锅炉炉底加热的作用及注意事项。

　　能力目标：（1）会锅炉汽包的上水操作。

　　　　　　　（2）能说出锅炉汽包的热应力、热状态的变化规律。

　　　　　　　（3）能说出炉底加热的作用及注意事项。

　　态度目标：（1）能主动学习，在完成任务过程中发现问题、分析问题和解决问题。

　　　　　　　（2）在严格遵守安全规范的前提下，能与小组成员协作共同完成本学习任务。

【任务描述】

　　单元机组在冷态工况下，锅炉检修已结束，所有工作票已收回，已具备锅炉上水和炉底加热的条件。单元长组织各自学习小组在仿真机环境下，认真分析运行规程，填写锅炉上水和炉底加热操作票后，正确完成上水和炉底加热操作，并确保系统安全、经济运行。

【任务准备】

　　课前预习相关知识部分。根据给水系统、炉底加热系统和运行方式，经讨论后制订锅炉上水和炉底加热的操作票，并独立回答下列问题。

（1）给水系统的运行方式是什么？

（2）简述炉底加热系统的特点和运行方式。

（3）什么是热应力？

（4）怎样进行锅炉上水和炉底加热操作？

【相关知识】

一、上水过程中的汽包应力

　　锅炉上水就是向汽包、水冷壁、省煤器等注水。锅炉启动或水压试验都首先要向锅炉上水。

　　当汽包壁受外力作用时，其内部任一断面的两侧将产生相互作用的力，称为内力。单位断面积上的内力称为机械应力。汽包壁受热温度上升，体积膨胀，当体积膨胀受到限制时，也会产生内力。这种由温差引起的单位断面积上的内力称为热应力。

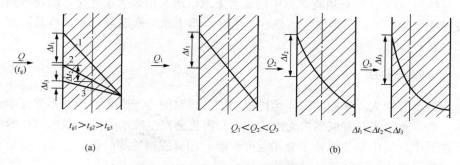

图 2-11 上水时汽包壁温度变化
（a）不同进水温度；（b）不同加热速度
q—加热速度；zg—汽包进水温度

上水时汽包内无压力，故无内压力造成的机械应力。但进入的温水与汽包壁接触时，引起汽包内外、上下壁产生温差，管孔与管头之间产生温差。温水加热内壁，使汽包壁厚方向温度分布形成温度梯度，见图 2-11。进入汽包的水温越高，温度梯度越大；加热速度越快，靠近内壁的温度梯度越大。汽包内壁温度高，体积膨胀量大；外壁温度低，膨胀量小。内壁膨胀受到外壁的限制，外壁受到内壁的拉伸，结果使外壁受拉伸热应力，内壁受到压缩热应力。

假定汽包壁为单面受热的平板，其周边固定而不能扭转。汽包内壁温度为 z_1，外壁温度为 z_2。壁面热应力值与内壁表面至中性线 0—0 的温差 Δt 成正比，可近似表示为

$$\sigma = \Delta t \alpha E / (1 - \mu) \tag{2-1}$$

式中　σ——汽包热应力，MPa；

　　　E——汽包壁金属材料的弹性模数，MPa；

　　　α——金属材料的线膨胀系数，$\alpha = (11 \sim 14) \times 10^6$ m/（m·℃）；

　　　μ——泊桑系数。

Δt 与汽包内壁受工质加热情况有关，有三种情况。

（1）当加热缓慢时，壁内温度呈线性分布，此时有

$$\Delta t = (z_1 - z_2) / 2$$

（2）当工质对汽包内壁加热较强时，如在正常升压，则汽包壁内温度呈抛物线分布，此时

$$\Delta t = 2 (t_1 - t_2) / 3$$

（3）当工质对汽包内壁加热强烈时，如高温水快速进入汽包时，则汽包壁内温度呈双曲线分布，此时

$$\Delta t \approx (z_1 - z_2)$$

由上述分析可知，为了控制汽包热应力，上水温度不能太高，上水速度不能太快。一般规定，上水温度与汽包壁温差值不大于 50℃；上水时间夏季不少于 2h，冬季不少于 4h。若上水温度与汽包壁温接近可适当加快上水时间。如果两者相等，则不受限制。例如 600MW 汽包锅炉规定，上水水质要合格，冷态时上水温度为 40～60℃，如果水温高于汽包壁温 50℃，应控制给水流量为 30～60t/h；还规定上水时间，夏季不少于 2h，冬季不少于 4h。

电厂上水水源有两种，一种是来自除氧水箱，除氧器维持 0.12MPa 压力热力除氧；另一种用疏水箱内的水上水。一般用 105℃除氧水作为锅炉进水，它流过管道系统、省煤器进入

汽包，水温约为 70℃；也有用疏水箱中的疏水上水，疏水由疏水泵升压，经过定期排污系统进入水冷壁下联箱，通过水冷壁进入汽包。用疏水箱上水，水温低，流量容易控制，但应注意水品质要符合标准。

二、省煤器的保护

汽包锅炉水容积大，在启动与停运过程中的一段时间内产汽量很少，不需要给水或只需间断给水。在停止给水时省煤器内无水流通，管内将会发生汽水分层，CO_2、O_2 等气体杂质停留在受热面上，发生受热面管子金属温度波动、超温或腐蚀等问题。因此，在启动或停运过程中要求省煤器内有连续流动的水流。

通常采用省煤器再循环法保持省煤器内水连续流动。

自然循环锅炉的省煤器再循环法是在汽包和省煤器进口联箱之间接一根装有再循环阀的再循环管。在锅炉停止给水时，给水阀门关闭，再循环阀门开启，省煤器与再循环管间由于工质密度差而形成循环流动。自然循环锅炉省煤器再循环保护方法存在以下缺点：

（1）省煤器再循环和省煤器给水进水工况切换时要操作给水阀和再循环阀；同时，省煤器进水联箱由给水变成炉水或由炉水变成给水，由于水温不同而引起壁温波动，产生疲劳裂纹。

（2）如果再循环阀门关闭不严或有泄漏，则部分给水将不通过省煤器直接进入汽包，汽包壁局部温度下降，壁温差加剧；同时省煤器中水流量下降，将引起管壁超温；给水吸热量减少，将引起过热汽温上升。

控制循环锅炉省煤器再循环系统是在水冷壁下联箱与省煤器进口联箱之间接再循环管，主要靠炉水循环泵使省煤器产生再循环。这种系统循环动力大，工作安全，应用较广。

【任务实施】

一、锅炉启动上水和上水后的检查

一般在点火期间希望保持高水位，作为抑制启动时汽包壁温差过大的一个措施。但考虑到锅炉点火升压、升温的过程中，炉水受热膨胀、汽化，若上水至较高水位，水位往往上升超过水位计的可见部分，还要通过放水保持可见水位。因此，进水至稍低于汽包正常水位(点火水位)即可。

锅炉启动上水时的最终汽包水位规定在正常水位线以下 100mm 左右。一般正常水位在汽包中心线下 150～300mm。上水最终水位就是点火水位，它低于正常水位，因为点火后炉水受热水位会上升。

启动上水量与锅炉的参数、容量和结构有关。例如 670t/h 超高压自然循环锅炉的启动上水量为 160t。上水水质要符合给水品质有关规定。

在进水过程中应注意汽包上、下壁温差和受热面的热膨胀情况是否正常。记录各膨胀指示值，若发现有异常情况，必须查明原因，否则不准点火。

1. 锅炉电动给水泵上水基本步骤

（1）启动电动给水泵，当除氧器水质合格后，锅炉开始上水。

（2）机组大修后启动，应在上水前记录锅炉膨胀指示器一次。

（3）锅炉上水水质要求，达到以下条件，锅炉方可以上水：①电导率 σ（μS/cm）≤1；SIO_2(μS/kg)≤60；Fe(μS/kg)≤50；Cu(μS/kg)≤15；Na(μS/kg)≤20。

（4）调整电动给水泵勺管，维持电动给水泵出口压力为 5.0～8.0MPa，打开电动给水泵出口旁路调整阀，关闭省煤器再循环阀。

（5）调整电动给水泵出口旁路调整阀及勺管，控制上水量向锅炉上水，夏季上水时间不小于 2h，冬季不小于 4 h。当水温与汽包壁的温差大于 50℃时，应适当延长上水时间。

（6）当上水至省煤器空气阀见水后，关闭省煤器空气阀。

（7）当锅炉上水至汽包水位计+100mm 处时，停止上水，开启省煤器再循环阀，观测水位变化情况。

2. 凝输泵上水操作方法

（1）检查符合上水条件。

（2）通知汽轮机启动凝输泵，开启凝结水向锅炉上水手动、电动截止阀，并保持出口压力为 0.85～0.95MPa，向锅炉上水。

（3）锅炉上水至−100mm，联系化学化验炉水品质，若合格，则停止上水；若不合格，应加强定排及下联箱放水，边上水边排污，直至水质合格，水位为−100mm，方停止上水。

（4）关闭省煤器入口电动阀，关闭凝结水向锅炉上水手动、电动截止阀。

上水完毕后，上水阀门关闭，汽包水位应稳定不变。如汽包水位继续上升，则需要检查阀门是否关闭严密。

上水过程中，汽包、水冷壁、省煤器等部件受热膨胀应正常。上水前后与上水过程中要检查和记录各部件膨胀指示值，如有异常情况应暂缓上水并检查原因。

二、炉底加热投入操作

为了及早形成较大的流动压头，自然循环锅炉常采用炉水辅助加热装置。它是在水冷壁下联箱内用外来汽源（邻机抽汽或启动锅炉）对炉水加热，一般将炉水加热到 100℃左右后锅炉点火，锅炉点火后即停止加热。

炉水辅助加热装置的优点有加快建立水循环、减少汽包壁温差、缩短启动时间、减少启动耗油，停炉时用外来汽源加热炉水防冻和防腐蚀，还可用外来汽源排除过热器中积水。

投用炉水辅助加热装置时汽包水位应在正常水位线下 100mm 处，炉水加热后水空间内的水产生膨胀使水位上升。投用后要严密监视汽包水位。投用炉水辅助加热装置时，要注意控制炉水升温速度，一般控制在 28～56℃/h 内，防止受热面产生过大的热应力。

1. 炉底加热投入操作步骤

（1）锅炉上水至汽包水位为 305mm 处，关闭省煤器再循环阀，观察水位无变化后汇报值长，准备投炉底加热。

（2）检查高压厂用汽联箱压力大于 1.7MPa，温度高于 332℃。微开高压辅汽联箱至炉底加热手动总阀，开启管道及加热联箱疏水阀，开启炉底加热联箱进汽总管电动一、二次阀，进行疏水暖管。

（3）暖管结束后，关闭管道和加热联箱疏水阀，逐渐开大炉底加热各支管手动截阀进行加热，直至开足，注意不要发生水冲击，并保持汽包水位不低于 305mm。

（4）汽包压力升至 0.35MPa，关闭各空气阀，确认汽轮机主汽阀前疏水阀开启，进行疏水暖管。

（5）汽压升至 0.3～0.5MPa，冲洗水位计一次，通知热工和检修冲洗压力表管和热紧螺丝，做好点火前准备工作。

（6）投炉底加热期间，注意监视、检查辅汽联箱运行状态，严防炉水倒灌。

（7）加热过程中的注意事项。

1）加热应缓慢进行，炉水升温率小于或等于 40℃/h。

2）加热前记录膨胀指示位置，加热过程中注意膨胀无异常。

3）管道振动时，应关小加热门或停止加热。

4）加热过程汽包壁温不高于 40℃。

5）汽包水位至 150mm 时用事故放水降低汽包水位。

（8）待汽包壁温为 100℃以上或锅炉点火后解列炉底加热。

2．炉底加热装置解列操作步骤

（1）当加热到所需温度时，准备解列炉底加热。

（2）关闭各下降管底部的加热进汽支管手动截阀，关闭供汽总管电动一、二次阀，开启联箱疏水阀，开启管道疏水阀。

（3）通过连排或事故放水将汽包水位降至正常。

（4）加热结束，做好详细记录，汇报值长。

任务 2.5　锅炉吹扫及点火

【教学目标】

知识目标：（1）掌握风烟系统、炉前燃油系统的组成及流程。

（2）掌握锅炉吹扫的条件、作用及注意事项。

（3）了解锅炉 FSSS 组成及功能，熟悉 MFT、OFT 等相关保护概念。

能力目标：（1）能说出锅炉吹扫的条件及注意事项。

（2）掌握锅炉吹扫的操作。

（3）能说出锅炉点火逻辑及注意事项。

（4）掌握锅炉点火的操作。

（5）掌握锅炉送风量的调节。

（6）掌握炉膛负压的调节。

（7）掌握炉膛氧量的调节。

态度目标：（1）能主动学习，在完成任务过程中发现问题、分析问题和解决问题。

（2）在严格遵守安全规范的前提下，能与小组成员协作共同完成本学习任务。

【任务描述】

单元机组在冷态工况下，锅炉检修已结束，所有工作票已收回，已具备锅炉吹扫和点火的条件。单元长组织各自学习小组在仿真机环境下，认真分析运行规程，填写锅炉吹扫和点火操作票后，正确完成锅炉吹扫和点火操作，并确保系统安全、经济运行。

【任务准备】

课前预习相关知识部分。根据风烟系统、燃油系统，经讨论后制订锅炉吹扫和点火的操作票，并独立回答下列问题。

（1）锅炉 FSSS 的组成及功能是什么？什么是 MFT、OFT？

（2）简述锅炉吹扫的条件及注意事项。

（3）怎样进行锅炉吹扫操作？

（4）怎样进行锅炉点火操作？

（5）怎样进行锅炉送风量、炉膛负压和炉膛氧量的调节？

【相关知识】

一、炉膛安全监控系统

炉膛安全监控系统（furnace safeguard supervisory system，FSSS），也可称为燃烧器管理系统(burner management system，BMS)。

FSSS 使锅炉燃烧系统中各设备按规定的操作顺序和条件安全启(投)、停(切)，并能在危急工况下迅速切断进入锅炉炉膛的全部燃料(包括点火燃料)，防止爆燃、爆炸等破坏性事故发生，以保证炉膛安全的保护和控制系统。FSSS 包括炉膛安全系统和燃烧器控制系统。

FSSS 是现代大型火电机组锅炉必须具备的一种监控系统，它能在锅炉正常工作和启停等各种运行方式下，连续密切监视燃烧系统的大量参数与状态，不断进行逻辑判断和运算，必要时发出动作指令，通过种种连锁装置，使燃烧设备中的有关部件严格按照既定的合理程序，完成必要的操作或处理未遂性事故，以保证锅炉燃烧系统的安全。实际上它是把燃烧系统的安全运行规程用一个逻辑控制系统来实现的。采用 FSSS 不仅能自动完成各种操作和保护动作，还能避免运行人员在手动操作时的误动作，并能及时执行手操来不及的快动作，如紧急切断和跳闸等。

二、主燃料跳闸

主燃料跳闸（master fuel trip，MFT），一般指锅炉运行当中对设备的自动保护措施，当发生异常突发事故时或报警，或自动停止设备运行，保留送、引风机运行进行吹扫。

缺陷或故障消除后需启动设备时，必须先将 MFT 复位方可启动设备，否则电动机设备无法启动。MFT 发生时，DCS 系统上会显示 MFT 首出原因。

MFT 发生时，设备联动如下：

（1）所有磨煤机跳闸，磨煤机热风隔离挡板关闭，磨煤机冷、热调节挡板关闭，5min 后冷风调节挡板全开。

（2）所有给煤机跳闸，各给煤机指令自动回到 25%。

（3）两台一次风机跳闸，密封风机联跳。

（4）快关燃油母管调节阀、回油阀及所有油枪三位阀。

（5）当任一油枪三位阀未关时，关闭燃油母管跳闸阀。

（6）关闭主蒸汽、再热蒸汽减温水电动隔离阀，关闭主蒸汽、再热蒸汽减温水调节阀。

（7）跳闸主汽轮机。

（8）电除尘 A、B 跳闸。

（9）锅炉吹灰器跳闸。

（10）高压旁路控制复位。

（11）全开所有燃料风挡板。

（12）全开所有辅助风挡板。

（13）给水泵汽轮机 A、B 跳闸。

（14）MFT 后引风机挡板指令关小 25%，10s 后逐渐开启，20s 后恢复。

（15）10min 后，主蒸汽至辅汽电动隔离阀关闭。

（16）切断进入炉膛的所有燃料，包括所有磨煤机、给煤机、一次风机跳闸，点火油跳闸阀、低负荷油跳闸阀、所有点火油枪及低负荷油枪跳闸阀关闭。

（17）所有配风器、二次风隔离阀自动全开，进行炉膛吹扫。如因低风量 MFT，则所有配风器、二次风隔离阀维持原开度一段时间，再自动全开，进行炉膛吹扫。

（18）所有吹灰器自动退出，LCS 装置自动将扇形板提至最高位置。电除尘跳闸（因环保原因，现该连锁已取消，机组 MFT 后应及时通知灰控人员撤出电除尘）。

（19）过热器、再热器减温水隔离阀自动关闭。

（20）过热器烟道挡板自动全开，再热器烟道挡板自动全关。

三、油燃料跳闸

油燃料跳闸（oil fuel trip，OFT）的功能是当低负荷系统出现故障或锅炉 MFT 时，迅速切断低负荷油的供油，防止事故的进一步扩大。

OFT 发生后，低负荷油跳闸阀、调节阀和回油阀迅速关闭，所有低负荷油枪迅速退出。在重新进行低负荷油泄漏试验后，如 MFT 信号不存在，则 OFT 自动复归，跳闸阀可重新开启。

OFT 发生的主要条件如下：

（1）锅炉 MFT。

（2）两台燃油泵都停运。

（3）低负荷油跳闸阀 I/O 接口不匹配。

（4）低负荷油跳闸阀关闭或开启故障。

（5）低负荷油压力低 II 值跳(小于或等于 0.3MPa)。

（6）低负荷油枪雾化蒸汽压力低 II 值跳(小于或等于 0.3MPa)。

（7）OFT 按钮按下。

（8）MFT 复归且低负荷油泄漏试验完成，低负荷油跳闸阀开启后又关闭。

（9）低负荷油枪跳闸阀在打开位置，任一组低负荷油枪油控制阀不能关闭且该组任一支油枪检测无火焰延时 20s。

（10）低负荷油跳闸阀在开启位置，所有低负荷油枪停运或跳闸且任一低负荷油控制阀没有关闭，延时 2s。

（11）OFT 继电器动作。

【任务实施】

一、锅炉吹扫

确认锅炉点火应满足下列条件：

（1）所有检修过的辅机均经满负荷试运合格。

（2）影响正常运行的热机、电气、热工检修工作结束，工作票注销。

（3）各电动阀、气动阀、调整阀开关联动试验正常、灵活；锅炉大连锁、MFT 及 OFT、各辅机联动保护试验、油枪跳闸试验合格并投入。

（4）安全阀整定并投入。

（5）水压试验合格，汽包水位（−50～−100）mm，汽包壁温 100℃ 以上。

（6）各种临时设施拆除并恢复原设施。

（7）汽包水位计完好并投入，其差值不大于 40mm，水位 TV 投入。

（8）电动给水泵可靠备用。

（9）除检修转机，其他转机均应送动力电源及操作电源。

（10）OVATION 系统工作正常，各报警装置试验良好并投入。

（11）各角、层油枪及点火装置可靠备用。

（12）35％高、低压旁路备用。

（13）汽轮机真空在 −30kPa 以上，盘车运行。

（14）原煤仓煤位合适。

1. 锅炉风烟系统投入操作

（1）检查确认锅炉本体、各风、烟道人孔门、看火门均已关闭严密，炉底水封投运正常。

（2）启动 A、B 空气预热器气动马达，转动正常后启动 A、B 空气预热器电动机，确认气动马达停止，投入气动马达"自动"。确认烟气挡板已开启。将空气预热器上、下轴承油泵连锁投入，密封间隙调整装置退出自动，间隙至最大位置。

（3）启动一侧引风机，检查其一切正常。稍开动叶调整炉膛负压至−37Pa 左右，将动叶投入自动。

（4）启动同一侧送风机，检查其一切正常。

（5）启动另一侧引风机，检查其一切正常。调整炉膛负压至−37Pa 左右，将动叶投入自动。

（6）启动另一侧送风机，检查其一切正常。

（7）通过配合调整引、送风机动叶开度调整炉膛负压在−37Pa 左右，总风量大于或等于30％MCR。

（8）启动一台交流火检风机，将备用风机投入备用。

（9）启动一台三次风机（新型低氮燃烧器配备），将备用风机投入备用。

2．燃油泄漏试验

（1）锅炉点火前必须成功进行燃油母管泄漏试验。

（2）确认燃油系统处于炉前油循环状态，供油泵运行正常，燃油跳闸阀前母管压力正常。

（3）从 FSSS 相应 CRT 画面或吹扫盘上输入"START IGN HDR TEST"指令，逻辑检验以下条件是否满足：

1）燃油母管跳闸阀关闭。

2）燃油母管充油阀关闭。

3）燃油母管再循环阀关闭。

4）所有油枪电磁阀关闭。

5）MFT 继电器处于跳闸状态。

6）IFT 继电器处于跳闸状态。

7）燃油泄漏试验命令有效。

（4）所有条件满足，逻辑锁定在燃油母管泄漏试验状态。"START IGN HDR TEST"指示灯亮，打开各层燃油压力调节阀；然后母管充油阀打开，充油至 0.55MPa，此时"HEADER PRESSURING"指示灯亮。若 10min 内母管压力达不到试验需要的压力，则显示"IGN　HDR TEST FAIL"。

（5）若母管压力正常，则关闭燃油母管充油阀，启动 2min 泄漏试验计时器，"HEADER TEST IN PROGRESS"指示灯亮。

（6）若在 2min 试验间隔内母管压力低于 0.35MPa，则逻辑触发显示"IGN　HDR　TEST FAIL"，如果 2min 后燃油母管压力大于 0.35MPa，则逻辑触发"HEADER TEST COMPLETE"状态显示。

（7）试验过程中，若燃油跳闸阀前后差压小于 0.206MPa，则触发"IGN HDR TEST FAIL"。试验失败，应通知热工、检修人员检查处理，待处理后重新进行试验。

3．锅炉吹扫

煤粉锅炉在点火和启动初期燃用轻油，带上一定负荷后再逐步投燃煤粉，最后停止燃油，全部燃用煤粉。煤粉锅炉低负荷时也用燃油助燃。点火过程中锅炉通过点火程控、燃烧自控、炉膛安全保护等装置来确保锅炉安全经济启动和正常运行。

点火前如果炉膛内有积存的可燃质与空气混合物，点火时将导致不可控制的快速燃烧，形成炉膛爆炸。因此，无论在任何情况下点火，必须先对炉膛进行通风清扫。点火前还应该吹扫一次风管道。

确定清扫风量和清扫时间的原则如下：

（1）清扫延续时间内的通风量应能对炉膛至少进行一次全量换气。

（2）通风气流应有一定的速度或动量，即使是炉内最大的可燃质颗粒也能被吹走。

（3）清扫通风与点火通风衔接，把操作量减到最少。

我国运行惯例及美国 ASME 规定：清扫通风量大致在(25%～40%)MCR 范围内，清扫延续时间不小于 5min。

由于通风清扫是与点火相衔接，所以通风清扫前需满足点火条件。这些条件已存储于 FSSS 的程序内。任一条件不具备，清扫程序无法启动。

　　通风清扫程序为：将燃烧器各风门置于清扫位置，启动引风机、送风机，建立清扫通风量，整炉膛负压在 40～50Pa，对炉膛、烟、风道进行吹扫。清扫完毕即行点火。

　　（1）锅炉吹扫条件。锅炉点火前，必须进行 5min 吹扫。吹扫时必须满足一类条件和二类条件。

一类条件如下：

1）请求锅炉吹扫。

2）送风机运行。

3）引风机运行。

4）空气预热器运行。

5）一次风机停运。

6）所有磨煤机停运。

7）所有给煤机停运。

8）所有燃烧器关断挡板关闭。

9）所有电除尘跳闸。

10）燃油母管泄漏试验完成。

11）燃油跳闸阀关闭。

12）所有油枪油阀关闭。

13）无 MFT 条件存在。

14）5min 的滞后吹扫和 15min 的自然通风均未进行。

15）炉膛负压正常。

二类条件如下：

1）火检风压正常。

2）至少 85%的燃烧器套筒挡板在点火位。

3）炉膛总风量大于 30%MCR。

4）过热器、再热器烟气挡板全开。

　　（2）锅炉吹扫操作。

　　1）当以上锅炉吹扫一类条件全满足后，输入"START BOILER PURGE"命令，则 BMS 逻辑锁定在锅炉吹扫方式下，自动将所有燃烧器套筒挡板打至点火位，并全开过热器和再热器烟气挡板。

　　2）锅炉吹扫一类、二类允许条件全满足后，BMS 逻辑启动 5min 吹扫计时，FSSS 吹扫盘上"BOILER PURGE IN PROG"灯亮。

　　3）所有吹扫条件必须在 5min 吹扫周期内保持，任一条件不满足则触发"BOILER PURGE INTER'D"状态显示。

　　4）若吹扫过程中任何一类条件失去，则逻辑将终止吹扫操作。若要重新启动吹扫，必须首先恢复失去的条件，然后再次输入"START BOILER PURGE"命令，重新吹扫、计时。

　　5）若吹扫过程中任何二类条件失去，则停止计时，条件重新满足后，BMS 逻辑将自动继续计时。

　　6）5min 锅炉吹扫完成后，FSSS 吹扫盘上将显示"BOILER PURGE COMPLETE"状态信息。

二、锅炉点火

锅炉点火前必须按规定投入锅炉主保护。

1. 预点火操作

（1）从 FSSS 相应画面或吹扫盘上输入"IGN TRIP VALVE OPEN"命令，由逻辑触发下列动作。

1）复置 MFT 继电器。

2）复置 IFT 继电器。

3）全开过热器烟气挡板，全关再热器烟气挡板。

4）"BOILER PURGE COMPCETE"状态显示消失。

5）启动 10min 延时点火计时器。

（2）当 MFT 和 IFT 继电器复归后，首出跳闸条件消失，燃油母管跳闸阀打开。

（3）当燃油母管跳闸阀打开后，逻辑又发出一个命令打开燃油母管再循环阀。各阀状态随即显示在吹扫盘上。

2. 燃油预点火

（1）当 MFT 和 IFT 继电器复置后，BMS 逻辑判定所有油枪燃油阀关闭或者没有"PERMISSION TO FIRE IGNITERS"状态显示，则逻辑检查以下油枪点火允许条件。

1）火检冷却风压力正常。

2）雾化空气压力正常。

3）主燃油母管压力正常，主燃油母管向各煤层燃油支管供油正常。

4）燃油母管油温高于 5℃。

5）无"FIRST IGN LIGHTING"状态。

当所有允许条件满足后，若母管压力正常，则逻辑允许一次可以点两个煤层的点火器。

1）所有允许条件满足，并且 A、B 层燃油母管压力正常。

2）所有允许条件满足，并且 C、E 层燃油母管压力正常。

3）所有允许条件满足，并且 D、F 层燃油母管压力正常。

（2）无论第一支油枪点火成功与否，60s 内都将禁止另一油枪点火。

（3）投入第一支油枪，60s 后投入第二支。油枪投入后，观察炉膛火焰监视电视和火检指示是否正常。

（4）若自 MFT 跳闸继电器复位 10min 内没有任一对所选择的油枪点火成功，则延时点火保护动作，触发 MFT。

（5）锅炉点火后，投入炉膛烟温探针。将 PCV 阀投入"AUTO"。确认省煤器再循环阀开启。投入空气预热器连续吹灰。通知电除尘值班员投入电除尘振打装置。

（6）检查确认下列疏水阀、放气阀开启。

1）过热器系统疏水阀。

2）再热器系统疏水阀。

3）锅炉本体放气阀。

4）1～6 抽电动阀前、止回阀后各疏水阀。

5）高压排气止回阀前、后疏水，冷段母管疏水阀。

6）主蒸汽母管疏水阀，1、2号主汽阀前疏水阀，给水泵汽轮机高压汽源母管疏水阀。

7）热段母管疏水阀，1、2号中压联合汽阀前疏水阀。

8）1、2号主汽阀下阀座疏水阀。

9）1、2号主汽阀上阀座疏水阀。

10）1、2号中压联合汽阀下阀座疏水阀。

11）高压旁路隔离阀前疏水及低压旁路隔离阀后疏水阀。

12）高压调节汽阀导管疏水阀。

任务 2.6　锅 炉 升 温 升 压

【教学目标】

知识目标：（1）理解锅炉升压过程中汽包、各受热面热应力的变化。

（2）掌握升压率和升温率控制指标。

（3）了解汽轮机旁路系统对蒸汽参数的影响。

（4）掌握控制升压率和升温率的方法。

能力目标：（1）能说出锅炉升压过程中汽包、各受热面的热应力的变化规律。

（2）能说出汽轮机旁路系统对蒸汽参数的影响。

（3）能说出升压率和升温率控制指标。

（4）会控制升压率和升温率的操作。

态度目标：（1）能主动学习，在完成任务过程中发现问题、分析问题和解决问题。

（2）在严格遵守安全规范的前提下，能与小组成员协作共同完成本学习任务。

【任务描述】

单元机组在锅炉吹扫和点火工作完成后，单元长组织各自学习小组在仿真机环境下，认真分析运行规程，填写锅炉升温升压操作票后，正确完成锅炉升温升压操作，并确保系统安全、经济运行。

【任务准备】

课前预习相关知识部分。根据燃油系统、煤粉燃烧系统和运行方式，经讨论后制订锅炉升温和升压的操作票，并独立回答下列问题。

（1）简述锅炉升压过程中汽包、各受热面的热应力的变化规律。

（2）简述汽轮机旁路系统对蒸汽参数的影响。

（3）升压率和升温率控制指标是什么？

（4）怎样保证升压率和升温率？

【相关知识】

一、锅炉升温升压过程中的汽包应力

1. 汽包应力分析

锅炉启动与停运过程中，汽包壁应力主要由压力引起的机械应力和温度变化引起的热应力组成。此外，还有汽包、工质和连接件的重力等引起的附加机械应力。下面分析各种应力形成及其对锅炉安全工作的影响。

（1）机械应力。一般情况，汽包的内外直径之比都在 1.2 以下，如某 600MW 机组锅炉汽包内径为 1778mm，上半部壁厚为 198.4mm，下半部壁厚为 166.7mm，其内外直径之比为 1.11 左右。厚壁部件容器内外直径之比在 1.2 以下时可以近似看作薄壁容器。

对于薄壁容器，在内压力作用下，只是向外扩张而无其他变形，故汽包壁的纵横截面上只有正应力而无剪应力。

在内压力作用下，汽包壁内任一部分的机械应力可以分解为切向应力σ_1、轴向应力σ_2和径向应力σ_3，其中切向应力和轴向应力为拉应力，径向应力为正应力。通常机械应力与汽包内压力成正比，汽包内工质压力越高，汽包壁机械应力也越大。

（2）热应力。升压过程中汽包壁热应力主要由汽包上下壁温差和内外壁温差造成。启动升压快，汽包壁温差就大，热应力增大，过大的热应力将使汽包寿命损耗增大。启动过慢，则启动热损失增大，机组发电量减少。在升压过程中汽包壁上下温度差表现在汽包上部温度比下部温度高。

1）汽包上部与蒸汽接触，下部与水接触。在升压过程中，工质温度也随着上升，汽包壁金属温度低于工质温度，形成工质对汽包加热。汽包下部为水对汽包壁的对流放热传热，汽包上部为蒸汽对汽包壁的凝结放热传热。后者的表面传热系数比前者大 3~4 倍，使汽包上半部温升比下半部快。

2）上部饱和蒸汽温度与压力在升压过程中是单一的关系，温度与压力同时上升。汽包蒸汽空间的蒸汽只能过热不会欠热。下部水温的上升需要靠工质的流动与混合，上升迟缓。升压越快，汽包上下部介质温差越大。

3）启动初期，水循环微弱，汽包内水流缓慢，局部停滞区的水温明显偏低。

这样汽包上部壁温高，金属膨胀量大，下部壁温低，金属膨胀量相对较小。结果是上部金属膨胀受到下部的限制，上部产生压缩应力，下部产生拉伸应力。

在升压过程中，工质不断对汽包内壁加热，还会产生汽包内外壁温差，使内壁产生压缩热应力，外壁产生拉伸热应力。

（3）汽包应力分析与低周疲劳寿命。在升压过程中，汽包的总应力由机械应力与热应力合成。一般情况，汽包上下的外壁温度较接近，故外壁压缩应力较小，内壁拉伸应力较大。在汽包顶部，热应力与轴向机械应力方向相反，起削弱合成应力的作用；而在汽包底部，热应力与轴向机械应力方向相同，起叠加的作用。可见汽包底部应力大于汽包顶部，汽包整体的最大应力发生在底部内壁。

锅炉在启停过程中，机械应力与热应力的合成应力可能已超过材料的屈服极限。汽包由

塑性钢材制成，合成应力一旦达到屈服限后不再增加，由塑性变形吸收，故其实际应力有所减小。可见，汽包壁中实际存在的应力不会达到材料的抗拉强度而立即破坏，但是会影响汽包的工作寿命。主要表现为以下两方面：

1）材料在接近塑性变形或局部塑性变形下长期工作，材质变坏，抗腐蚀能力下降，还可能引起应力腐蚀。

2）在锅炉启动、停运及变负荷过程中，汽包应力发生周期性的变化，这将引起疲劳损坏。即在长期的交变应力的作用下，汽包壁形成裂纹，扩展到一定程度时汽包就破坏了。汽包超过材料屈服限时的疲劳破坏称为低周疲劳破坏。汽包应力峰值超过屈服限的数值越大，塑性变形越大，达到破坏的循环周数越少，即应力循环每一次的寿命损耗增大。

在启动和停运过程中，汽包最大峰值应力常在下降管进口处。该处的热应力是由汽包上下壁温差、内外壁温差及下降管与汽包孔壁之间的温差综合形成的，而且该处因结构原因应力最集中。在锅炉大修时，对汽包内壁检查，常发现在该处存在裂纹。发现汽包壁存在裂纹时应进行测量，确定其安全裕度。

2. 汽包壁温差的控制

由上述分析可知，在升压过程中，汽包的热应力和机械应力的总和峰值应力增大，将使汽包的工作寿命缩短。热应力是由汽包壁温差产生的，而各项温差又是压力 p 的函数。因此，升压过程中要求汽包壁温差在最小值，压力越高，壁温差允许值应越小。目前运行规程根据传统的原则规定汽包壁温差不大于 40～50℃。

控制汽包内外、上下壁温差的关键是控制工质的升温升压速度。降低汽包壁温差的具体方法主要包括：

（1）及早建立稳定的水循环。

（2）控制汽包内工质的升压或降压速度。

（3）限制升负荷速度。

3. 锅炉升温升压速率与升压曲线

饱和工质的压力与温度是单一的关系，因此升压速度决定了升温速度。根据我国的经验，启动过程中工质的升温速度不大于 1～1.5℃/min，可由此确定锅炉的升压基本曲线。在启动初期应采用较小的升压速度，因为此时汽包常会发生较大的壁温差。

单元机组滑参数启动时锅炉升压曲线还必须满足汽轮机运行工况的要求，如汽轮机冲转、升速、并网、升负荷、暖机等。

升压过程应严格按给定的锅炉升压曲线进行，若发现汽包壁温差过大，应减慢升压速度或暂停升压，找出原因并根据设备情况采取相应的措施，使温差不超过规定值，保证汽包的安全。

二、锅炉升温升压时蒸汽受热面管道的保护

一台大型锅炉的汽水受热面，即过热器、再热器、省煤器和水冷壁（俗称"四管"），由性能不同的各种钢材管组成，必须承受很高的工作压力，其管材壁厚在 2.0～12.0mm 的范围内，各种规格管子的总长度可达 200km。

在启停过程中，过热器和再热器受热面的管子及其到汽轮机的连接蒸汽管道，壁内温度的变化和分布是一个不稳定的导热过程，管子在长度方向膨胀受阻产生热应力，管子内外壁

温差也产生相应的热应力；同时，随着升温升压过程蒸汽的产生，管内随即由内压产生机械应力。

1. 启停时锅炉蒸汽管道的保护方法

（1）暖管。锅炉启动时由于蒸汽管道温度较低，为避免高参数蒸汽进入管道产生过大的热应力，应进行充分的暖管。暖管时升温要缓慢，防止加热过快，保证热应力在安全的范围内。同时，管道系统中还有比管子厚度大很多的法兰和阀门，特别是没有保温的法兰和阀门，如果暖管速度太快，会产生巨大的热应力造成破坏。因此为保证管道系统的安全，暖管的速度应控制在温升不大于 4～5℃/min。

（2）疏水。在启动前，从锅炉出口到汽轮机前的一段主蒸汽管道是冷的，可能管道内还有积水，同时在暖管的初始阶段，进入主蒸汽管道的蒸汽参数较低，蒸汽将热量传给了管道和阀门等而凝结成大量的疏水。这些凝结水被蒸汽带走会产生严重的水冲击，使管道系统发生振动，因此需要把管道系统上的疏水门打开排放积水和凝结水，疏水过程一定要进行彻底。

（3）排空气。管道投入运行前，应开启空气门，把管内空气全部排除，防止空气积存在管内腐蚀管壁金属和引起空穴振动。

（4）热紧及防冻。启动时，必须监视管道膨胀是否正常，支吊架是否完整。

启动过程中，随着压力的升高，管道上的螺栓会产生热松弛，可能造成泄漏，因此在压力升高到 0.3～0.4MPa 时，要进行热紧螺栓的工作。为了安全，不允许在压力更高的情况下热紧螺栓。

为了防止冻坏管道和阀门，对于露天或半露天布置的停用管道，在冬季气温 0℃以下，要将管道内存水排放干净，并防止有死角积水的存在或采取一定的防冻措施。

2. 水冷壁保护

锅炉点火前汽包水位以下空间储存着水，处于静止状态。锅炉冷态点火时燃料燃烧放热，水冷壁内炉水温度逐渐上升，达到饱和温度就开始产生蒸汽。下降管中的水与水冷壁中的高温水或汽水混合物之间的密度差形成了运动压头，它促使水冷壁内的工质发生流动。随着燃烧的加强，工质流动逐步加速。

水循环把工质从炉膛吸收的热量带至循环回路各部位，使各部件温升均匀。水循环使汽包内炉水温升和流动，减小汽包壁温差。水循环使水冷壁内工质流动，减小了膜式水冷壁的管间温度差。因此，启动初期及早建立水循环是非常重要的。

建立水循环的措施如下：

（1）炉膛燃烧。炉膛燃烧稳定均匀并具有一定的燃料量，是及早建立稳定水循环的必要条件。锅炉点火时短期内投入的量称为初投燃料量。较大的初投燃料量对稳定燃烧、建立水循环有利，但初投燃料量太大可能引起受热面壁金属超温。在一定的初投燃料量下，单个油枪容量小，油枪根数多可使炉膛热负荷均匀。并注意及时轮换使用油枪，使炉膛热负荷尽量均匀。

要注意为了保护过热器和再热器，在汽轮机冲转前，锅炉炉膛出口烟温不应超过 540℃左右。

（2）升压速度。升压速度对水循环建立也有影响。锅炉压力较低时虽然汽化热较大，但饱和温度低，对应金属温度也低，金属与水的蓄热少，在相同燃烧条件下产汽量较多。同时，在低压时汽水密度较大，能产生较大的流动压头。因此，启动初期升压较慢，维持较低压力有利于建立水循环。

（3）炉水辅助加热（也称为蒸汽推动）。自然循环锅炉为了及早形成较大的流动压头，常采用炉水辅助加热装置。它是在水冷壁下联箱内用外来汽源（邻机抽汽或启动锅炉）对炉水加热，一般可将炉水加热到 100℃左右锅炉再点火，锅炉点火后就停止加热。

炉水辅助加热装置有以下优点：加快建立水循环、减少汽包壁温差、缩短启动时间、减少启动耗油，停炉时用外来汽源加热炉水防冻和防腐蚀，还可用外来汽源排除过热器中积水。

投用炉水辅助加热装置时汽包水位应在正常水位线下 100mm 处，炉水加热后水空间内的水产生膨胀使水位上升。投用后要严密监视汽包水位。投用炉水辅助加热装置时，要注意控制炉水升温速度，一般控制在 28～56℃/h 内，防止受热面产生过大的热应力。

（4）锅内补放水。锅内补放水就是利用定期排污放水，同时补充给水维持汽包水位。锅内补放水可使受热较少的水冷壁及不受热的部件内用热水代换冷水，促使他们的温升均匀。但是补放水将造成部分工质和热量损失。

3. 锅炉金属膨胀量的监督

升压过程中工质和金属温度随之升高，各部件都相应地发生热膨胀。各部件膨胀位移反映了其受热温升情况，不同的温度水平就有不同的膨胀位移量。同时也反映了膨胀位移是否受阻碍（水冷壁不能自由膨胀时即有热应力产生使其发生弯曲或顶坏其他部件），方向是否正确。对新安装或大修后的锅炉，首次启动时必须严格监视各部件的膨胀情况，检查膨胀方向和膨胀量。如发现不正常时必须限制升压速度，查明原因，消除障碍。正常启动时也要常规检查各部件的热膨胀情况。

锅炉主要受热部件都装置膨胀指示器。膨胀指示器由膨胀位移指针与坐标板组成，膨胀位移指针焊接在受热部件上，坐标板在静止不受热的钢架上。

对各部件的膨胀指示值，在点火或炉水辅助加热前要做好记录。点火或炉水辅助加热后，除了要定期记录指示值之外，一般还要从升压初期到汽轮机冲转、暖机、并列及接带负荷，直至锅炉负荷达到 70%MCR 前，进行多次膨胀指示值的检查与记录。通常在锅炉升温升压的初期，检查间隔的时间还应该短些。

当水冷壁及其联箱因受热不同而出现不均匀膨胀时，可以采用加强放水，特别是通过加强膨胀量较小的水冷壁回路放水的方法来解决。

4. 过热器与再热器启动时的保护

在单元机组滑参数联合启动与停运过程中，锅炉送至汽轮机的过热蒸汽的压力、温度及其流量要符合汽轮机各工况的要求，同时还要保证过热器、再热器及管道系统自身的安全工作。

过热器、再热器的受热面金属温度是锅炉受热面中最高的，与材料的许用温度很接近。在启动过程中，锅炉各部件及工质温升需要热量，燃料量常是超量投入，即燃料量的投入超过蒸汽流量的对应值，过热器与再热器的冷却条件常不适应其加热条件，很可能引起受热面金属超温。

（1）过热器与再热器启动初期的保护。炉膛中的屏式过热器、水平烟道中的高温过热器、高温再热器都是立式布置，启动前常有积水现象。如启动前进行水压试验，立式蛇形管内充满水压试验用水；运行后的停炉，立式蛇形管内也会有凝结水积聚。立式蛇形管内的积水不能靠自身的重力放掉，锅炉启动时水会形成水塞，阻碍蒸汽畅流。

由于平行管列中的积水往往是不均匀的，所以在通汽流量或并列管进出口压力差不足时，积水较少的管子可能被疏通，而积水较多的管子中的水位波动，会使水位面处管金属发生疲劳损伤。大型锅炉左右侧水塞偏差会造成汽温偏差。因此，在启动初期必须及时把蛇形管中的积水疏尽，具体措施如下：

1）立式蛇形管的积水可以靠烟气对其加热蒸发逐渐疏通或加热疏通，在没有达到疏通前必须限制受热面的进口烟温[一般在锅炉蒸发量小于（10%～15%）MCR 时]。

2）可根据过热器或再热器受热面金属材料的许用温度与允许的左右烟温偏差值确定进口烟温的限值。例如用 12Cr1MoV 钢材的过热器，钢材的许用温度为 580℃，考虑到烟温左右偏差为 30℃，则过热器进口烟温限值为 550℃。再热器未通汽前，用限制进口烟温方法来保护再热器，可用上述相同方法确定烟温限值。

可按以下几个方面判断过热器的积水是否已经疏通：

1）出口汽温忽高忽低，说明还有积水，而出口汽温稳定上升则说明积水已经消除。

2）各受热管的金属壁温彼此相差很大，说明还有积水，当各管间的温差小于 50℃时，才允许增加燃烧。

3）汽压已大于 0.2MPa，足以将最长管子中的积水疏通。

当以上三个条件都具备，可以增加燃料升温升压。如果过早增加燃料，很可能导致过热器超温。

（2）过热器与再热器启动后期的保护。启动后期是指并网后的升负荷阶段。在该阶段，燃烧未调整至最佳状态，燃烧中心偏高、热偏差大、燃料量偏大等都是常见的现象，都会造成受热面壁温偏高，甚至超过材料的许用温度。现代高参数锅炉使用钢材的工作温度已十分接近材料的许用温度，即使壁温少量偏离也会发生超温的危险。

在启动过程中防止过热器、再热器管壁金属超温的方法大致有以下几种：

1）降低燃烧火焰中心的位置。降低燃烧火焰中心的位置，使炉膛出口烟温下降，从而使受热面壁温下降。投用下排燃烧器，增大燃烧器下倾角，调整燃烧器一、二次风使燃烧稳定，火焰不直接冲刷炉墙和屏式过热器，降低过量空气系数和漏风系数等都能降低燃烧火焰中心位置。

2）防止局部烟温过高。投运的燃烧器均匀对称，或定期调换燃烧器，减少炉内的烟气温度偏差和传热偏差，都可以防止局部烟温过高。

3）合理使用喷水减温器。使用喷水减温器的目的是降低受热面壁温和调节蒸汽温度。在喷水点后的受热面既可降低壁温，又可降低蒸汽温度。但在相同的过热器出口蒸汽流量前提下，喷水点前受热面蒸汽流量相应减少，冷却条件变差，壁温升高。只有在喷水点前受热面壁温较低、安全裕度许可的情况下才能用喷水减温调节汽温。因此，在启动的初期和中期，应尽量避免使用。

经验表明，由于减温器布置位置的影响，低温过热器和屏式过热器是启动时该重点加以监视的对象，它们往往在（70%～80%）MCR 负荷区间出现金属超温。

再热器的具体保护方法与汽轮机旁路系统的形式有关。对于采用高、低压两级旁路的系统，在启动期间，锅炉产生的蒸汽可以通过"高压旁路—再热器—低压旁路"通道流入凝汽器，因而再热器能得到充分冷却。一般高压旁路应全开，低压旁路开 50%以上。

对于采用一级大旁路的系统，汽轮机冲转以前，再热器内没有蒸汽流过进行冷却，通常采用以下方法保护再热器：

1）启动时控制进入再热器的烟气温度，可根据再热器受热面金属材料的许用温度与允许的左右烟温偏差值确定进口烟温的限值。操作时以控制炉膛出口烟气温度来实现。

2）选用较低的汽轮机冲转参数，这样在再热器进口烟温较低时已可冲转进汽，保证再热器管内有蒸汽流过。

3）启动中投入限制燃料量的保护装置，如燃料量超过了整定值则保护动作，自动停止增加燃料。

【任务实施】

一、锅炉升温升压过程中的注意事项

（1）锅炉升温升压过程中，严格控制汽包壁温差小于 99℃。升压率为 0.10MPa/min，升负荷速度为 1.5MW/min。

（2）投油期间应定期检查炉前燃油系统正常，保持空气预热器连续吹灰。

（3）汽轮机启动后，要防止主蒸汽、再热蒸汽温度波动，严防蒸汽带水。

（4）当蒸汽流量小于 7%MCR 或发电机并列前(高压缸启动方式)，炉膛出口烟温不应超过 538℃。

（5）当给水流量或蒸汽流量大于 7%MCR 时，关闭省煤器再循环阀，退出炉膛烟温探针。

（6）整个升压过程中，当 SiO_2 含量超限时应停止升压，并开大连排进行洗硅。

（7）磨煤机启动后正常运行，一次风量应保持在 60%～80% 运行。如磨煤机一次风量低于 40%（或选择一对喷燃器时低于 25%），则应及时投入相应油枪助燃。

（8）投用燃烧器应尽可能按先下层、后上层进行。

（9）燃料量的调整应均匀，以防汽包水位、主、再热蒸汽温度、炉膛负压波动过大。

（10）锅炉启动过程中，要注意监视空气预热器各部参数的变化，防止发生二次燃烧，当发现出口烟温不正常升高时，投入预热器连续吹灰和进行必要的处理。

（11）要注意监视炉膛负压、送风量、给煤机等自动控制的工作情况，发现异常及时处理。

（12）要注意监视燃烧情况，及时调整燃烧，使燃烧稳定，特别是在投停油枪及启停磨煤机时。

（13）锅炉启动和运行中，应注意监视过热器、再热器的壁温，严防超温爆管。

（14）全停油后，燃油系统应处于循环备用状态，就地检查所有油枪均已退出炉膛。

二、锅炉升温升压操作

（1）锅炉点火后，逐步增投油枪升温升压。升温升压率限制见表 2-17。

表 2-17　　　　　　　　　　锅炉点火升温升压限制

序号	阶段	升温率	升压率
1	锅炉起压前	28℃/h	
2	起压～10MPa	56℃/h	0.03MPa/min
3	10MPa 以上	< 100℃/h	< 0.05MPa/min

（2）每投一支油枪，均应至就地实际观察着火情况。炉前燃油系统要定期巡检，严防漏

油着火事故发生。

（3）汽包压力至 0.35MPa 时，关闭锅炉所有放空气门。进行水位计冲洗，并核对各水位计指示准确。

（4）汽包压力升至 0.35～0.5MPa 时，关闭初级过热器进口联箱疏水门，通知机务热紧螺丝，通知热工冲洗仪表管路。

（5）升温升压过程中，汽包水位升高，可通过事故放水、连排等降低水位。必要时适当降低燃烧速度。水位低时，开启电动给水泵上水。上水时关闭省煤器再循环阀。

（6）制粉系统投入。

1）当空气预热器入口烟温达 200℃时，启动 A、B 一次风机，逐渐增大一次风压至母管压力 8kPa 以上，投入一次风压自动。

2）检查以下煤预点火条件。

a．一次风机 A 或 B 在运行。

b．一次风母管压力大于或等于 8kPa。

c．空气预热器 A 或 B 运行，且相应入口、出口挡板位置正确。

以上条件满足后，逻辑显示"PERM TO LIGHT COAL"，允许投制粉系统。当热一次风温达到 160℃以上时，即可启动制粉系统。手动缓慢增加磨通风量，调整磨煤机出口温度在 71.1℃左右，启动给煤机增加给煤量，可视情况投入磨煤机的通风量及风温自动；燃料风挡板自动。

3）制粉系统投入应尽量遵循以下原则：先前墙，后后墙；先底层，后上层，并使燃烧集中。

任务 2.7　汽轮机冲转及定速

【教学目标】

知识要求：（1）熟悉汽轮机 TSI 组成及功能，并能根据各监视项目参数的变化采取相应的措施。

（2）理解汽轮机主保护（ETS）项目及动作对象。

（3）掌握 DEH 功能、升速步骤及注意事项。

能力要求：（1）能进行汽轮机的冲转操作。

（2）能根据汽轮机金属温度的变化及时控制升速率、暖机时间。

（3）会分析启动过程中汽轮机本体的热应力、热变形的变化趋势并采取相应的措施。

态度要求：（1）能主动学习，在完成任务过程中发现问题、分析问题和解决问题。

（2）在严格遵守安全规范的前提下，能与小组成员协商、交流配合完成本学习任务。

【任务描述】

单元机组在升温升压工作完成后，单元长组织各自学习小组在仿真机环境下，认真分析运行规程，填写汽轮机冲转及定速操作票后，正确完成汽轮机冲转及定速操作，并确保系统安全、经济运行。

【任务准备】

课前预习相关知识部分，并独立回答下列问题。

（1）简述汽轮机冲转过程中热膨胀、热变形、热应力的变化规律。

（2）汽轮机监控系统（TSI）监控的参数有哪些？

（3）汽轮机保护系统（ETS）有哪些项目和功能？

（4）怎样进行汽轮机冲转操作？

【相关知识】

一、汽轮机启动时的热状态

1. 汽轮机的热膨胀

汽轮机在启停和工况变动时，各部件金属温度都将发生变化，要产生热膨胀。由于零部件的几何尺寸、材质及受热情况等的不同，其热膨胀程度不尽相同，致使动静部分的轴向间隙发生变化，有可能危害汽轮机的安全。为保证汽轮机有足够的轴向间隙，必须对汽轮机汽缸和转子的绝对热膨胀和相对热膨胀进行分析研究。

（1）汽缸和转子的绝对热膨胀。汽轮机从冷态启动到带额定负荷运行，金属温度的变化很大（在 500℃以上），因此汽缸轴向、垂直和水平等各个方向的尺寸都会显著增大。汽轮机启停和工况变化时，汽缸的膨胀、收缩是否自由，直接决定机组能否正常运行。

滑销系统的合理布置和应用，可以保证汽缸在各个方向能自由膨胀和收缩，同时保证汽轮机、发电机各部件的相对位置的正确，从而保证机组安全运行。运行中应注意经常向滑动面之间注油，保证滑动面润滑及自由移动。有些机组在轴承箱与台板滑动面之间安装一层很薄的助滑垫，能很大程度地减小滑动面之间的摩擦力，保证汽缸自由膨胀与收缩。

启动时，汽缸膨胀的数值取决于汽缸的长度、材质和汽轮机的热力过程。由于汽缸的轴向尺寸大，故汽缸的轴向膨胀成为重要的监视指标。对大容量中间再热机组，汽轮机法兰比汽缸壁厚得多，因此汽缸的热膨胀往往取决于法兰的温度。在启动时，为了使汽缸得到充分膨胀，通常用法兰加热装置来控制汽缸和法兰的温差在允许范围内。

汽轮机正常运行时，沿轴向各级金属温度分布都有一定规律，因此总可以测出调节级处汽缸或法兰的金属温度与汽缸自由膨胀的对应关系，以便于运行监督。

随着汽轮机组容量的增大，其轴向长度也随之增加，转子和汽缸的绝对膨胀往往会达到相当大的数值，比如国产 300MW 汽轮机高中压缸总膨胀可达近 40mm。所以在汽轮机启停和变工况过程中，要加强对汽缸绝对膨胀的监视，此外，还要防止汽缸左右两侧膨胀不均匀，造成卡涩和动静部分的磨损。为了保证汽缸左、右均匀膨胀，规定主蒸汽和再热蒸汽两侧温差一般不应超过 28℃，调节级处法兰左、右温差应小于 10℃。

汽轮机的轴向膨胀值，在汽轮机启停及正常运行中，要经常与正常值对照。当汽缸的膨胀值在膨胀或收缩过程中有跳跃式增加或减小时，则说明滑销系统存在卡涩现象，应查明原因予以处理。对汽缸上进汽和抽汽管道的合理布置也应予以重视，否则会发生膨胀不均匀及动静部分中心发生偏斜等现象。

（2）汽缸和转子的相对膨胀。汽轮机启停和工况变化时，由于流经转子和汽缸相应截面的蒸汽温度不同、蒸汽对转子表面的表面传热系数比对汽轮机汽缸室的表面传热系数大以及转子质面比（转子质量与传热表面积之比）小于汽缸的质面比等原因，转子随蒸汽温度的变化而产生的膨胀或收缩都更为迅速，使转子和汽缸之间明显存在温差。转子与汽缸沿轴向膨胀的差值称为转子与汽缸的相对膨胀差，简称胀差。若转子轴向膨胀值大于汽缸，则称为正胀差；反之称为负胀差。

对于单流程汽轮机（推力轴承一般放在前轴承箱内），汽轮机各级动叶片出汽侧的轴向间隙大于进汽侧间隙，故允许的正胀差大于负胀差。在稳定工况下汽缸和转子的温度趋于稳定值，相对胀差也趋于一个定值。在正常情况下，这一定值比较小。但在启停和工况变化时，由于转子和汽缸温度变化的速度不同，可能产生较大的胀差，这就意味着汽轮机动静部分相对间隙发生了较大变化。如果相对胀差值超过了规定值，就会使动静间的轴向间隙消失。发生动静摩擦，可能引起机组振动增大，甚至发生叶片断裂、大轴弯曲等事故，因此汽轮机启停过程中应严密监视和控制胀差。

为了测量绝对膨胀和高压外缸、中压缸和低压缸胀差，在高压转子前端（前轴承箱内）、中压转子后端和低压转子后端（均在相应的轴承箱内）装有膨胀传感器，在前轴承箱和高中压缸轴承箱基架上装有高中压缸热膨胀传感器。传感器输出信号供机头仪表柜和集控室内仪表显示及计算机和记录仪用。

总之，对不同类型的机组，其膨胀系统可能有些差异，但只要掌握了机组的结构及膨胀原理，就能正确判断汽缸和转子的膨胀方向和动静间隙的变化规律，防止通流部分发生碰磨。

1）启动时胀差的变化规律。汽轮机冷态启动前，汽缸一般要进行预热，轴封要供汽，此时汽轮机胀差总体表现为正胀差。从冲转到定速阶段，汽缸和转子温度要发生变化，由于转子加热快，汽轮机的正胀差呈上升趋势。但这一阶段蒸汽流量小，高压缸主要是调节级做功，金属的加热也主要在该级范围内，只要进汽温度无剧烈变化，相对胀差上升就是均匀的；对采取中压缸启动的机组，则这个阶段胀差的变化主要发生在中压缸。低压缸胀差的变化还要受摩擦送风热量、转子离心力等因素的影响。当机组并网接带负荷后，由于蒸汽温度的进一步提高、通过汽轮机蒸汽流量的增加，蒸汽与汽缸及转子的热交换加强，正胀差增加的幅度加大，对于启动性能较差的机组，在启动过程中要完成多次暖机，以缓解胀差大的矛盾。

2）汽轮机甩负荷、热态启动、停机时相对膨胀的变化规律。当汽轮机甩负荷或停机时，流过汽轮机通流部分的蒸汽温度会低于金属温度，转子比汽缸收缩得多，因而出现负胀差。

热态启动初始阶段，转子、汽缸的金属温度高，若冲转时蒸汽温度偏低，则蒸汽进入汽轮机后对转子和汽缸起冷却作用，也会出现负胀差，尤其对极热态启动，几乎不可避免地会出现负胀差。

汽轮机打闸停机后，由于没有蒸汽进入通流部分，转子送风摩擦产生的热量无法被蒸汽带走，使转子温度升高，加之转子（尤其是低压转子）的泊松效应，在惰走阶段胀差会有不同程度的增加。

3）影响胀差的因素。

a. 蒸汽温度和流量变化速度的影响。蒸汽的温度或流量的变化速度大，转子与汽缸的温差加大，引起的胀差也就加大。因此，在汽轮机启停过程中，控制蒸汽温度和流量的变化速度，就可以达到控制胀差的目的。

b. 轴封供汽的影响。轴封供汽对胀差影响的程度，主要取决于轴封供汽温度，其次是供汽时间，供汽时间越长对胀差影响越大。现代大型机组轴封供汽除了低温汽源外，还设置了高温汽源。根据工况的变化情况，适时投用不同温度的轴封供汽汽源，可有效地控制胀差。冷态启动时为了不使胀差正值过大，应选择温度较低的汽源，并尽量缩短冲转前向轴封送汽的时间；热态启动时应合理地使用高温汽源，防止向轴封供汽后胀差出现负值；停机过程中，如出现负胀差过大，可向汽封送入高温汽源加热转子汽封段，控制转子收缩。

c. 汽缸法兰、螺栓加热装置的影响。汽轮机在启停过程中使用汽缸法兰和螺栓加热装置，可以提高或降低汽缸法兰和螺栓的温度，有效地减小汽缸内外壁、法兰内外壁、汽缸与法兰、法兰与螺栓之间的温差，加快汽缸的膨胀或收缩，达到控制胀差的目的。法兰加热装置使用要恰当，否则可能造成两侧加热不均匀或蒸汽在法兰内凝结。如果温度和压力控制不当，可能造成法兰变形和泄漏。

d. 凝汽器真空的影响。在汽轮机启动过程中，当机组维持一定转速或负荷时，改变凝汽器真空可以在一定范围内调整胀差。当真空降低时，欲保持机组转速或负荷不变，必须增加进汽量，使高压转子受热加快，其高压缸正胀差随之增大；由于进汽量的增大，中低压缸摩擦送风的热量被蒸汽带走，因而转子被加热的程度减小，正胀差减小。当凝汽器真空升高时，过程正好相反。应该指出，对不同的机组及不同的工况，凝汽器真空变化对汽轮机胀差的影响过程和程度是不同的。

2. 汽轮机的热变形

（1）上、下缸温差引起的热变形。在汽轮机启停过程中，上、下汽缸常存在温差，通常是上缸温度高于下缸温度。上、下汽缸温差产生的主要原因如下：

1）上、下汽缸具有不同的重量和散热面积，下缸布置有回热抽汽管道，不仅质量大，散热面积也大，故在同样的加热或冷却条件下，上缸的温度要高于下缸温度。

2）启动时，蒸汽在汽缸内凝结形成的疏水都流经下汽缸经疏水管排出，疏水形成的水膜降低了汽缸的受热条件，而较高温度的蒸汽上升凝结放热加热上汽缸，故上汽缸温度比下汽缸高。

3）停机后，转子在静止状态下，汽缸内残存蒸汽和进入的空气，在汽缸内对流流动，热汽（气）流聚积在上汽缸，冷汽（气）流在下汽缸，使上下汽缸的冷却程度不同。

4）下汽缸处于运行平台之下，受到下面温度较低空气对流通风的影响，使下汽缸加速冷却。

5）下汽缸布置有许多管道，使其较难敷设保温层，加之保温层运行中易于脱落，致使下缸散热较上缸快。

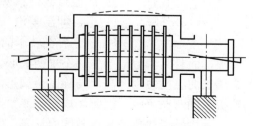

图 2-12　上、下温差造成汽缸向上弯曲

上、下汽缸过大的温差就会造成汽缸向上弯曲的"拱背"热变形，俗称"猫拱背"，如图2-12所示。

汽缸的这种变形使下缸底部径向动静间隙减小甚至消失，造成动静部分摩擦，尤其当转子存在热弯曲时，动静部分摩擦的危险更大。汽缸发生猫拱背变形后，还会出现隔板和叶轮偏离正常时所在的垂直平面的现象，使轴向间隙发生变化，进而引起轴向摩擦。

通常情况下，汽轮机出厂后都要给定汽缸上下缸温差的允许范围。对双层缸结构，内缸上下缸温差的要求与外缸的温差要求可能不同，但通常的温差允许范围为35～50℃。

为控制好上、下汽缸温差，必须严格控制温升速度；启动时尽可能同时投入高压加热器，开足下汽缸疏水阀；安装或大修时，下缸应采用优质保温材料，或增厚下缸保温层；另外，还可在下缸装设挡风板，减小运行平台之下的冷风对下缸的冷却。

（2）汽缸法兰内外壁温差引起的热变形。大容量中间再热汽轮机高、中压缸的水平法兰厚度约为汽缸壁厚度的4倍。因此，启动时，在法兰内、外壁会出现较大的温差，当法兰内、外壁温差过大时，将引起法兰水平方向和垂直方向的变形。

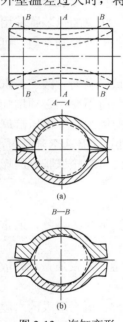

图2-13　汽缸变形
示意图
（a）水平方向热变形；
（b）立椭圆；
（c）横椭圆

1）法兰在水平方向的变形。启动时，法兰内壁温度高于外壁温度，使法兰内壁金属的伸长大于外壁，从而使法兰在水平方向将产生如图2-13（a）所示的热变形。法兰的这种热变形，使得汽缸中部截面A—A由圆变为立椭圆，如图2-13（b）所示；而汽缸前后端部截面B—B由圆变为横椭圆，如图2-13（c）所示。前者引起汽缸左、右径向间隙减小，后者引起汽缸上、下径向间隙减小。

2）法兰在垂直方向的变形。法兰内外壁温差也会引起垂直方向上的变形。当法兰内壁温度高于外壁时，内壁金属膨胀多，增加了法兰结合面的热压应力，如果该热应力超过材料的屈服极限，金属就会产生塑性变形；当法兰内外壁温度趋于平稳时，原来为立椭圆情况的结合面会发生外张口，原为横椭圆情况的法兰结合面会发生内张口，造成运行中汽缸结合面漏汽，同时变形还会导致螺栓被拉断或螺帽结合面被压坏。

（3）汽轮机转子的热弯曲。在启动前和停机后，由于上、下汽缸存在温差，使转子上、下部分也存在温差。该温差会引起转子热弯曲。当上、下缸温差趋于稳定直到温差消失后，转子又恢复原状，变形消失，这种弯曲称为弹性弯曲，即热弯曲。但是，当转子径向温差过大，其热应力超过材料的屈服极限时，将造成转子的塑性变形，即温差消失后，转子不能恢复原状，这种弯曲称为永久弯曲。

若在转子的热弯曲较大的情况下启动机组，不但会产生动静部分摩擦，而且其偏心值产生的不平衡离心力将使机组产生强烈振动。局部摩擦的结果使该部位金属表面温度急剧升高，与周围金属形成很大的温差，最终导致转子永久弯曲变形，造成汽轮机大轴弯曲事故。因此，规定高参数、大容量机组的热弯曲最大值为0.03～0.04mm。

减少转子热弯曲最有效的办法是：①控制好轴封供汽的温度和时间。②正确投入盘车装置。③启动时采取全周进汽并控制好蒸汽参数变化。④启动过程中汽缸要充分疏水，保持上下缸温差在允许范围内。

　　大型汽轮机都装有转子挠度指示器，可直接测量大轴的弯曲值。无该装置的发电机组应监视转子的振动，比较先进的发电机组可直接测量轴的振动。目前现场常用装设在前轴承盖上的千分表来测量转子的热弯曲值。

　　3. 汽轮机的热应力

　　在汽轮机启停和工况变化时，掠过转子和汽缸表面的蒸汽温度是不断变化的，导致了转子和汽缸内部温度分布的不均匀且随工况而变化。正是由于这种不均匀的温度分布，使得转子和汽缸内部产生了热应力。蒸汽温升率越大，金属部件内的温度分布越不均匀，造成的温差越大，产生的热应力也就越大。当热应力超过一定值后，会使金属部件产生塑性变形，从而引起较大的疲劳损伤。

　　对于汽轮机转子来说，在机组启停或变工况条件下，高、中压缸的进汽部位要发生较大的温度变化，往往在调节级后或调节级前汽封处产生的热应力最大，因此在变工况条件下热应力与离心应力合成可能使总应力大大升高；对反动式机组来说，由于其转子结构上的特殊性，其最大热应力点与离心应力点往往不在相同的部位，这对减小汽轮机转子的总应力是有利的。

　　（1）汽轮机冷态启动时的热应力。汽轮机的冷态启动过程，对汽轮机转子和汽缸等金属部件来说是个加热过程，随着汽轮机转速或负荷的提高，金属部件的温度不断升高。对于汽缸来说，随着蒸汽温度的升高，汽缸内壁温度首先升高，内壁温度要高于外壁温度，内壁的热膨胀由于受到外壁的制约而产生压应力，而外壁由于受到内壁热膨胀的影响而产生拉应力。同样，对于转子，当蒸汽温度升高时，外表面首先被加热，使得外表面和中心孔面形成温差，外表面产生压应力，中心孔表面产生拉应力。

　　（2）汽轮机停机过程的热应力。停机过程实际上是汽轮机零部件冷却的过程，随着蒸汽温度的降低和流量的减小，汽缸内壁和转子表面首先被冷却，汽缸内壁温度低于外壁温度，转子表面温度低于中心孔面温度。与启动情况相反，汽缸内壁和转子外表面产生拉应力；汽缸外壁和转子中心孔面产生压应力。

　　因此，汽轮机从启动、稳定工况下运行至停机过程，转子和汽缸上各点的热应力都要经历一个拉—压应力循环。

　　（3）汽轮机热态启动时的热应力。汽轮机热态启动时，调节级处的蒸汽温度可能低于该区段汽缸或转子的金属温度，会使汽缸和转子受到冷却，在转子表面和汽缸的内表面产生拉应力。随着转速的升高及接带负荷，该处的蒸汽温度将迅速提高，高出金属温度，并在随后的过程中保持该趋势直到启动过程结束。在后面一阶段，由于蒸汽温度比金属温度高，转子表面及汽缸内壁温度将产生压应力，这样在整个热态启动过程中，汽轮机部件的热应力要经历一个拉—压循环。

　　（4）负荷变动时的热应力。汽轮机负荷在 35%～100%额定负荷范围内变动时，调节级后的汽温变化可达100℃，因此，在负荷变动时，转子和汽缸上将产生温差和热应力。降负荷时，蒸汽温度降低，转子表面和汽缸内壁产生拉应力；增负荷时，情况与之相反。因此汽轮机经历一个降负荷和增负荷循环，其主要部件将承受一个拉—压循环。应该指出，对于现代大型汽轮机，降负荷运行一般都采用变压运行方式（复合变压运行），采用这种运行方式在低负荷期间汽轮机通流部分温度变化不大，其主要部件的热应力也不大。

　　汽轮机在冷态启动、热态启动、停机和负荷变化等过渡工况下，转子热应力的变化见图 2-14。

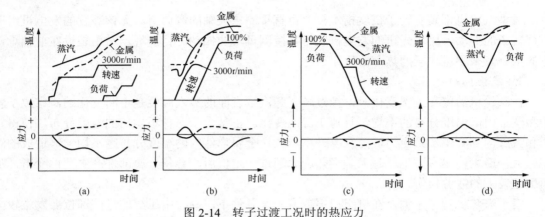

图 2-14　转子过渡工况时的热应力
（虚线表示中心孔面热应力；实线表示转子表面热应力）
（a）冷态启动；（b）热态启动；（c）停机；（d）负荷变化

　　现代大型汽轮机在启、停或变工况时，主要靠监视转子的热应力来判断发电机组的整体热应力水平，进而确定机组的启、停方式，其主要依据是转子的热应力和工作应力都要大于汽缸。

　　转子和汽缸都承受两种应力，一种是热应力，另一种是工作应力。转子是高速旋转的，其换热系数远大于汽缸的换热系数。同时，现代大型汽轮机转子直径增大很多，转子表面到中心孔的厚度已超过了汽缸的内外壁的厚度，故转子表面和中心的温差要大于汽缸内外壁的温差。另外，汽缸的工作应力为蒸汽压力，而转子的工作应力是转动时产生的离心力。显然，转子的离心力要远大于蒸汽对汽缸产生的压力。因此，目前大型机组的寿命管理以转子为管理对象，把转子的应力作为启动过程中判断状态变化的重要依据。

二、汽轮机监控系统（TSI）

1. 汽轮机滑销系统

　　汽轮机在开启运行或停机时，汽轮机的各个零部件的温度要发生很大的变化，为了保证汽缸等部件的正确膨胀（收缩）和定位，以及汽缸和转子的正确对中，设计了合理的滑销系统。滑销系统如图 2-15 所示。

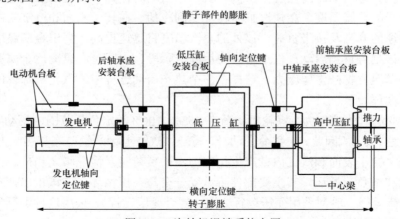

图 2-15　汽轮机滑销系统布置

低压缸由与外缸下半一体的并向外伸出的连续撑脚或"裙边"支托。撑脚装在台板上，台板浇注在基础中，撑脚与台板间的位置靠四键来定位。键的位置如图 2-15 所示。两端有两个预埋在基础里的轴向定位键位于轴向中心线上，牢牢地固定住汽缸的横向位置，但允许做轴向自由膨胀。两侧两个预埋在基础里的横向键分别置于横向中心线上，牢牢地固定住汽缸的轴向位置，但允许横向自由膨胀。因此两横向定位键中心线与两轴向定位键中心线交点也就是排汽口中心处为低压缸绝对死点，汽缸可以在基础台板的水平面内沿任何方向做自由膨胀。

高中压外缸是由四只"猫爪"支托的，这四只"猫爪"与下半汽缸一起整体铸出，位于下半水平法兰的上部，因而使支承面与水平中分面齐平在排汽端（电动机端）。"猫爪"搭在位于轴承箱两侧的键上，并可以在其上自由滑动。轴承箱是低压外缸的一部分，在调端"猫爪"以同样方式搭在前轴承箱下半两侧的支承键上，并可以同样方式自由滑动。在前后端，外缸与相邻轴承箱之间都用定中心梁连接，它们与汽缸及相邻轴承间由螺栓及定位销固定。这些定中心梁保证了汽缸相对于轴承座正确的轴向与横向位置。与低压缸一体的排汽端轴承座牢牢地固定了高中压外缸相对于低压缸的轴向位置，轴承箱与台板之间各轴向键（位于轴向中心线上），可在其台板上沿轴向自由滑动。但是它的横向移动却受到一轴向键的限制，轴承侧面的压板限制了轴承座产生任何倾斜或抬高的倾向，这些压板与轴承座凸肩间留有适当的间隙，台板允许轴向滑动，每个"猫爪"与轴承座之间都用双头螺栓连接，以防止汽缸与轴承座之间产生脱空。螺母与"猫爪"之间留有适当的间隙，当温度变化时，汽缸"猫爪"能自由胀缩。

高中压转子与低压转子之间，低压转子与发电机转子之间，发电机转子与励磁机转子之间都是采用法兰式刚性联轴器连接，形成了轴系。轴系轴向位置是靠机组高中压转子调端的推力盘来定位的，推力盘包围在推力轴承中，由此构成了机组动静之间的死点。当机组静子部件在膨胀与收缩时，推力轴承所在的轴承箱也相应地轴向移动，因而推力轴承或者说轴系的定位点也随之移动。因此，称机组动静之间的死点为机组的"相对死点"。

2．汽轮机监测仪表系统

汽轮机监测仪表系统 TSI（turbine supervisory instrumentation）是一种可靠的连续检测汽轮发电机转子和汽缸的机械工作参数的多路监控系统，可用以显示机组状态，为记录仪和计算机系统提供输出信号，并在超出预置的运行极限时发出警报。此外，还能使汽轮机自动停机和提供用于诊断性估算的各种测量数据。TSI 系统所监控参数和测点布置如图 2-16 所示。

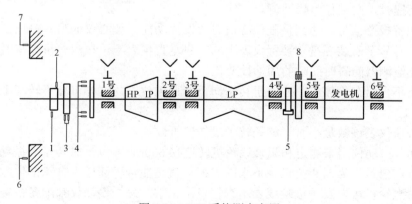

图 2-16　TSI 系统测点布置

1—转子偏心测量；2—键相测量；3—转速、零转速测量；4—轴向位移；5—相对胀差；
6、7—汽缸绝对膨胀；8—超速三取二；⊥—轴承绝对振动测量；∨—X 或 Y 方向轴承相对振动测量

（1）汽缸绝对膨胀。机组从冷态进入高温带负荷状态，温度的变化必然导致汽缸膨胀。汽缸膨胀仪测定自低压汽缸的固定点至调节阀端轴承座间轴向尺寸的伸长。设计时应考虑到使调节阀端轴承座可在经过润滑的轴向导键上自由移动。如果汽缸膨胀时机组的自由端在导键上的滑动受阻，可能会导致机组的严重损坏。

汽缸膨胀仪用来测定调节阀端轴承座相对于一基础固定点的位移。它显示出在启动、停机、负荷及蒸汽温度变动时汽缸的膨胀或收缩。如汽缸膨胀仪不能显示出上述各种暂态，则就必须查清情况。负荷、蒸汽状态、真空等情况相似时，则仪器所显示的调节阀端轴承座的相对位移应当大致相同。

（2）轴向位移。两只转子位置测定仪测定汽轮机推力盘对于推力轴承支架的相对位置。推力盘对位于其两侧的推力轴承瓦块施加轴向压力。轴瓦磨损造成转子的轴向移动将在转子位置测定仪上显示出来，每一仪器都有报警电器，当转子的轴向移动超越一预定位置时，便自动报警。如转子继续轴向移动超越第二个更远的预定位置时，转子位置自动停机继动器就通过紧急停机系统使汽轮机停机。每台仪器都备有两只转子位置检测器及逻辑仪，以防虚假停机。

（3）胀差。当蒸汽进入汽轮机后，转子及汽缸均要膨胀。由于转子质面比较小，温升较快，故其膨胀较汽缸更为迅速而产生膨胀的相对差值。在汽轮机的固定部分和转动部分之间具有轴向间隙，允许汽轮机有胀差，但如果胀差超过允许值，便可能导致转动部分和静止部分碰磨。

胀差仪的作用是以图表显示静止部分和转动部分之间的相对轴向位移。它连续显示出汽轮机在运转过程中的轴向间隙。仪表备有报警和自动停机报警继动器，如果达到极限轴向间隙，它们将各自发挥其功能。通过一段暂态过程后，转子和静止部分温度逐步趋向一致，胀差值随之减少，轴向间隙随之加大。这时汽轮机的蒸汽流量和温度就又可以改变。

（4）转子偏心。当汽轮机停机时，如果汽缸上部温度比下部温度高，则转子受到不均匀冷却而产生弯曲。使用盘车装置使转子慢慢旋转，可使转子承受较低的温差，从而减少弯曲。

在低速时，从盘车转速到 600r/min 左右，转子的弯曲值是被作为转子偏心值连续记录下来的；而在高速时，则被作为振动值。

偏心仪配备报警信号，达到极限偏心值时就发挥功能。偏心仪的另一输出信号是瞬时偏心值，这一信号显示于装在盘车装置仪表上的一只垂直仪表上。在汽轮机盘车时，这一仪表显示出转子至检测器间瞬时间隙的周期性变化。

如果机组不再盘车而停机，应停于转子向下弯曲的位置，这样可减小转子上下部分的温度梯度。

瞬时偏心值仪表读数最小时，就是转子最佳停机位置。

（5）振动。振动仪用来测定和记录汽轮机转速在 600r/min 以上时转子的振动；低于这一转速，转子弯曲值是作为偏心值记录下来的。振动值是在转子邻近主轴承部位测量的，过大的振动预示着汽轮机可能发生危险或表示汽轮机不正常。每一振动仪都配备报警及自动停机继动器，当在任何一只轴承处测得过大的振动时，它们便发挥功能。

（6）相位角。相位角仪显示某一轴承的凸起处和汽轮机转子参考点，也就是 1 号轴承平衡孔之间角度的相对关系。相位角仪正面有一选择按钮，以供选择任一检测器测得的相位角读数。

（7）零速。零速仪具有继电器，当机组达到零转速时便发挥其功能。零速仪使用两只捡拾器，它能测出调节阀轴承座内装于转子上一只具有 V 形刻痕的轮的转动。该仪具有两条各不相关的测定渠道，每一渠道的输出继电器都接有一只逻辑仪，以防止虚假信号。继电器的输出为盘车齿轮啮合用，也可用于信号装置。

（8）转速。转速仪使用一只零速捡拾器作为输入装置。一种模拟的转速输出信号接通记录仪，连续记录其转速。另有两只继电器作为附加输出，他们分别对应两个不相关的预定转速。当转速超越某一预定值时，其相应的继电器便会发挥功能，用来控制盘车装置，送给超速保护，控制排汽缸喷水，还可用于控制顶轴油泵。

三、汽轮机保护系统（ETS）

机组设有超速保护控制系统、电气危急遮断控制系统、机械超速危急遮断系统，本部分主要介绍电气危急遮断控制系统。

1. 汽轮机保护系统的作用

在汽轮机启、停和正常运行时，对轴向位移、转速、轴振动、轴承振动、轴承温度、润滑油压、控制油压、凝汽器真空、主蒸汽温度、汽缸温度等相关参数进行实时监控，当被监视的参数超过报警值时，发出报警信号；当监视参数超过极限值时 ETS 保护装置动作，关闭汽轮机主汽阀和调节阀、抽汽逆止阀等，实行紧急停机。同时将汽轮机跳闸信号送出，联跳锅炉和发电机，安全地将机组停运，目的是不扩大事故范围，把损失降至最低，保护主设备。

2. 汽轮机主要保护项目及功能

ETS 保护配置如图 2-17 所示。

（1）排汽装置真空低保护。当排汽装置真空下降时，不仅会造成汽轮机内焓下降影响汽轮机效率，同时会产生水滴，对汽轮机低压叶片产生水击，损坏叶片。因此几乎所有机组都将真空保护设计为汽轮机的主保护。

根据机组设计的不同，有的机组采用压力开关采集真空低信号直接送至 ETS 跳闸。有的则采用变送器，将凝汽器压力信号送至 DCS 进行处理，经过限值判断后送至 ETS 跳机。一般采用三取二逻辑。

（2）润滑油压低保护。汽轮机润滑油系统是保证汽轮机安全运行的重要辅助系统。如果润滑油压过低，会造成轴承冷却不够，油膜建立不当，甚至烧瓦等重大设备损坏事故。因此润滑油压低保护是必不可少的保护。

润滑油压的测量也分为压力开关和变送器两种，一般用于汽轮机跳闸的压力取样管从冷油器后润滑油母管上开取样口。

（3）EH 油压低保护。EH 油是汽轮机油动机的工作介质，也就是通常所说的抗燃油。如果 EH 油压过低，油动机的工作驱动力就会降低，会造成调阀开启速度变慢，主汽阀缓慢关闭，引起汽轮机调节系统异常，不能满足机组安全稳定运行要求，因此，大型电调机组设置了该项保护。EH 油压的测量也分为压力开关和变送器两种。

（4）汽轮机温度保护。汽轮机温度保护主要包括汽轮发电机轴系轴承温度保护、发电机定子绕组温度保护、高压缸排汽温度保护等。

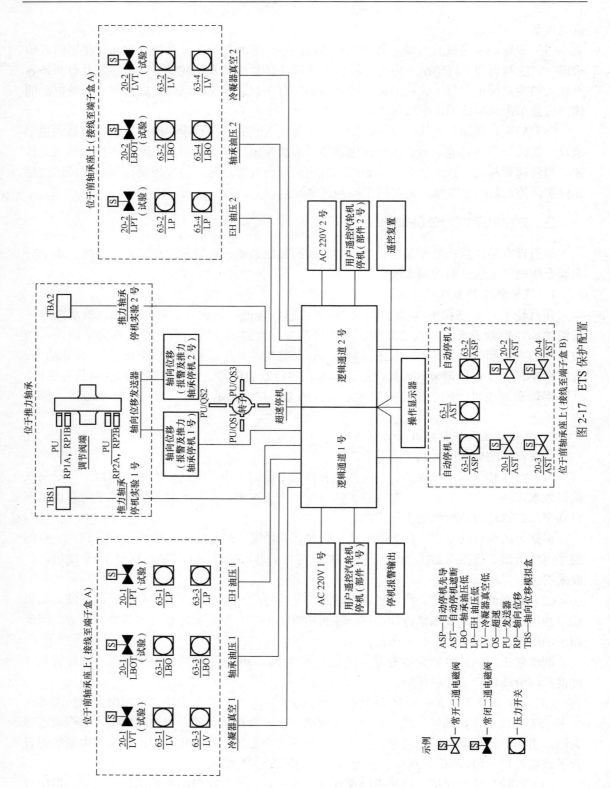

图 2-17　ETS 保护配置

（5）锅炉 MFT 保护。当锅炉跳闸后，汽轮机跳闸，然后联跳发电机，实现机炉电联动，防止发电机逆功率动作。

（6）发电机—变压器组保护。当发电机、主变压器以及线路发生故障，危及机组安全稳定运行时，发电机—变压器组保护系统发出跳闸信号送至汽轮机保护（ETS）系统，及时将机组安全停运，防止事故扩大。

（7）超速保护。超速保护是汽轮机保护一项重要内容，当汽轮机转速超过汽轮机转子根据材料、质量和结构设计所能承受的最大安全转速时，机组停止运行，防止事故扩大。一般分为机械超速保护和电超速保护。

（8）轴向位移保护。为使汽轮机轴向推力轴承处动静部分的水平间隙保持在合理的设计范围之内而设定的一项安全保护措施。

（9）轴承振动。为保证各轴承处汽轮机动静部分之间的径向间距保持在合理的设计允许范围之内而设定的一项安全保护措施。

（10）手动打闸。手动打闸是汽轮机保护系统的最后一道保护措施，在试验汽轮机跳闸系统、测量阀门关闭时间及汽轮机处于危急情况时人为地使汽轮机跳闸。

（11）DEH 失电。DEH 即汽轮机数字电液调节系统因失去所有能正常工作的电源系统而无法控制汽轮机，为安全起见跳闸汽轮机。

汽轮机保护整定值如表 2-18 所示。

表 2-18　　　　　　　　　　　　　　汽轮机保护整定值

内容	报警值	停机值
轴向位移	-0.9mm / +0.9mm	-1.0mm / +1.0mm
高中压胀差	-0.75mm/+15.7mm	-1.5mm/+16.45mm
轴振动	0.125mm	0.254mm
抗燃油压	11.2MPa	9.8MPa
润滑油压	0.08MPa（自启动交流油泵） 0.07MPa（自启动直流油泵）	0.06MPa 0.03MPa 自停盘车
润滑油回油温度	77℃	82℃
支持轴承合金温度	107℃	113℃
推力瓦温度	99℃	107℃
排汽装置压力	60kPa	65kPa
高压外缸排汽温度	404℃	427℃
低压缸排汽温度	90℃（投喷水）	121℃
润滑油箱油位	±180 mm	−260 mm

续表

内容	报警值	停机值
抗燃油箱油位	370mm	270mm
电超速保护		3300r/min
机械超速保护		3300~3360r/min
零转速保护		≤2r/min

3. ETS 保护动作对象

ETS 系统发出的跳闸信号分别送到下列系统，并动作相应设备：

（1）汽轮机电液式动作器 EHA 系统。EHA 系统接受 ETS 跳闸信号后，动作主汽阀、调节阀跳闸电磁阀（采用反逻辑时使电磁阀线圈失电，采用正逻辑时则使电磁阀线圈带电），将跳闸油压泄掉，快速关闭主汽阀和调节阀。

一般跳闸电磁阀会采用四取二逻辑。四个跳闸电磁阀采用串并联方式，即 AST1 和 AST3 并联，AST2 和 AST4 并联，然后串联。只有当 AST1、AST3 中有一个动作且 AST2、AST4 中有一个动作，机组才跳闸。

（2）汽轮机抽汽系统。设计汽轮机抽汽系统的目的是提高汽轮机的热效率，一般使用抽汽的热力系统有低压加热器、高压加热器、除氧器、辅助蒸汽系统等。

在汽轮机跳闸甩负荷时，抽汽管道和加热器内储存的能量可能使汽水倒流，引起汽轮机反转甚至超速。为防止该类事故发生，在抽汽管道上设计了气动止回阀。当 ETS 系统发出汽轮机跳闸信号时，需要快速关闭气动抽汽止回阀，防止汽轮机超速。此外，当高压加热器、低压加热器、除氧器的水位出现异常时，为防止水、汽通过抽汽管道流入汽轮机缸体内，也需要快速关闭气动抽汽止回阀。

（3）汽轮机旁路系统。当 ETS 系统发出跳闸指令后，联开汽轮机高压旁路系统，将多余的蒸汽通过高压旁路系统引至再热器，防止过热器超压；联开汽轮机低压旁路系统，将再热器内多余的蒸汽通过低压旁路系统引至凝汽器，防止再热器超压。

（4）FSSS。汽轮机跳闸后是否需要锅炉跳闸，一般设计了逻辑判断。当负荷较低，且汽轮机跳闸后，高压旁路回路、低压旁路回路都能正常打开，则没有必要锅炉跳闸；否则，ETS 系统发出的跳闸信号送到 FSSS，将炉侧的一次风机、燃料供应系统停运，实现机、炉连锁。

（5）电气保护系统。ETS 系统发出的跳闸信号送到电气保护系统，将发电机主开关断开，将发电机解列，防止因逆功率损坏发电机。

【任务实施】

一、冲转升速过程中的注意事项

（1）汽轮机冲转升速、暖机过程中应尽量保持汽压、汽温及水位等参数稳定。

（2）在升速过程中严禁在临界转速区停留，通过临界转速时轴承振动不超过 0.1mm，相对轴振动不超过 0.254mm。

（3）注意汽轮机本体、管道无水冲击及异常振动现象，汽轮机疏放水系统正常。

（4）注意汽缸热膨胀、各缸胀差、轴向位移、上下缸温差、内外缸温差、轴振及各轴承温度正常。

（5）检查发电机氢、水、油系统运行正常，各参数显示正常。

（6）注意润滑油压、温度、油箱油位、轴承油流温度和轴瓦温度，轴承回油流畅。

（7）检查排汽装置压力小于 20kPa，空冷风机运转正常。

（8）注意排汽装置背压及高、低压加热器、除氧器的水位变化正常。

（9）做电气试验时，DEH 处无操作。但应注意，假并网试验时，电气的并网信号不能送到 DEH 来。否则，当机组实际并未并网，而有并网信号送入 DEH 时，DEH 由转速控制回路转到功率控制回路，为带初负荷将增加高压调节阀开度，必将引起汽轮机超速，使超速保护动作。

（10）注意旁路系统及各辅机的运行情况良好。

二、冲转升速操作步骤

汽轮机冲转主要操作步骤见表 2-19。

表 2-19　　　　　　　　　　　**汽轮机冲转主要操作步骤**

序号	操作项目、内容
	冲动前系统复查
1	检查主油箱油位、EH 油箱油位、密封油箱油位正常，内冷水箱水位正常
2	DEH、ETS 盘面显示正确，TSI、DEH 系统无报警显示
3	按下发电机—变压器组保护柜 A（B）、C "保护复归" 按钮，以复位 ETS
4	ETS 主要保护（轴向位移、真空低、润滑油压低、EH 油压低、振动等）除电跳机保护待并网后投入外都应投入
5	所有辅助转机运行正常
6	除氧器、凝结水箱水位正常，本体及抽汽管道疏水全部开启
7	在学习任务工单中记录冲动前参数：主蒸汽压力、主蒸汽温度、再热蒸汽温度、再热蒸汽压力、偏心度、热膨胀、胀差、汽缸金属温度、轴向位移、盘车电流，顶turning母管油压、氢压、氢油压差、内冷水压力、内冷水流量、真空、排汽温度、润滑油箱油位、润滑油压、润滑油温、EH 油箱油位、EH 油压、EH 油温、密封油箱油位
	逐项检查汽轮机冲转条件
8	蒸汽参数：主蒸汽压力为 4.2MPa，主蒸汽温度为 340℃。再热蒸汽压力为 1MPa，再热蒸汽温度为 260℃。主、再热蒸汽温度有 56℃ 以上的过热度
9	排汽装置排汽压力小于或等于 20kPa
10	EH 油压（14.0±0.5）MPa，EH 油温 35～60℃。润滑油压 0.098～0.118MPa，润滑油温 35～45℃。主油箱油位正常，EH 油箱油位正常
11	轴向位移 、胀差在正常范围
12	大轴偏心≥原始值 0.03mm，且＜0.076mm
13	高中压金属壁温上下温差＜42℃
14	盘车连续运行 4h 以上，汽缸内和轴封处无异声

续表

序号	操作项目、内容
15	机组各项保护投入正常
16	发电机氢压＞0.28MPa，氢气纯度＞95%，空氢侧密封油系统运行正常；油泵连锁投入，密封油压大于氢压（0.085±0.01）MPa
17	蒸汽品质符合要求
18	内冷水流量 30t/h、压力 0.20～0.25MPa
19	低压缸喷水减温系统正常，低压缸喷水调节阀投入自动
	采用高中压缸联合启动方式冲转
20	DEH 显示 TV、GV、IV、RSV 关闭，TV、GV、IV 开度指示为零，发电机功率指示为零，手操输出指示为零，转速显示盘车转速，无故障报警信号
21	检查 DEH 操作盘上"自动""DPU01 主控""双机运行""单阀""ATC 监视""旁路投入"灯亮，LCD 上转速、功率等参数显示正确
22	启动高压启动油泵（密封油备用泵）运行，正常后投入其连锁，隔膜阀顶部油压在 0.7MPa 以上
23	DEH 中选择启动方式为"自动"。高压调节阀选择"单阀"方式
24	汽轮机挂闸。在 DEH 上按"挂闸"按钮，保持 2s，DEH 显示"挂闸"正常，"挂闸"灯亮，"脱扣"灯灭，ETS 机组挂闸通道显示灯亮，脱扣通道显示灯灭，DEH 显示 RSV1、RSV2 全部开启，就地检查两个中压主汽阀开启，注意盘车不应脱扣
25	设置阀限：按"阀限"，数字键上打入 100，按"确认"，则阀限已设置为 100
26	阀门控制方式选"IV 控制"，IV 控制键灯亮，检查高压调节门 GV1～GV6 应缓慢全开，注意汽轮机转速不应有明显飞升现象
27	待高压调节阀全开后，设置目标值。按下"目标值"，用数字键输入目标值 600 r/min，再按"确认"键，按下"升速率"，用数字键输入目标值 100 r/min（冷态：100 r/min，温态：150 r/min，热态：200 r/min，极热态：300 r/min），再按"确认"键，此时，保持灯亮。按"进行"键灯亮，汽轮机开始自动升速冲转，检查中压调速汽门逐渐开启，机组按给定的升速率控制转速
28	转速＞3.6r/min，检查盘车装置自动脱扣，并停运。若盘车齿轮未自动脱扣，推盘车手柄至脱扣位也无效，应打闸停机，检查故障原因，故障排除后方可重新冲转
29	调整高压、低压旁路开度，调整锅炉过热器环形联箱疏水（5%启动旁路）或过热器向空排汽维持压力稳定
30	当转速升到 600r/min，保持转速稳定 4min，按"TV 控制"，"TV 控制"键灯亮，IV 控制灯灭，DEH 进行 IV/TV 的阀切换。由高主门和中压调节门联合控制升速。对汽轮发电机组进行全面检查： （1）检查轴承金属温度、回油温度、轴承振动、轴向位移、胀差、绝对膨胀等都在正常范围内，上下缸温差在允许范围内。 （2）注意发电机氢压、氢气温度、密封油压、氢/油压差压正常。 （3）注意高、中压缸各点温度、温升及上下缸温差的变化。 （4）注意凝结水箱水位、背压、除氧器和低压加热器的水位。 （5）注意润滑油压、EH 油油压、油温、油箱油位。 （6）顶轴油泵退出，并在连锁位。 （7）低压缸喷水投入正常，背压正常，排汽温度小于 90℃
31	输入转速目标值（冷态 2450r/min，热态 2950r/min），按"执行"键开始升速。机组过临界转速时监视轴承振动情况，如振动超限保护未动作及时打闸停机，严禁硬闯临界转速
32	转速升至 2450r/min，中压主汽门进口再热汽温度＞260℃，暖机开始计时：　　min

序号	操作项目、内容
33	中速暖机注意的问题： （1）在中速暖机期间，控制主蒸汽温度在 427℃以下，再热阀进汽温度保持 260℃以上开始暖机。 （2）锅炉维持蒸汽参数稳定运行，汽温升温速率控制在 0.3～1.0℃/min 范围内，汽温不得有下降趋势。 （3）暖机时间最短不许少于 1h。 （4）检查汽轮机排汽缸温度正常。 （5）检查汽轮机胀差在规定范围内、轴向位移正常、缸体膨胀有明显增长趋势。 （6）监视润滑油压正常。 （7）检查氢压、氢温、密封油压、氢油压差等均正常，无漏氢现象。 （8）检查发电机冷却水水压、流量、检漏计等均正常。 （9）在暖机过程中，应检查 LCD 上 TSI、DEH、DCS 系统各监视参数无报警，主辅设备运行正常，并按时进行启停机记录本的记录。 （10）监视高中压缸上下温差小于 42℃
34	时分暖机结束（暖机结束条件：①高压调节级温度、中压隔板套金属温度大于 116℃；②检查汽缸膨胀、振动值、胀差等均正常）
35	输入转速目标值：2950r/min，按"执行"键，继续升速
36	升速至 2900r/min 时，维持转速稳定 3min
37	转速至 2950r/min，进行阀门切换，按下"GV 控制"按钮，确认"TV/GV 切换"，"TV 控制"键灯灭。注意高压调节阀从全开位置关下，当实际转速下降到 2950r/min 以下后，高压主汽阀逐渐全开，高压调节阀控制汽轮机转速维持 2950r/min，阀切换完成
38	设目标值 3000r/min，升速率 50r/min 升速。机组转速达 3000r/min，全面检查设备正常
39	检查确认主油泵出口油压 1.666～1.764MPa，入口油压大于 0.098 MPa，隔膜阀油压在 0.7MPa 以上，停止启动油泵，注意隔膜阀油压波动不大，检查润滑油压正常稳定，停止主机交流润滑油泵，投入其连锁
40	检查投入氢冷却器冷却水正常

任务 2.8　发 电 机 并 网

【教学目标】

知识要求：（1）熟悉静态励磁系统原理、结构特点，掌握其运行方式。

　　　　　（2）熟悉发电机—变压器组主要保护配置。

　　　　　（3）掌握发电机并列的条件及其含义。

能力要求：（1）能够进行发电机的升压操作。

　　　　　（2）能正确实施发电机自动准同期并列。

　　　　　（3）能够进行发电机—变压器组主要保护投退操作。

态度要求：（1）能主动学习，在完成任务过程中发现问题、分析问题和解决问题。

　　　　　（2）在严格遵守安全规范的前提下，能与小组成员协商、交流配合完成本学习任务。

【任务描述】

单元机组在汽轮机冲转及定速工作完成后，单元长组织各自学习小组在仿真机环境下，认真分析运行规程，填写发电机并列操作票后，正确完成发电机并列操作，并确保系统安全、经济运行。

【任务准备】

课前预习相关知识部分，并独立回答下列问题。
（1）发电机励磁控制系统的作用及分类是什么？
（2）发电机—变压器组保护系统由哪些保护组成？
（3）如何进行发电机的升压？
（4）怎样进行发电机并列操作？

【相关知识】

汽轮机升速至额定转速后，经检查确认设备运转正常，完成规定的试验项目即可进行发电机的并网操作。并网操作采用准同期法，要严防非同期并列。

准同期法分自动准同期、半自动准同期及手动准同期三种。调频率、调电压及合主断路器全由运行人员手动操作的称为手动准同期；三项操作全由自动装置来完成的，称为自动准同期；三项操作中有一项或两项为自动的，即为半自动准同期。

该机组采用自动准同期法并网。它能够根据系统的频率，调整机组的转速，使机组的转速达到比系统高出一个预先整定的数值。然后当待并发电机电压与系统的电压差值在±10%以内时，装置就在一个预先整定好的超前时间发出脉冲，合上主断路器，完成并列。

一、发电机励磁系统

1. 发电机励磁控制系统的作用及分类

供给同步发电机励磁电流的电源及其附属设备统称为励磁系统。它一般由励磁功率单元和励磁控制器两个主要部分组成。励磁功率单元向同步发电机转子提供励磁电流，而励磁控制器则根据输入信号和给定的调节准则控制励磁功率单元的输出。励磁系统的自动励磁控制器对提高电力系统并联机组的稳定性具有相当大的作用。

励磁控制系统框图如图 2-18 所示。励磁功率单元是指向同步发电机转子绕组提供直流励磁电流的

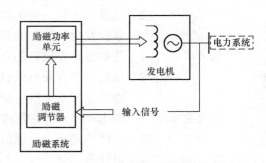

图 2-18　励磁控制系统框图

励磁电源部分，而励磁控制器则是根据控制要求的输入信号和给定的调节准则控制励磁功率单元输出的装置。由励磁控制器、励磁功率单元和发电机本身一起组成的整个系统称为励磁控制系统。励磁系统是发电机的重要组成部分，它对电力系统及发电机本身的安全稳定运行

有很大的影响。励磁系统的主要作用如下：

（1）根据发电机负荷的变化相应的调节励磁电流，以维持机端电压为给定值。

（2）控制并列运行各发电机间无功功率分配。

（3）提高发电机并列运行的静态稳定性。

（4）提高发电机并列运行的暂态稳定性。

（5）在发电机内部出现故障时进行灭磁，以减小故障损失程度。

（6）根据运行要求对发电机实行最大励磁限制及最小励磁限制。

同步发电机励磁系统的形式有多种多样，按照供电方式可以划分为他励式和自励式两大类，如图 2-19 所示。

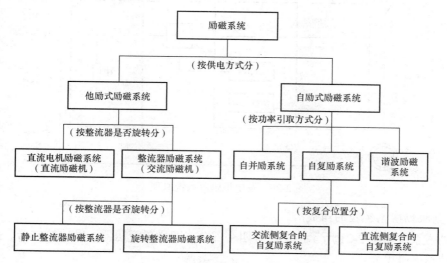

图 2-19　发电机励磁系统的分类

第一类是采用与主机同轴的交流发电机作为励磁电源，经硅整流后，供给主发电机的他励式励磁系统。该类励磁系统，按整流器是静止还是随发电机轴旋转，又可分为他励静止硅整流和他励旋转硅整流两种励磁方式。而旋转硅整流励磁方式，由于其硅整流组件和交流励磁机电枢与发电机主轴一同旋转，直接给主机励磁绕组供给励磁电流，不需要经过转子滑环及碳刷引入，故又称旋转硅整流励磁方式为无刷励磁方式。

第二类是采用接于发电机出口的变压器（称为励磁变压器）作为励磁电源，经硅整流后供给发电机的自励硅整流励磁系统，简称自励系统。在这种励磁系统中，励磁变压器、整流器等都是静止组件，故又称其为全静态励磁系统。

自励系统也有几种不同的励磁方式。如果只用励磁变压器并联在发电机出口，则称为自并励方式；如果除了并联的励磁变压器外，还有与发电机定子电流回路串联的励磁变流器（或串联变压器），两者结合起来共同供给励磁电流，则构成所谓自复励方式。

此外，还有一种较新型的励磁系统，利用在主发电机定子铁芯的少数几个槽中嵌入附加线棒构成的独立绕组作为励磁电源，经变压器整流后供给发电机的励磁绕组。这种新型励磁系统仍属于一种自励方式。

　　在静态励磁系统（通常称为自并励或机端励磁系统）中（见图 2-20），励磁电源取自发电机机端。同步发电机的励磁电流经由励磁变压器、磁场开关和可控硅整流桥供给。一般情况下，启励开始时，发电机的起励能量来自发电机残压。当晶闸管的输入电压升到 10～20V 时，晶闸管整流桥和励磁控制器就能够投入正常工作，由 AVR 控制完成软起励过程。如果因长期停机等原因造成发电机的残压不能满足启励要求时，可以采用 DC220V 电源起励方式，当发电机电压上升到规定值时，启励回路自动脱开。然后晶闸管整流桥和励磁控制器投入正常工作，由 AVR 控制完成软启励过程。

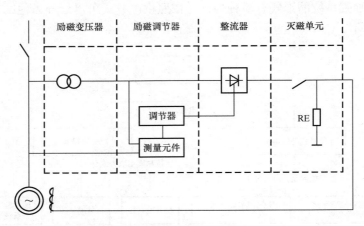

图 2-20　发电机励磁系统原理

　　2. 发电机励磁系统控的组成

　　机组励磁系统如图 2-21 所示，主要有四个部分，即励磁变压器、励磁控制器、晶闸管整流器、启励和灭磁单元。

　　（1）励磁变压器。励磁变压器型号为 ZSC9-3150/20，容量为 3150kVA，变比为（20±0.5）%kV/0.75V，接线形式为符号-11。励磁变压器提供测温、轻瓦斯、重瓦斯及压力释放装置，这些装置设有提供远方信号的引出接点。高压侧每相提供三组套管 CT，两组用于保护，一组用于测量。低压侧每相也提供三组 CT，两组用于保护，一组用于测量。

　　（2）HWLT-4 型双微机励磁控制器。励磁控制器采用数字微机型，性能可靠，具有微调节和提高发电机暂态稳定的特性。励磁控制器设有过励磁限制、过励磁保护、低励磁限制、电力系统稳定器、V/Hz 限制器、转子过电压保护和 PT 断线闭锁保护等单元，其附加功能包括转子接地保护、转子温度测量、串口通信模块、跨接器（CROWBAR）、DSP 智能均流、轴电压毛刺吸收装置等。

　　励磁控制器采用两路完全相同且独立的自动励磁控制器并联运行，两路通道间能相互自动跟踪，当一路控制器通道出现故障时，能自动无扰切换到另一通道运行，并发出报警。单路控制器独立运行时，完全能满足发电机各种工况下正常运行，手动、自动电路能相互自动跟踪；当自动回路故障时能自动无扰切换到手动。

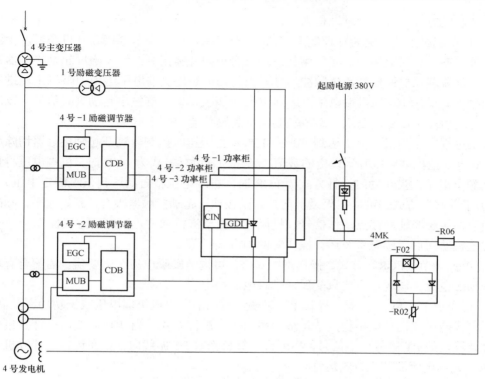

图 2-21　4 号发电机励磁系统

　　励磁控制器中装设无功功率、功率因数等自动调节功能。自动励磁调节装置能在−10～+40℃的环境温度下连续运行，也能在月平均最大相对湿度为 90%、同时该月平均最低温度为 25℃的环境下连续运行。采用风冷的硅整流装置能在−10～+40℃的环境温度下连续运行。AVR 柜采用自然通风或强迫通风，风机故障时能保证励磁控制器正常运行。

　　（3）晶闸管整流器（功率柜）。机组共三个完全相同的功率柜。功率整流装置的一个功率柜退出运行时能满足发电机强励和 1.1 倍额定励磁电流运行的要求。当有两个功率柜退出运行时，能提供发电机额定工况所需的励磁容量，晶闸管元件结温（强迫风冷）设计值为 90℃。整流装置的每个功率元件都设有快速熔断器保护，以便及时切除短路故障元件，并可检测熔断器熔断并给出信号。

　　整流装置冷却风机有 100% 的备用容量，在风压或风量不足时，备用风机能自动投入。整流装置的通风电源设有两路，可自动切换。任一台整流柜故障或冷却电源故障，发出报警信号。风机的无故障寿命为 42000h，采用 2×2 冗余，具有 10 年的平均无故障时间。晶闸管桥按 $n-2$ 的冗余配置，整流装置并联元件具有均流措施，整流元件的均流系数不低于 0.9。

　　（4）起励和灭磁单元。在静态励磁系统（通常称为自并励或机端励磁系统）中，励磁电源取自发电机机端。同步发电机的励磁电流经由励磁变压器、磁场开关和晶闸管整流桥供给。一般情况下，起励开始时，发电机的起励能量来自发电机残压。当晶闸管的输入电压升到 10～20V 时，晶闸管整流桥和励磁控制器就能够投入正常工作，由 AVR 控制完成软起励过程。如果因长期停机等原因造成发电机的残压不能满足起励要求时，则可以采用外接 380V 交流电源起励方式，当发电机电压上升到规定值时，起励回路自动脱开。然后晶闸管整流桥和励磁控制器投入正常工作，由励磁控制器控制完成软起励过程。

具体起励方式选择和起励过程如下：

1）自动起励方式。需要在控制室 DCS 发开机令，励磁调节屏接收开机令后，检测磁场灭磁开关状态。如果灭磁开关是分闸状态，发合灭磁开关指令；给灭磁屏起励接触器发起励信号；投整流屏风机；投整流桥脉冲信号。当起励电源使机端电压达到 10%以上，进入励磁调节程序。如果在 10s 内机端电压没达到 10%或 20%，调节屏发出起励失败信号，发出起励失败信号之后还可以起励三次，不成功则闭锁起励功能。

起励过程中，当机端电压达到 10%~15%额定电压时控制器跳开起励接触器切除起励电源，然后自动把机端电压升到设定的数值（当起励时运行方式为 AVR 时，机端电压将自动达到 95%额定电压，当起励时运行方式为 FCR 时，机端电压将自动达到 10%额定电压）。

2）手动起励方式。可以在灭磁屏前按起励按钮，起励接触器吸合，开始起励，励磁调节屏接到起励接触器辅助接点动作信号，投风机，投整流桥脉冲，同自动方式操作。

发电机并网后，励磁系统运行操作有四种方式：

1）电流调节（FCR）方式。操作增、减磁，可调节励磁电流至需要值。需配合有功调节来改变励磁电流。该运行方式只能保证励磁电流稳定。

2）电压调节（Avr）方式。操作增、减磁，可调节发电机机端电压或无功功率至需要值。此运行方式能保证机端电压稳定，是最常用的一种运行方式。当 PT 断线后，计算机会利用另一台计算机的 PT 测量通信信号，当两台计算机都报 PT 断线时，正在运行的计算机自动转入 FCR（磁场电流调节）方式运行。

3）恒无功（Q）调节方式。发电机并网后，才可以选恒无功或恒 $\cos\varphi$。调节如果选恒无功（Q）调节方式，励磁调节屏将维持发电机无功功率稳定，该方式必须在油开关闭合时才可以投入运行。

4）恒 $\cos\varphi$ 调节方式。励磁调节屏将维持发电机端电压超前机端电流固定相角，即 $\cos\varphi$ 不变，该方式必须在油开关闭合时才可以投入运行。

灭磁设备的作用是将磁场回路断开并尽可能快地将磁场能量释放，灭磁回路主要由磁场开关、灭磁电阻、晶闸管跨接器及其相关的触发元件组成。

二、发电机—变压器组保护

1. 发电机差动保护

TA（电流互感器）取自发电机中性点及发电机出口，其保护范围包括发电机出线和中性侧套管。保护配置双套，且 TA 完全独立。发电机差动保护是防止发电机定子绕组短路事故扩大，防止烧毁发电机的保护装置。

2. 发电机—变压器组差动保护

TA 取自发电机中性点、主变压器高压侧、厂用变压器低压两个分支、励磁变压器低压分支。其保护范围包括发电机中性点套管、高压厂用变压器低压出口、主变压器高压出口、励磁变压器低压出口。

3. 主变压器差动保护

TA 取自发电机出口、主变压器高压侧、厂用变压器低压侧、励磁变压器低压侧。其保护范围包括发电机出线侧套管、高压厂用变压器高压侧和 220kV 断路器侧。

4. 断路器失灵保护

TA 取自变压器高压侧,保护动作于失灵出口。保护为双套配置。

5. 发电机过励磁保护

TV 取自发电机出口 TV1,保护由低定值和高定值两部分组成,采用电压与频率比值原理。低定值部分经延时发信号和减励磁,高定值部分动作于解列灭磁或程序跳闸。

6. 发电机过电压保护

TA 取自发电机出口 TV1,保护动作于启动解列灭磁。

7. 主变压器冷却器全停

动作于信号或延时解列灭磁。保护动作于程序减负荷或解列灭磁,防止冷却系统故障烧毁变压器。

8. 主变压器高压侧零序过电流保护

保护为双套配置,TA 取自主变压器中性点。主变压器高压侧零序过电流保护,由两段零序电流保护的瞬动过流继电器与时间继电器构成。两段零序每段带两个时限。保护动作于解列灭磁并延时跳母联开关。

9. 发电机对称(不对称)过负荷保护及速断

保护 TA 取自发电机中性点,能对过负荷引起的发电机定子绕组过负荷保护。保护由定时限和反时限两部分组成,保护定时限动作于减负荷,反时限动作于程序跳闸或解列,保护速断出口动作于全停出口。保护装置具有电流记忆功能。

10. 负序保护

负序电流保护继电器应用于保护发电机的不平衡负序电流,该继电器由定时限和反时限两部分组成,定时限部分具有灵敏的报警单元,反时限部分动作电流按照发电机承受负序电流的能力确定,保护应能反应负序电流变化时发电机转子的热积累过程。

11. 逆功率保护

保护为双套配置,TA 取自发电机中性点,TV 取自发电机出口 TV1,保护动作需主汽阀关闭条件。逆功率保护具有两个逆功率继电器,并接向不同的 TA 和 TV,以保护(跳闸)因失去蒸汽而造成电动机方式运行的发电机,这些继电器还向汽轮机的顺序跳闸提供监测功能。逆功率 1 启动解列灭磁出口,逆功率 2 启动解列出口。

12. 失磁保护

失磁保护按完全双重化配置 2 套,失磁 1 保护 TA 取自发电机中性点,TV 取自发电机出口 TV1;失磁 2 保护 TA 取自发电机出口,TV 取自发电机出口 TV2,并且失磁保护有系统电压闭锁条件。每套发电机失磁保护由阻抗元件、220kV 母线低电压元件和闭锁元件组成。阻抗元件用于检出失磁故障;母线低电压元件用于监视母线电压保障系统安全;闭锁元件用于防止保护装置在其他异常运行方式下误动。保护出口:①失磁后当母线电压未低于允许值时,经延时动作于信号并切换厂用电或减出力。②失磁后当母线电压低于允许值时,经延时动作于解列或程序跳闸。

13. 失步保护

保护 TA 取自发电机出口,TV 取自主变压器高压侧出口。失步保护用双阻抗元件或测量振荡中心电压及变化率等原理构成,在短路故障、系统稳定振荡、电压回路断线等情况下,保护继电器不误动作。保护有电流闭锁功能。当失步由失磁引起时,失磁保护闭锁失步保护,按失磁保护的动作判据动作。保护动作于机组解列。

14. 阻抗保护

保护 CT 取自发电机中性点，PT 取自发电机出口 TV1。阻抗保护作为发电机—变压器组的后备保护。该保护由一个偏移的距离继电器和时间继电器组成，保护应具有电流记忆功能。保护延时动作于机组解列，第二段延时动作于解列灭磁出口。

15. 转子接地保护

接地保护系统应能在发电机和励磁系统正常发电情况下测量励磁回路、发电机转子回路以及其他有关连接线的绝缘电阻，装设励磁回路一点接地，一点接地保护（I 套）带时限动作于信号，一点接地保护（II 套）带时限动作于跳闸。转子一点接地发出时，应安排停机处理，以防止出现两点接地，部分绕组匝间短路，发热烧毁发电机。

16. 定子匝间保护

保护 TV 取自发电机出口 TV1、TV3。该保护由负序功率方向闭锁的电压继电器构成，当专用 TV 高压侧熔丝熔断时，保护不应误动，并应发出信号。保护动作于全停 I 出口。

17. 定子 100%接地故障保护

保护为双重化配置，TV 取自发电机中性点 TV 及发电机出口 TV1。保护包括两个部分：①95%定子接地保护继电器都接到发电机中性点变压器的二次绕组。②剩余15%的定子绕组接地保护功能余下的 15%定子绕组，可利用发电机的中性点和机端的三次谐波电压比较来实现，并构成 100%定子接地保护。保护动作于全停 I 出口，主断路器、励磁系统跳闸。

18. 频率保护

保护 TV 取自发电机出口 TV1，频率保护应由频率继电器和计时器组成，按照汽轮机叶片疲劳极限是否超过而分别发出警报或使汽轮发电机退出运行。每个继电器整定在不同的频率并带有不同的延时。

19. 励磁变压器过负荷及过流保护

过负荷保护定时限部分经延时动作于减励磁，反时限部分动作于解列灭磁。过流保护采用速断，动作于全停。

20. 6kV 限时速断

保护 TA 取自高压厂用变压器低压侧，保护延时动作于跳开分支进线开关。

21. 6kV 过流

保护 TA 取自高压厂用变压器低压侧，保护带低压闭锁条件，保护延时动作于跳开分支开关。

22. 瓦斯保护

用来防止变压器油箱内部故障和油位降低故障。

三、发电机启动

1. 发电机允许运行方式

发电机许可运行的一般规定如下：

（1）发电机可按厂家铭牌规定的技术参数或出力限制的范围内长期连续运行，在未进行温升试验前，不允许超过铭牌数据运行。

（2）发电机各部件在额定运行参数下的最高允许温度应根据温升试验结果确定。

（3）电压、频率、不平衡电流的规定。

1）发电机运行电压的变动范围在额定电压的±5%以内，而功率因数为额定值时，其额定容量不变。

2）发电机连续运行的最高允许电压应不大于 21kV。发电机的最低允许电压应考虑厂用电和系统的稳定要求，一般不应低于额定值的 90%。

3）当发电机电压下降到低于额定值的 95% 时，定子电流长期允许的数值，仍不得超过额定值的 105%。

4）发电机正常运行其频率应保持在（50±0.2）Hz 范围内，并根据机组运行状况及调度员的指令（或负荷曲线）及时进行调节。

5）发电机的功率因数宜保持迟相 0.85，一般不超过迟相 0.95。自动励磁控制器投入时，允许在 0.95～1.0 范围内运行。

6）发电机可以降低功率因数运行，但转子电流不允许超过额定值，且视在功率应减少。当功率因数增大时，发电机视在功率不能大于额定值，功率因数变化时允许负荷应符合发电机出力曲线。发电机视在功率与功率因数对应关系如表 2-20 所示。

表 2-20　　　　　　　　　　　　发电机视在功率与功率因数对应关系

功率因数	1.0	0.9	0.85	0.8	0.7	0.6
视在功率/额定视在功率	100	100	100	90	71	58

7）发电机进相运行的允许范围，主要受发电机静态稳定、定子铁芯端部构件发热及厂用系统电压等因素限制。

8）发电机正常运行时，定子三相电流应相等。当三相电流不平衡时，各相电流之差不应超过额定值的 10%，同时最大一相电流不得超过额定值。允许发电机长期运行，但应及时检查三相不平衡电流产生的原因并设法消除，同时注意监视发电机各部温度和轴承振动情况。

9）发电机在系统故障的情况下，为了避免破坏系统的稳定性，允许定子短时过负荷、转子短时过电压运行，但此时氢气参数、定子绕组内冷却水参数、定子电压均为额定值。这种运行工况每年不超过 2 次。

10）发电机允许最低氢压为 0.1MPa。任何情况下，定子绕组及冷却器进水压力必须调整到低于氢压，其压差不小于 0.04MPa。

11）在各种负荷条件下，氢气压力都应维持在 0.2～0.3MPa 范围内，但在任何情况下发电机内氢压不得高于 0.32MPa。发电机正常运行时，不允许降低氢压运行。特殊情况下需降低氢压运行时，应控制负荷（$\cos\varphi=0.85$），且最低氢压为 0.1MPa，定冷水压及氢冷器冷却水压必须低于氢气压力至少 0.04 MPa。并立即全面检查发电机，查明原因，消除故障，尽快使氢压恢复正常。若在定冷水系统中发现大量氢气，应立即停机检查，氢压变化所带负荷极限见表 2-21。

表 2-21　　　　　　　　　　　　氢压变化所带负荷极限

氢压（MPa）	有功功率（MW）
0.1	≤200
0.2	≤260
0.3	≤300

12）发电机正常运行时共有 2 组（共 4 台）氢气冷却器，以维持机内冷氢温度恒定。当一台氢冷却器解列时，发电机的负荷应降至额定负荷的 80% 及以下继续运行。

（4）氢温变化时允许运行方式。

1）当发电机入口氢温超过 40℃时，应及时调整使其降到 40℃以下。

2）发电机入口氢温在 40～45℃范围内每增加 1℃，静子电流的允许值较额定值降低 1.5%；在 45～50℃范围内每增加 1℃，降低额定值的 2%；超过 50℃时，每增加 1℃，降低额定值的 3%。

3）发电机入口氢温不要经常低于 20℃，最低不得低于 5℃。

4）发电机入口氢温低于 40℃时，每降低 1℃，允许静子电流升高额定值的 0.5%，此时转子电流也允许有相应的增加（有功功率不变，力率降低）。但最高不能超过额定定子电流的 5%。

5）冷却气体出口温度不予规定，但应监视冷却气体的温升（进出口冷却气体的温差）。因为冷却气体的温升若有显著增加，则说明发电机的冷却系统已不正常，或发电机内部的能量损失有所增加。

2. 发电机启动前的准备

发电机安装或者检修完毕以后，将随同汽轮机一起启动并投入运行。为了保证发电机的安全可靠，在启动前必须对有关设备和系统进行一系列的检查和试验，只有当这些检查、测量和试验都合格时才可以启动汽轮发电机组。

（1）启动前的检查项目。

1）发电机—变压器组及励磁系统的一、二次回路的安装或检修工作终结后，在启动前应该将工作票全部收回，详细检查各个部分及其周围的清洁情况后，各个有关设备和仪表必须完好，短路线和接地线必须撤除，工作人员撤离现场。

2）检查发电机组各个部件之间是否安装连接可靠，有无松动及不牢固的现象。

3）检查汇流管位于机座下部进出水管法兰处的接地片可靠接地。

4）发电机通水前检查水系统设备是否完好，水质的导电率、硬度、pH 是否达到要求。

5）定子充水情况良好，压力正常，无泄漏。

6）检查主变压器一切良好，符合启动条件。

（2）启动前的测试项目。

1）在冷态下测量转子绕组直流电阻和交流电阻抗。

2）测量定子绕组和转子绕组的绝缘电阻，定子绕组绝缘电阻大于或等于 5MΩ，转子绕组绝缘电阻大于或等于 1MΩ。

3）各个有关的一次设备绝缘测量均合格。

（3）启动前的试验项目。

1）试验发电机系统的所有信号正确。

2）安装、大修后，应检查励磁系统有关动、静试验合格。

3）主断路器、灭磁开关、励磁系统各个开关、6kV 厂用分支断路器的跳、合闸试验、联动试验及保护传动试验等均合格。

4）励磁系统连锁试验合格。

5）安装、大修后的发电机应做水压、定子反冲洗及气密性试验。

（4）完成氢、油、水系统的相关准备及检查。

1）氢冷系统。发电机启动前，对氢冷系统的所有管路、阀门均检查实验合格并组装完毕。氢气置换工作均已结束并对氢气纯度和密封性检查合格，测量仪表、保护装置均已校验完毕并安装就位。自动补氢装置应动作灵敏，压力整定值校验合格。

2）密封油系统。所有管路、阀门均检查试验合格并组装完毕。工作油泵与备用油泵之间的联动回路完好，低油压信号与低油压联动的整定值正确。全套密封油回路应进行充分的油循环，彻底清除可能遗留的任何杂质，检验油系统工作状况正常。

3）内冷水系统。所有管路、阀门均检查实验合格并组装完毕。内冷水泵试验正常，工作泵与备用泵间低水压联动试验良好，整定值正确。联动开关处于自动位置；断水保护延时跳闸及各种信号报警装置校验无误。

对机外内冷水管路及水箱进行冲洗及排污，然后对内冷水全系统进行通水循环。在运行水压下检查水路各处接合部有无渗漏。对内冷水质进行化验，保证其合格。

按制造厂要求，将内冷水箱补水至正常水位。启动内冷水泵向发电机进水，若机内尚未充氢，进水压力不应超过 0.05MPa。未装进水温度自动控制器时，内冷水冷却器的冷却水暂不投入。为保证内冷水水温不致过低，必要时应对内冷水进行加热。

4）发电机充氢、油、水系统投入，参数正常。在充氢过程中，应该严格遵循中间气体置换方法。

（5）依据规程投退有关保护连接片及熔断器。

3．发电机的启动

发电机充氢后，当发电机内的氢纯度和内冷凝结水的水质、水温、压力及密封油压等均符合规程的规定，气体冷却器通水正常，高压顶轴油压大于规定值时，即可启动转子，在转速超过 1200r/min 时，可以停止顶轴油泵。发电机开始转动后，即应认为发电机及其全部设备均已经带电。

对于安装和检修后第一次启动的机组，应缓慢升速并监听发电机的声音，检查轴承给油及振动的情况，检查发电机、励磁机的机械部分，在确认无摩擦、碰撞之后，迅速增加转速。在通过临界转速的时候，应注意轴承振动及集电环上碳刷是否有跳动、卡涩或不良接触等现象，如果没有异常的现象即可升至额定转速 3000r/min。

对已充氢的水氢氢冷却方式的发电机组，启动时应控制定子内冷水温大于氢温，氢压和内冷水压力可适当降低，至发电机并网后，再投入氢冷器冷却水。随着负荷加大和氢温提高，逐渐开大氢冷器冷却水阀，提高氢压和内冷水压，并及时投入内冷水冷却器的冷却水。

4．发电机的升压

在发电机升速至额定转速且冷却系统已经投运的情况下，即可开始加励磁升压操作。对发电机定子电压的上升速度不加限制，但要求加励磁时速度平稳，使电压能匀速上升至额定值。

在升压的过程中操作要缓慢、谨慎，并密切关注三相定子电流，保证转子电流、电压及定子电压均匀上升，保证不出现绕组匝间短路现象。同时要及时测量发电机转子励磁回路有无接地现象。

发电机的升压步骤如下：

（1）在励磁画面上将发电机励磁系统 AVR 选择自动运行方式。

（2）按下励磁系统启动按钮。

（3）监视灭磁开关自动合上。

（4）约 5～20s 后监视发电机定子电压自动升至 19kV。

（5）检查三相电压平衡、三相电流为零或接近于零。

（6）核对并记录发电机转子电压和转子电流。

5．发电机的并列

同步发电机的并列有两种方式，即准同期并列和自同期并列。

准同期并列是在发电机并列前已励磁，当发电机的频率、相位和电压与待并电网近似相等时，将发电机出口断路器合闸，完成并列操作。这种操作的优点是正常情况下，并列时的冲击电流较小，不会使系统电压降低；缺点是并列操作时间长，如果合闸时机不准确，可能发生非同期并列事故，造成设备损坏。因此，对准同期并列的要求很高，必须由有丰富经验的运行人员或自动准同期装置完成。现代大型发电机组均设有手动和自动准同期装置，作为发电机组并列操作时使用。

自同期并列是先不给发电机励磁，当发电机的频率接近电网频率时，将发电机出口断路器合闸，然后再给发电机加上励磁，由系统将发电机拖入同步。该方式的实质是先并列后同期，因此不会造成非同期合闸，且并列过程快。其缺点是不经励磁的发电机并入电网时会产生较大的冲击电流，会从系统吸收大量无功功率，引起机组振动和系统电压下降。因此，自同期并列仅在小容量汽轮发电机、水轮发电机及同步调相机的同期并列上使用。

发电机并列操作是电力系统中很重要的一项操作。为了使并列操作后发电机迅速进入同步运行，一般用准同期并列。

准同期并列操作过程应符合下列规定：

（1）发电机电压与系统电压差不超过±（5%～10%）额定电压。

（2）发电机频率与系统频率差不超过±（0.2%～0.5%）额定频率。

（3）发电机电压相位与系统电压相位一致，相差不大于50°。

上述三个基本条件不满足时并网，产生的后果将是严重的。当电压不等时，发电机与电网间将产生无功性质的环流；当频率不等时，将产生拍振性质的电压和电流，后者的有功分量将在发电机轴上产生拍振力矩，导致机组轴振动加大；当相位不一致时，将产生很大的冲击电流，使发电机定子端部绕组及铁芯遭到损坏。因此，发电机的并列操作是一项十分重要的操作。此外，还应注意以下方面：

（1）安装或大修后的发电机还应检查与系统相序的一致性。

（2）同步表转动太快、跳动或停滞时禁止合闸。

（3）同步表连续运行时间不应该超过15min。

（4）禁止其他同期回路的操作。

6. 发电机带负荷

机组并网带上初始负荷后，根据实际情况增加负荷。负荷的调节包括有功负荷和无功负荷的调节。在调节机组有功负荷时，同时调节机组的无功负荷，以控制发电机的功率因数。有功负荷由机炉协调装置或汽轮机DEH调节控制，电气操作人员则负责监视有功负荷，并通过EGC系统调整无功负荷，以维持机端电压。当负荷达到规定值并且运行稳定时，应按照值长的命令进行倒厂用电操作。发电机增减负荷时，必须监视发电机氢气温升、定子水温、铁芯温度、绕组温度及电刷、励磁装置的工作情况。当发电机加满负荷时，应对发电机及二次回路进行一次详细的检查，注意接头的发热情况，电刷是否有跳动、冒火，引水管道有无抖动、渗水和振动等现象。

【任务实施】

一、工作准备

（1）课前预习相关知识部分，认真讨论分析发电机升压及并列操作步骤；独立完成学习任务工单信息获取部分。

（2）调出"3000r/min"标准工况。

二、操作步骤

操作步骤见表 2-22。

表 2-22　　　　　　　　　　　　发电机并列主要操作步骤

序号	操作步骤
	发电机并列的准备工作
1	检查发电机内冷水系统运行正常，内冷却水流量、压力、温度正常[（30±3）m^3/h、0.22~0.25MPa、40~50℃]
2	检查发电机密封油系统运行正常，检查密封油冷却器冷却水量足够，水温正常（空侧密封油压高于氢压 0.085MPa，氢侧油与空侧油差压在±500Pa 之内，供油温度＜52℃）
3	检查氢气压力、纯度、冷氢温度正常（0.28~0.3 MPa、＞98%、38~45℃）
4	测量发电机—变压器组定子、转子回路绝缘合格
5	检查发电机中性点刀闸已合闸，合入主变压器中性点 240 隔离开关
6	检查发电机出口 3 组 PT 已投入
7	4 号主变压器冷却装置置"自动"运行（两组"自动"、一组备用、一组辅助）
8	检查发电机—变压器组出口 204 断路器确在"断开"位后，在机组转速达到 2950r/min 时合上发电机—变压器组出口隔离开关（2041 或 2042）
9	投入除程跳逆功率保护、逆功率保护、跳逆功率跳闸外其他全部保护连接片
10	合上起励电源（380V 交流 50Hz）开关
	发电机的升压
11	在励磁画面上将发电机励磁系统 AVR 选择自动运行方式，"AVR 投入"灯亮
12	按下励磁系统"开机"按钮，"开机"灯亮
13	监视灭磁开关 4MK 自动合上
14	选择"自动起励"方式，"自动起励"灯亮
15	约 5~20s 后监视发电机定子电压自动升至 19.6kV
16	点击"增磁"按钮，使发电机电压升到 20kV
17	检查三相电压平衡、三相电流为零或接近于零
18	核对并记录发电机转子电压和转子电流
	发电机的并列
19	在"同期操作"面板上按下 "投入 TK"，" 投入 TK"变红
20	在 DEH 上选择"自动同步"，面板的"自动同步"变红
21	检查 4 号发电机电压、频率与系统一致
22	在"同期操作"面板上按下"启动同期"，" 启动同期"变红
23	检查同期装置上的同步表应顺时针转动，转动过快或过慢时要及时调整机组转速
24	检查 4 号发电机出口 204 断路器合好，4 号发电机并入系统
25	在"同期操作"面板上按下"退出 TK"按钮
26	检查 4 号发电机自动升有功功率 15MW
27	增加 4 号发电机无功功率至 10~30Mvar
28	全面检查 4 号主变压器冷却器运行正常
29	投入程跳逆功率保护、逆功率保护、跳逆功率跳闸保护连接片
30	全面检查各设备的指示状态、有无异常报警，特别是设备冷却介质参数
31	复查汇报

任务 2.9　机组升负荷至额定

【教学目标】

知识目标：（1）掌握单元机组冷态启动升负荷的原则。

　　　　　（2）了解单元机组启动升负荷过程中重点监控的参数。

　　　　　（3）掌握单元机组冷态启动升负荷的一般规律。

能力目标：（1）能描述单元机组升负荷过程的主要操作内容和操作方法。

　　　　　（2）能讲述单元机组升负荷操作的原则及注意事项。

　　　　　（3）能正确写出单元机组升负荷的操作票。

　　　　　（4）能正确写出单元机组热态启动的操作步骤、操作票。

　　　　　（5）能在仿真机上完成单元机组的升负荷操作。

态度目标：（1）能主动学习，积极利用网络、学习资料等收集和获取与任务相关的信息，在完成任务过程中发现问题、分析问题和解决问题。

　　　　　（2）在严格遵守安全规范的前提下，能与小组成员协作共同完成本学习任务，主动提升团队协作能力、交流沟通能力、总结能力、评价能力。

【任务描述】

通过小组学习和协作，查阅相关资料，结合教师的讲解，熟知单元机组冷态启动升负荷的主要操作内容、步骤、原则、注意事项，在仿真机环境下，认真分析运行操作规程，拟定单元机组冷态启动升负荷的操作步骤，写出操作票。在仿真机上完成单元机组的冷态启动升负荷的操作，将机组负荷升至满负荷，任务完成后各小组进行总结汇报。

【任务准备】

课前预习相关知识部分。根据单元机组冷态滑参数启动的要求，结合仿真机组运行操作规程，经讨论后制订单元机组冷态滑参数启动升负荷的操作票，并回答下列问题。

（1）机组升负荷过程中主要的操作有哪些？负荷和参数控制的原则是什么？

（2）机组升负荷过程应注意的事项有哪些？

（3）简述机组冷态启动曲线对机组的启动有何指导意义。

【相关知识】

一、单元机组冷态启动升负荷的原则

（1）初负荷暖机完成并检查机组运行正常后即可升负荷。冷态升负荷率一般控制在 1%～3%/min 额定负荷，升负荷过程应重点监控汽轮机的胀差、各金属部件的温差、轴向位移、振动等参数。一般低负荷时升负荷要慢一些，同时要加强对汽缸夹层和法兰、螺栓加热的调节；高负荷时升负荷可以快一些。随着负荷上升，机组的主蒸汽压力也应随之上升。机组不仅要保持负荷达到设定值，还要保持主蒸汽压力达到设定值。这个阶段应逐步增加燃料量，增加主蒸汽压力以提高负荷。

（2）升负荷过程中应根据汽轮机金属温度、各部温差、胀差的变化和升负荷率的要求，控制升温、升压速率，一般控制主蒸汽升压速度为 20～30kPa／min，主蒸汽升温速度为 1～2℃/min。

（3）升负荷的前提是不断逐渐增加锅炉的燃料量和风量，加强燃烧。燃料量及风量的增加以升压、升温的速率为依据，维持锅炉稳定燃烧为前提，一般应先加风量，再加燃料，维持氧量在规定值运行。根据燃烧调整的要求，在满足投粉的条件后，应及时启动一次风机和投入制粉系统运行，并投入煤粉。制粉系统投入的原则是先投下层，从下到上依次投入。

（4）在升负荷过程要加强对汽包水位的监控，维持汽包、除氧器、凝汽器、加热器水位的正常，并注意对润滑油温、发电机密封油压、机组真空、发电机无功、轴封压力等主要参数的监视和调整。

（5）升负荷过程完成相关操作。20%负荷时进行电气倒厂用电操作；30%～50%负荷时投入第二台引风机和第二台给水泵运行，第一台汽动给水泵投运正常后，启动第二台汽动给水泵运行，停止电动给水泵运行；关闭蒸汽疏水，停除氧器再循环泵，倒轴封汽源，完成高、低压加热器汽侧投运及疏水方式的切换，除氧汽汽源的切换，辅助汽源的倒换；负荷超过机组不投油最低稳燃负荷后燃烧稳定即可停止油枪燃烧，退出油枪；当汽缸法兰和螺栓的温差接近于零或不大，或下汽缸温度达 340～350℃时，停止汽缸夹层、法兰螺栓加热装置等。

二、单元机组冷态启动升负荷应注意的问题

（1）加强对汽轮机胀差和各部温差的监控，保证机组启动安全。机组接带负荷的过程中，汽缸和转子胀差、汽轮机汽缸各部温差和机组振动的变化，决定着机组升负荷的快慢和带负荷的能力，是重点的监控对象。胀差过大会造成轴向间隙消失引起动静部分摩擦事故；振动的增大则说明机组加热不均匀，或因轴向、径向间隙消失而引起动静部分摩擦，或因加热不均匀改变了机组的转动中心。

（2）控制好机组的升负荷速率及升温、升压速率，在保证安全的前提下，缩短启动时间，实现经济启动。汽轮机的升负荷，实质上就是增加汽轮机的进汽量。因此汽轮机各级压力和温度都将随着负荷(流量)的增加而提高，通常汽轮机金属温度的升高速度与负荷的增加速度成正比。因此在升负荷过程中，控制金属的温升率就归结为控制汽轮机的升负荷速度随着机组负荷的增加。为控制启动过程机组的热应力，一般规定主蒸汽升压速度控制在 20～30kPa／min，主蒸汽升温速度为 1～2℃／min，升负荷率控制在每分钟 1%～3% 额定负荷。

（3）加强对汽轮机本体相关参数的监督。升负荷暖机过程中，除仍须对油系统、机组振动、金属温度、轴封供汽情况进行重点监督外，还必须对转子的轴向推力变化加以严格监督。一般负荷增加时，蒸汽流量增加，会引起轴向推力增大。因此，应对转子的轴向位移、推力瓦温度、推力瓦回油温度进行认真的检查和记录，发现异常应停止升负荷，分析原因并予以处理。

（4）升负荷过程中还必须监督和维持汽包、除氧器、凝汽器、加热汽的水位正常，防止水冲击事故的发生。

三、单元机组的冷态启动曲线

单元机组的冷态启动曲线见附录 A.1。

【任务实施】 ────────────○

1. 单元机组升负荷操作流程

单元机组升负荷操作流程见表 2-23。

表 2-23　　　　　　　　　　　单元机组升负荷操作流程

操作项目	操作内容及步骤
升负荷至 15MW 暖机	发电机并网后，在 DEH 系统画面中投入功率控制回路，设定目标值为 30MW，升负荷率为 1MW／min，按进行按钮，灯亮，开始进行升负荷。负荷升至 30MW 时进行低负荷暖机，暖机 30min
	炉侧增加油枪投入数量。维持主、再热蒸汽参数稳定
	逐渐关小高、低压旁路，维持汽压
	调整汽轮机凝汽器真空大于 87kPa
	确认除氧器水位控制、送风机和引风机控制、燃料风挡板控制、汽轮机本体及高中压疏水阀控制、发电机氢温控制、发电机定子冷却水控制投自动
	检查汽轮机胀差、总膨胀值、轴振、瓦温、油温、油压及暖机时间均达到要求后，暖机结束
升负荷至 30MW	在 DEH 系统画面设定目标负荷为 30MW，负荷变化率为 3MW/min，按"进行"键灯亮，机组开始升负荷
	当负荷达到 30MW 时主蒸汽压力维持 4.2MPa，维持主蒸汽温度为 360℃，再热汽温为 295℃
	当负荷达到 30MW 时，检查汽轮机高压侧疏水阀自动关闭，否则手动关闭
	机组需要做电超速和机械超速试验时，机组维持 30MW 负荷稳定运行至少 4h 进行暖机，暖机结束后快速减负荷至零，解列发电机做超速试验
	超速试验结束后，恢复机组转速为 3000r/min，发电机重新并网，带负荷
	如环境温度低于 10℃，投入一次风侧暖风器运行
	启动一台密封风机、两台一次风机，准备启动制粉系统
	关闭高压部分疏水
升负荷至 60MW	在 DEH 系统画面设定目标负荷为 60MW，负荷变化率为 3MW/min，按"进行"键灯亮，机组开始升负荷
	投入高压加热器汽侧运行，高压加热器空气倒至除氧器
	当负荷达到 45MW 时，如果带旁路启动检查高、低压旁路自动关闭，低压缸喷水自动关闭停止
	当制粉系统启动条件具备后，通知电除尘，启动一套制粉系统，调整一、二次风压力、风量，就地观察煤粉着火情况应良好
	投粉后应及时打开锅炉过热和再热减温水总阀和隔离阀，根据温升情况及时投入减温水，防止超温
	检查汽轮机轴封供汽自动切换为自密封方式，检查轴封供汽压力正常
	除氧器供汽由辅汽倒为四段抽汽，除氧器滑压运行
	当负荷达到 60MW 时，检查汽轮机中压侧疏水阀自动关闭，否则手动关闭
	注意调整低压加热器水位正常，检查疏水系统运行正常。
	准备给水泵汽轮机和汽动给水泵系统，启动一台给水泵汽轮机，检查运行正常
	当低压缸排汽温度低于 60℃ 时，确认低压缸喷水阀自动关闭，否则手动关闭
	空气预热器连续吹灰改为定期吹灰
	切换厂用电为工作电源

操作项目	操作内容及步骤
升负荷至 90MW	在 DEH 系统画面设定目标负荷为 90MW，负荷变化率为 3MW/min，按"进行"键灯亮，机组开始升负荷
	检查汽轮机各项指标稳定在控制范围内，按升温升压速度逐步增加燃料量，以先下后上的原则投入其他制粉系统
	.当高中压外缸金属温度超过 350℃，且高压缸胀差在允许范围内时，关严夹层联箱进汽手动阀。停用汽缸夹层加热系统
	当三段抽汽压力高于除氧器压力 0.3MPa 时，将 3 号高压加热器疏水倒至除氧器，调节高压加热器水位至正常，疏水运行正常
	随机组负荷的增加，根据给水流量将锅炉给水由 30％旁路阀切换为主给水阀供水。给水切换过程中注意事项：
	（1）保持锅炉燃烧稳定，维持负荷 90MW 不变。
	（2）维持主给水阀前后压差小于 0.5MPa。
	（3）切换过程中用给水泵勺管调整阀前压力。
	（4）主给水阀切换结束后调整水位、压差、汽包压力、负荷正常后投入给水自动。
	（5）检查给水流量、主蒸汽流量稳定、显示正常，给水三冲量自动满足投入条件时，切单冲量给水自动为三冲量给水自动方式，并检查自动工作正常。
	（6）注意自动切换不成功，应立即采取手动切换。
	（7）检查空冷排汽装置及空冷系统运行正常，排汽背压小于 20kPa
升负荷至 150MW	在 DEH 系统画面设定目标负荷为 150MW，负荷变化率为 3MW/min，按"进行"键灯亮，机组开始升负荷
	启动第二台给水泵，缓慢增加第二给水泵出力，检查汽包水位正常，最小流量阀动作正常，给水差压正常；调整两台泵出口流量一致后，投入第二台给水泵自动
	增加锅炉燃料量，逐渐减少油枪。当油枪全部停运后，将电除尘器全部投运
	负荷升至 150MW 时，检查汽轮机轴承振动、温度、胀差在允许范围内，气缸温度、温差在控制范围内且接近额定值，各辅机运行正常
	负荷达到 150MW 时进行汽轮机单/顺阀控制方式切换（在机组投产及大修后的 6 个月内，机组的阀门控制必须为单阀控制）
升负荷至 300MW	在 DEH 系统画面设定目标负荷为 300MW，负荷变化率为 3MW/min，按"进行"键灯亮，机组开始升负荷
	检查汽轮机各项指标维持在控制范围内，按升温升压速度逐渐增加燃料量，升负荷
	负荷达到 180MW 时，开启四段抽汽供辅汽电动阀
	当负荷升至 180MW 以上时，在稳定燃烧工况下，进行全面吹灰一次
	负荷达到 210MW 时，对系统全面检查，设定负荷上限为 100%，负荷下限为 70%，负荷变化率为 3.0MW/min，主蒸汽压力为 16.75MPa，具备自动投入条件后，根据机组情况投协调控制系统
	负荷达到 300MW 时，全面检查一切正常，确认各种保护均投入，自动装置正常
	机组投入协调控制，在得到中调允许时投入 AGC 运行方式

2. 给水泵启动内容及步骤

给水泵启动内容及步骤见表 2-24。

表 2-24 给水泵启动内容及步骤

操作项目	操作内容及步骤
给水泵启动前的检查及准备	检查系统检修工作结束，工作票收回，安全措施已拆除，现场干净无杂物
	检查仪表配置齐全，准确且已投用，画面上各参数及报警指示符合实际，联系热工投入各连锁保护
	检查给水泵组、电动机、液联各地脚螺栓紧固无松动，电动机、液联接地线完整牢固，无断股、松动现象
	按给水泵系统启动前阀门检查卡检查系统
	投入给水泵冷却水系统： （1）检查辅机循环冷却水运行正常，投入主给水泵驱动端、非驱动端的机械密封水及机械密封冷却水，检查各回水视窗水流通畅。 （2）投入给水泵工作油冷油器、润滑油冷油器的冷却水；检查各回水视窗水流通畅。 （3）投入给水泵电动机冷却器的冷却水系统，查各回水视窗水流通畅
	给水泵系统注水排空： （1）稍开给水泵入口阀。 （2）开启给水泵入口管排空阀，给水泵出口止回阀后排空一、二次门，给水泵中间抽头排空一、二次阀，排空阀见到连续稳定水流后，关闭各排空阀。 （3）打开前置泵顶部排空阀，见连续稳定水流后关闭。 （4）全开给水泵入口阀，检查给水泵前置泵入口压力比除氧器压力高出 0.1MPa 以上，给水泵入口滤网差压表指示为"0"，给水泵冷却水供水温度≤38℃
	给水泵密封冷却水系统排空： （1）投入密封水冷却器冷却水，检查冷却水回水视窗回水良好。 （2）开启密封水冷却器出口滤网的出入口阀，旁路阀关闭，检查滤网差压不高。 （3）密封冷却水排空阀见连续水流后关闭
	检查给水泵润滑油油质良好，透明无杂质，液联油位在正常范围，润滑油滤网无脏污指示；各油路管道连接正确；给水泵辅助油泵送电，启动辅助油泵，查润滑油油压>0.17MPa。各回油视窗回油通畅，按规定做给水泵低油压连锁试验。在给水泵启动前，给水泵辅助润滑油泵应至少运行 10min。并投入自动控制
	进行勺管全行程活动试验，检查勺管活动灵活无卡涩，就地指示与画面指示一致
	检查给水泵系统各油、水管道、法兰、阀门、表计连接处无泄漏、渗漏现象
	按规定进行给水泵静态保护试验合格
	检查电气符合给水泵电动机投运条件后，将给水泵电动机送电
	启动允许条件： （1）给水泵无故障，电动机已送电正常。 （2）给水泵停运，无反转信号。 （3）给水泵前置泵入口滤网差压不高（差压小于 0.05MPa）。 （4）除氧器水位在水箱中心线 510mm 以上。 （5）给水泵润滑油压力正常油压大于 0.17MPa，油滤网差压高信号未发。 （6）给水泵相关温度、压力信号正常无报警。 （7）给水泵液联勺管置于"0"位

续表

操作项目	操作内容及步骤
给水泵的启动	检查给水泵辅助润滑油泵运行正常，油温、油压、油位正常
	将给水泵的最小流量阀全开并投入自动
	关闭给水泵中间抽头阀和其出口电动阀及旁路阀（当给水泵处于热备用时，出口阀须为打开状态）
	打开给水泵入口电动阀（当给水泵处于热备用时，须为全开状态），查其全开
	检查主给水阀和启调阀为关闭状态（当为第二台以上给水泵启动时，应为自动状态）
	检查再热器、过热器喷水减温阀处于手动/关闭状态（当为第二台以上给水泵启动时，应为自动状态）
	检查高压旁路喷水减温阀处于手动/关闭状态（当为第二台以上给水泵启动时，应为自动状态）
	检查高压加热器处于旁路状态（当为第二台以上给水泵启动时，应为投运状态）
	启动给水泵，就地及画面检查参数正常无异常情况
	将勺管控制投入自动（如水位控制偏差大，则须在手动状态）。监视给水泵升速至其工作区内，否则应手动调节使其运行至工作区
	打开给水泵出口电动旁路阀，当给水母管注水完毕，给水泵的出口压力与给水母管的压力偏差小于 1.0MPa 时，打开给水泵出口电动阀（如为第二台以上给水泵启动，则其电动出口阀应为全开状态）
	当给水泵的出口电动阀全开后，将其出口旁路电动阀关闭
给水泵的运行及维护	检查给水泵电动机电流不超过额定电流 628A，备用给水泵处于自动状态
	检查给水泵组运行平稳，无异常振动，无异常摩擦声，各地脚螺栓紧固，接线完好
	检查给水泵各系统油、水管道、法兰、阀门、表计等处无渗漏、泄漏现象
	检查给水泵勺管动作灵活无卡涩，就地位置与集控指示一致
	检查给水泵入口滤网差压小于 0.05MPa，前置泵入口过滤器差压小于 0.05MPa，前置泵入口压力比除氧器压力高出 0.1MPa 以上，主泵平衡室压力比主泵入口压力略高
	润滑油滤网差压≥0.08MPa 时应切换滤网，切换时，先开注油门注油；注油后，缓慢调节滤网的切换手柄，以使润滑油压波动较小，直至切换手柄完全切换
	低压管道安全门整定压力为 1.268MPa；中压管道安全门整定压力为 1.791MPa
	检查运行中各参数不超过以下定值： （1）轴承温度：90℃。 （2）前置泵过滤器压差：0.05MPa。 （3）润滑油冷油器出油温度：55℃。 （4）润滑油压力：$p \leqslant 0.15$MPa，联启辅助油泵，$p \geqslant 0.22$MPa，停辅助油泵，$p > 0.15$MPa，允许启动电动机。 给水泵停止后 2~5min 辅助油泵自动停止
	检查给水泵正常运行及备用中反转信号不发
	冬季长期停运后，应采取防冻措施，放尽泵内存水及冷却水

任务 2.10　单元机组的热态启动

【教学目标】

知识目标:（1）了解单元机组热态启动的概念,掌握单元机组热态启动的原则。
　　　　　（2）掌握单元机组热态启动与冷态启动的区别。
　　　　　（3）掌握单元机组热态启动的一般规律。
能力目标:（1）能描述单元机组热态启动的特点、主要操作内容。
　　　　　（2）能正确选择热态启动的冲转参数。
　　　　　（3）能讲述单元机组热态启动操作的原则及注意事项。
　　　　　（4）能正确写出单元机组热态启动的操作步骤、操作票。
　　　　　（5）能在仿真机上完成单元机组的热态启动操作。
态度目标:（1）能主动学习,积极利用网络、学习资料等收集和获取与任务相关的信息,
　　　　　在完成任务过程中发现问题、分析问题和解决问题。
　　　　　（2）在严格遵守安全规范的前提下,能与小组成员协作共同完成本学习任务,
　　　　　主动提升团队协作能力、交流沟通能力、总结能力、评价能力。

【任务描述】

通过小组学习和协作,查阅相关资料,结合教师的讲解,熟知单元机组热态启动的特点、主要操作内容、步骤、原则、注意事项,在仿真机环境下,认真分析运行操作规程,制订单元机组热态启动的操作步骤,写出操作票。在仿真机上完成单元机组的热态启动操作,将机组负荷升至满负荷,任务完成后各小组进行总结汇报。

【任务准备】

课前预习相关知识部分。根据单元机组热态启动的特点和操作要点,结合仿真机组运行操作规程,经讨论后制订单元机组热态启动的操作票,并回答下列问题。
（1）什么是热态启动?单元机组热态启动的特点是什么?
（2）机组热态启动与冷态启动的主要区别有哪些?
（3）机组热态启动注意事项有哪些?

【相关知识】

一、单元机组热态启动的特点

当机组停运时间不久,机组部件金属温度还处于较高温度水平时,再次进行机组的启动操作称为热态启动。一般冷态与热态划分的原则主要是考虑汽轮机转子材料的性能,以金属温度是否超过转子材料的冷脆性转变温度为界限,转子温度超过材料的冷脆性转变温度即为

热态启动。热态启动与冷态启动操作的区别在于机组冲转前金属部件温度的始点不同。

热态启动时由于汽轮机的金属部件均处在较高的温度状态，启动的关键问题是防止在启动过程中使汽轮机转子和汽缸发生冷却，所以冲转的进汽参数要高于汽缸壁温，且在冲转和带负荷初期不需要暖机，减少停留，应尽量加快速度，使机组负荷升到缸温对应的负荷水平。因此，单元机组热态滑参数启动的特点是启动前机组金属温度水平高，汽轮机进汽的冲转参数高，启动时间短。

二、热态启动的方法及操作要点

热态启动的主要操作步骤和内容与冷态启动基本上是相同，其主要区别如下：

（1）热态启动时，由于机组停运时间比较短，汽轮机盘车装置应保持连续运行，部分辅机设备仍保持运行，锅炉也可能没有放水，因此辅助设备及系统的恢复要比冷态启动时简单，操作量也较少。

（2）热态启动时，为了防止冷空气从轴端漏入汽轮机冷却转子和汽缸引起负胀差，必须先向轴端汽封供汽，后抽真空，再通知锅炉点火，这是热态启动与冷态启动操作方法的主要区别之一。

（3）热态启动时，应根据汽轮机汽缸、转子的金属温度来确定冲转的参数和起始负荷，一般根据高压缸内壁温度确定冲转主蒸汽参数，根据中压缸内缸温度确定再热汽温。一般规定汽温应比缸温高 50～100℃，根据进汽应具有 50℃以上的过热度确定主蒸汽压力，利用冷态滑参数启动曲线确定起始负荷（按主蒸汽参数在曲线上的对应工况点确定）。

（4）在新蒸汽压力和温度达到冲转要求、其他冲转条件满足后，开始冲转。区别于冷态启动，热态启动冲转过程不进行暖机，一般仅在低速下稍作停留进行全面检查，然后快速地以 200～300r／min 的速度把转速提升到额定转速并及时并网。

（5）热态启动在起始负荷之前的升负荷过程应该尽可能地快，减少一切不必要的停留时间。一般以每分钟 5%～10%额定负荷加负荷至起始负荷，达到起始负荷后，按照冷态滑参数启动曲线开始新蒸汽参数的滑升和升负荷，以后的工作与冷态滑参数启动时相同。

三、热态启动应注意的问题

（1）热态启动时，锅炉点火后应及时开启旁路系统和主、再热蒸汽管道的疏水，加强蒸汽在过热器和再热器中的流动，加快汽温的提升，并保护受热面的安全。

（2）冲转参数的选择。为了减少汽轮机部件的疲劳损耗，在热态启动时，蒸汽温度要与汽缸金属温度相匹配。高压汽轮机热态启动时，一般都规定新蒸汽温度应高于调节级金属温度 50～100℃，最高不超过额定值。

（3）若冲转时蒸汽温度低于汽轮机金属温度为负温差启动。负温差启动时，启动中转子和汽缸先被冷却，又被再次加热，转子和汽缸经受一次交变热应力循环，增加了寿命损耗。在启动初始阶段，汽轮机受到冷却，这种冷却在较大程度上发生在转子上，结果造成胀差负值增大。热态启动时应避免采用负温差启动。如果必须采用负温差启动时，为保证机组的安全，在启动中要密切监视机组的膨胀、胀差、振动等情况，加快升速和带负荷的速度。

（4）掌握好启动的速度。热态启动为了防止启动中冷却汽轮机，应尽快升速、并网、带负荷，因此锅炉点火后，在保证设备安全的条件下，应加快燃料量的投入，尽量提高汽温、汽压，提高加热器负荷的速度。

（5）加强对上、下缸温差和胀差的监控。上下缸温差是汽轮机热态启动时常见的问题，也是必须正确处理的问题。热态启动时明确规定，外缸上下温差小于 50℃、内壁上下温差小于 30℃时汽轮机才允许启动，启动过程中应加强对上下缸温差的监视和控制，使其维持在规定范围内。

热态启动必须密切监视胀差的变化，注意胀差变化的速度和大小，以调整机组冲转速度、升负荷速度，以及决定初始负荷的大小。当汽缸温度低于 300℃时，应投入法兰螺栓加热装置运行，遇到胀差异常变化还要及时调整真空、轴封蒸汽等。

（6）轴封供汽。在热态启动中，轴封处是受热冲击最严重的部件之一。热态启动时，轴封段转子温度很高，因此一定要先送轴封供汽，再抽真空。轴封供汽温度与金属温度要匹配，防止轴封段转子受冷却而收缩，产生较大热应力，引起轴封间隙消失而导致动静部分摩擦。当汽缸温度在 150～300℃时，轴封应使用低温汽源；汽缸温度高于 300℃时，轴封应使用高温汽源。

（7）转子热弯曲。热态启动前一般上下缸温差较大，为防止上下缸温差对转子的影响，要求冲转前连续盘车不少于 4h，以消除转子临时产生的热弯曲。在连续盘车时间内，应尽量避免盘车中断。如果中断，则每中断 1min 应延长 10min 的盘车时间，且最长不能中断 10min。当高压缸内壁温度在 350℃以上时，盘车停止不得超过 30min，并且每停止 1min，就要盘车 10min。盘车投入后，除监测大轴的晃动外，还要仔细听声，检查在轴封处有无金属摩擦声，同时也可以从盘车电动机电流摆动的情况，分析判断动静部分有无摩擦现象。如有摩擦，则不应启动机组。如启动前转子的挠度超过规定值，则应先消除转子的热弯曲，一般方法是延长连续盘车的时间。在整个盘车期间不可停止供油。经过盘车确认大轴挠度达到要求后方可冲转，否则应继续盘车。如动静部分摩擦严重，则应停止连续盘车，手动盘车直轴。

热态启动在升速过程中，要特别注意汽轮机的振动情况。在中速以下，轴承发生异常振动，振动值超过允许值，并伴随着前轴承箱横向晃动时则说明转子已有明显弯曲。任何盲目升速或降速的办法都将使事故扩大，甚至造成动静部分磨损、大轴永久弯曲等事故。

【任务实施】

一、工作准备

（1）课前预习相关知识部分，认真讨论分析机组热态启动操作步骤。

（2）调出"热态启动"标准工况。

（3）单元机组的热态启动曲线见附录 A.3。

二、热态启动注意事项

（1）热态启动前的有关检查及准备与冷态启动相同。

（2）单元机组辅助设备及系统的投用与冷态启动基本相同，仅对停机后投运的设备和系统进行投运。主要区别是抽真空时应先送轴封，再抽真空。

（3）锅炉点火与冷态启动相同。

（4）锅炉升温升压及暖管，按热态启动曲线进行操作。

（5）汽轮机冲转和升速。

1）冲转参数的确定。根据汽轮机缸温确定汽温，根据过热度确定汽压，其他冲转条件与冷态启动相同。

2）汽轮机冲转至 600r/min 进行摩擦检查，检查完成后不进行暖机，以每分钟 200～250r/min 的速率迅速冲转至 2900r/min 后，保持 3min 继续冲转到 2950r/min，并尽快进行阀切换并升至全速。在冲转升速过程中，应特别注意机组振动情况，一旦发现振动超限应立即打闸，禁止强行升速。必须查明振动原因及机组损伤情况，必要时待转速到零后测量轴弯，根据情况决定是否重新冲转。

（6）发电机并列前的准备操作应在定速前完成，内容与冷态启动相同。

（7）定速后一般不做试验，发电机快速升压、并列。

（8）以每分钟 15～30MW 的升负荷速度升负荷至起始负荷，不进行初负荷暖机。

（9）升负荷至满负荷，与冷态启动相同。启动过程中，应经常检查振动、胀差、总膨胀、轴承及推力瓦温度，以及高、中压缸金属温度等参数。

项目 3　单元机组的运行调节

【项目描述】

单元机组在滑压或定压运行工况下，学习小组根据机组运行状况，对机组主要运行参数进行调节，维持机组安全经济运行。

【教学目标】

知识目标：（1）熟悉汽轮机、发电机—变压器组运行调节的任务和要求。
　　　　　（2）掌握影响主蒸汽压力和温度、再热蒸汽温度、汽包水位变化的因素、允许变化范围及变化规律。
　　　　　（3）掌握发电机电压、频率、无功功率、功率因数对发电机—变压器组及厂用电设备的影响，发电机功率因数、氢压与接带负荷的对应关系。

能力目标：（1）能根据工况的变化调节燃烧、燃烧器摆角和减温水，控制主、再热蒸汽参数。
　　　　　（2）会进行汽轮机的负荷及主要监控参数的调节。
　　　　　（3）会发电机电压、频率、无功功率、功率因数的调整操作。

态度目标：（1）具有理解和应用运行规程的能力。
　　　　　（2）能主动学习，在完成任务过程中发现问题、分析问题和解决问题。
　　　　　（3）能用精炼准确的专业术语与小组成员协商、交流，合作完成本学习任务。

【教学环境】

典型 300MW 机组仿真机房，仿真实训指导书，多媒体课件。

任务 3.1　锅炉的运行调节

【教学目标】

知识目标：（1）熟悉锅炉运行调节的任务和要求。
　　　　　（2）掌握影响主蒸汽压力和温度、再热蒸汽温度、汽包水位变化的因素、允许变化范围及变化规律。
　　　　　（3）掌握锅炉燃烧调节的手段和方法。

能力目标：（1）能根据工况的变化调节主、再热蒸汽参数。
　　　　　（2）能根据工况的变化均衡给水维持锅炉汽包水位正常。

态度目标：（1）能主动学习，在完成任务过程中发现问题、分析问题和解决问题。

（2）在严格遵守安全规范的前提下，能与小组成员协商、交流，合作完成本学习任务。

【任务描述】

单元机组在正常运行过程中，锅炉定压运行范围为 70%THA～100%BMCR，在该范围内，学习小组根据机组外扰和内扰情况及时进行调节，维持主、再热蒸汽参数及汽包水位稳定。

【任务准备】

课前预习相关知识部分，熟悉引起锅炉运行中汽包水位、蒸汽温度、压力、燃烧等主要参数变化的因素，结合相关热力系统图和仿真机 DCS 监控操作界面，各学习小组成员初步了解锅炉主要参数调节的方法，并独立回答下列问题。

（1）汽包锅炉运行调节的特点和任务有哪些？
（2）汽包锅炉运行调节的主要参数有哪些？
（3）引起锅炉汽包水位、汽温、汽压变化的因素有哪些？
（4）在机组运行过程中，锅炉燃烧调节的主要对象有哪些？

【相关知识】

一、锅炉运行调节的特点

（1）锅炉是一个复杂的调节对象，它的特点是：被调参数多，如蒸汽流量、汽温、汽压、汽包水位等；调节参数多，如燃料量、给水量、风量、减温水量、烟气量等；扰动因素多，如燃料的品质或数量、给水温度或给水量、炉内燃烧工况、锅炉辅机的启动或停用、机组负荷的变化等；以及调节装置多。由于以上特点，使锅炉的运行形成了一个多种参数相互影响的复杂动态变化过程。在锅炉运行的动态变化过程中，要确保运行的安全性和经济性，就必须要求运行人员熟悉锅炉的动态特性，熟悉各参数变化的相互关联，掌握各种扰动下参数变化的范围和幅度以及参数变化的物理本质。

（2）从安全和经济的角度出发，对机组运行中调节的要求也越来越高。电厂的负荷取决于用户的需要，随时变动的负荷将影响机组的稳定工作，这种来自外界的干扰称为外扰。在整个电力系统中，即使部分机组在一段时间内，可以带一定的固定负荷运行，但它们的工况也不可能完全没有变动，而任何工况的变动又都会引起某些运行参数的变化。机组调节的任务就是对其运行工况进行及时的调整，使它们尽快地适应外界负荷的需要，又使机组的所有运行参数都不超出各自的允许变动范围，亦即在各种扰动的条件下要求保证锅炉机组的安全和经济运行。

（3）蒸汽的质量是以其品质（含杂质小于要求值）和参数（压力和温度）来衡量的。对于定压运行的锅炉，通常都要求供应一定参数的蒸汽；但当采用变压运行方式时，则要求蒸汽压力随机组负荷变化而改变。显然，不同的运行方式对调节的要求也是不同的。

（4）机组用 DCS，以执行监视、检查和调节的任务，其自动控制装置也必须适应机组的运行特性和要求。因此，不论人工调节或自动调节，都必须以正确了解机组的运行特性为基础，运行特性包括静态特性和动态特性两个方面。当机组运行中发生某些扰动时，哪些方面将受到影响、哪些参数发生变化，以及其变化的方向和最终的变化幅度如何，这类问题都由机组的静态特性所决定。至于在变化的过渡过程中参数的变化速度和波动幅度，亦即参数变量与时间的关系，则属于动态特性研究的问题。对于机组的静态特性和动态特性，运行人员必须心中有数。而在自动调节技术中，则要求对机组特性有定量的数字描述，亦即建立机组的数学模型。锅炉的蒸发量决定于燃烧放热量和受热面的换热能力，作为出口蒸汽参数之一的压力取决于锅炉蒸发量与汽轮机蒸汽需求量的平衡；锅炉出口的汽温，取决于过热器、再热器受热面的换热量与流经蒸汽吸热量的平衡；蒸汽品质则取决于炉水含盐量，炉水含盐量则取决于给水品质和排污量。锅炉的受热面都是承压的，也都工作在接近于材质相应的许用温度下，必须有足够的汽水流量，才能维持金属不至超温。锅炉的运行特性，或者说满足汽轮发电机要求的能力，以及锅炉运行可靠性、安全性和经济性，既取决于锅炉设计制造水平，也在相当程度上取决于运行调节。

（5）锅炉汽包具有一定的存水量，在短时间内可以允许给水量和蒸发量之间有些差异。但锅炉容量越大，汽包的存水容积相对就越少。因此必须很好地按照蒸发量来调节给水量，以防止汽包水位变动过大。水位过低会影响水冷壁的安全，水位过高会使蒸汽带水，从而影响蒸汽品质和使过热汽温下降。对于自然循环锅炉，水位过低会破坏自然循环，使水冷壁不能得到流动工质的足够冷却，从而导致重大事故；因此，对于汽包锅炉都应有水位调节的任务。锅炉产生蒸汽需要一定的热量，当燃料燃烧产生的热量与维持一定的蒸发量所需要的热量平衡时，就可维持稳定的蒸汽压力。当外界负荷变化时，就必须按比例改变燃料量和送风量，还要相应地调节引风量，以维持一定的蒸汽压力和炉膛负压。这就是锅炉负荷或蒸汽压力的控制，也就是燃烧率的调节。对于煤粉锅炉来说，同时还有制粉系统的调节问题。机组在运行过程中，机、电、炉之间的相互联系密切，整个机组已成为一个较独立的有机的运行整体。因此，在控制方式上必须把炉、机、电作为一个整体进行监视和操作。锅炉和汽轮机共同适应电网负荷指令的要求，共同保证有关运行参数的稳定。但是锅炉与汽轮机的生产过程各有特点，它们的动态特性有很大差异。锅炉是一个热惯性较大的调节对象，相对于汽轮机而言，它的调节过程是相当迟缓的。而且锅炉在适应负荷调节的同时，也要保证主蒸汽温度、压力，给水流量、炉膛负压等参数满足要求。同样，汽轮机在适应负荷要求的同时，也有它自身的一些参数值要满足要求。从这一方面来看，在单元机组内部存在着两个相对独立的对象，它们既有相互关联的一面，又有相互独立的一面。因此，机炉必须采用相互协调来调节。

二、锅炉运行调节的任务

锅炉的运行，应与外界负荷相适应。当锅炉负荷变动时，必须对锅炉进行一系列的调节操作，变动锅炉的燃料量、空气量与给水量等，保持锅炉的汽温、汽压和水位在一定的允许范围内，使锅炉的蒸发量与外界负荷相适应。另外，即使外界负荷稳定不变，锅炉内部工况也随时会发生变化，如煤质变化、煤粉细度变化、给水温度变化等，均会引起锅炉运行参数的变化，因而也需对锅炉进行必要的调节。只有严格地监视锅炉的运行工况，及时正确地进行调节，才能保证锅炉的安全经济运行。

运行中对锅炉进行监视和调整的主要任务如下：

（1）使锅炉的蒸发量随时适应外界负荷的需要。

（2）均衡给水，维持汽包水位在正常范围内。

（3）将蒸汽温度和压力稳定在规定值的范围内。

（4）保证给水、炉水、蒸汽品质在规定范围内。

（5）保持锅炉燃烧良好，及时调整，减少各项热损失，提高锅炉热效率。

（6）保持各处烟温、壁温、空气温度在规定范围内，消除热偏差，防止结焦。

（7）做好巡回检查和定期工作，发现缺陷及时联系处理，确保锅炉机组的安全运行。

为完成上述任务，现代大型机组都配有先进的自动调节装置，同时也要求运行人员要不断提高分析判断能力与实际操作技能，掌握锅炉运行的变化规律，精通设备与系统，认真、严格地按照运行规程进行调节操作。具体可采取如下措施：

（1）充分利用计算机及自动控制系统，使运行工况稳定。

（2）自动装置投入时，运行人员需要加强对各工况参数监视，并经常进行综合性仪表记录分析，充分掌握仪表运行情况，发现缺陷及时通知检修处理。

（3）运行中自动装置不正常时，立即切为手动操作，维持正常工况，通知有关人员处理。

三、汽包水位调节

（一）水位调节的必要性

维持汽包的正常水位，是保证汽包锅炉安全运行的重要条件之一。

汽包锅炉汽水系统如图 3-1 所示。在汽包锅炉中，汽包是水汽通道中得缓冲器，它将锅炉的各受热面[加热段（省煤器）、蒸发段（水循环管路）、过热段（过热器）]分开，使各受热面固定不变。所以锅炉的蒸发量取决于吸热量 q_1 和 q_2，而与给水流量无关。当燃烧率 q_f 变化时，只要蒸发量和过热器受热面吸热量 q_3 同时按比例变化，就对过热汽温影响很小。汽包中得水位是反映给水流量 q_w 与蒸汽负荷量 q_d 是否平衡的标志。给水量的调节是保证物质平衡，它可以相对独立于锅炉的燃烧调节系统，不直接受控于锅炉主控制器的输出指令。

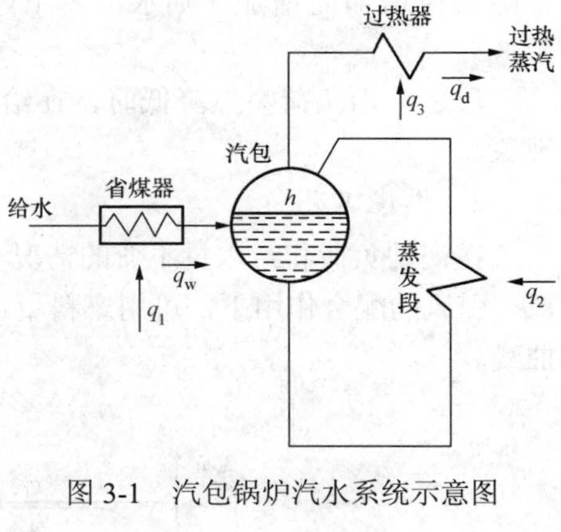

汽包水位过高时，由于蒸汽空间高度减小，蒸汽带水增加，蒸汽品质恶化，导致在过热器管内沉积盐垢，使管子过热、金属强度降低而发生爆管。严重满水时，会造成蒸汽大量带水，除造成汽温急剧下降外，还会引起蒸汽管道和汽轮机内严重的水冲击，造成设备损坏。

汽包水位过低时，对于自然循环锅炉，将破坏其正常的水循环。当严重缺水时，如处理不当，还可能导致水冷壁爆管。

汽包中的存水量与蒸发量相比是不多的，允许

图 3-1 汽包锅炉汽水系统示意图

变动的水量更少。如给水中断，可能在几秒钟内水位就会降低到危险值甚至消失。即使不是给水中断，只是给水量与蒸发量的不平衡，也会在几分钟之内发生水位事故。由此可见，锅炉运行中保持水位的正常是一项极为重要的工作。

（二）影响水位变化的主要因素

锅炉运行中，汽包水位是经常变化的。引起水位变化的原因有两个：①物质平衡遭到破坏，即给水量与蒸发量的不平衡引起的水位变化；②工质的状态发生改变，如当炉内热量改变时，将引起蒸汽压力和饱和温度的变化，从而使水和蒸汽的比体积以及水容积中气泡数量发生变化，由此将引起水位变化。

1. 锅炉负荷

汽包水位是否稳定，首先取决于锅炉负荷即蒸发量的变动量及其变化速度。因为负荷变动不仅影响蒸发设备中水的消耗量，而且会造成压力变化，引起炉水状态的变化。图 3-2 所示为蒸汽流量阶跃增大时水位响应曲线。

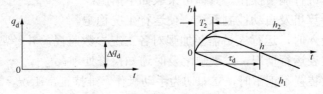

图 3-2　蒸汽流量阶跃增大时水位响应曲线

图中 h_2 为汽包中气泡容积变化造成的虚假水位，h_1 是由于 $q_d > q_w$ 造成的，汽包水位 h 为 h_1 与 h_2 的叠加。

当负荷变化缓慢，锅炉的燃烧调整和给水调整配合较好时，水位变化是不明显的。但当负荷突然变化时，水位会迅速波动。例如，当锅炉负荷突然增加时，在给水量和燃烧工况不变的情况下，汽压将迅速下降，这时一方面使汽水混合物比体积增大，另一方面使饱和温度降低，炉水和蒸发部件金属放出部分热量，产生附加蒸汽，水中气泡数量剧增，汽水混合物体积膨胀，使水位上升，形成"虚假水位"。虚假水位是暂时的，因为负荷增加，炉水消耗增加，炉水中的气泡逐渐逸出水面后，汽水混合物体积又将收缩，所以如给水量未随负荷增加而增加，则水位将下降。因此，当负荷突然增加时，汽包的水位变化为先高后低。

反之，当负荷突然降低时，在给水和燃烧工况未调整之前，汽包水位将出现先低后高的现象。

2. 燃烧工况

在锅炉负荷和给水量不变的情况下，炉内燃烧工况的变化将引起水位的变化。在燃料、送风、引风的配合作用下，可用燃料量 q_f 代替燃烧率。图 3-3 所示为燃料量阶跃增大时水位响应曲线。

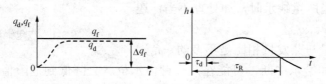

图 3-3　燃料量阶跃增大时水位响应曲线

如当炉内燃料量突然增多时，燃烧加强，炉内放热量增加，炉水吸热量增加，气泡增多，使水位暂时上升。由于产生的蒸汽量不断增加而使汽压升高，饱和温度也相应升高，炉水中气泡数量将减少，又导致水位下降。汽压升高会引起蒸汽流量增大，在调节汽阀未动作之前，发电机有功负荷增大，如果不加干预，水位将进一步降低。实际发电机功率是根据电力系统统一安排的，因此炉、机、电应统一协调，以维持汽包水位的稳定。当燃料量突然减少时，水位变化情况与上述相反。

3．给水流量

给水压力变化将使给水流量发生变化，破坏了给水量与蒸发量的平衡，从而引起汽包水位的变化。给水流量扰动包含两种情况：一种是由给水控制阀开度变化造成给水流量变化，另一种是由于给水控制阀前后压差变化引起给水流量变化。前者是控制作用造成的，称为基本扰动，后者称为给水流量的自发扰动。图 3-4 所示为给水流量阶跃增大时水位响应曲线。

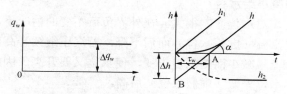

图 3-4   给水流量阶跃增大时水位响应曲线

在其他条件不变的情况下，当给水压力增加时，给水量增大，水位上升；当给水压力降低时，给水量减小，水位下降。

（三）水位调节

1．汽包水位调节原则

（1）正常运行时保持给水压力高于汽包压力 1.5～2.0MPa。

（2）汽包水位允许波动范围为±50mm。汽包水位达+140mm 时自动开启事故放水阀，汽包水位降至+50mm 时自动关闭事故放水阀。

（3）汽包水位允许高限为+120mm（报警），低限为−180mm（报警），汽包水位达+240mm 或−330mm 时 MFT 动作紧急停炉。

（4）汽包水位监视以就地双色水位计为准，正常情况下应清晰可见，且轻微波动，否则应及时冲洗或联系检修处理。运行中至少有两只指示正确的低位水位计供监视、调节水位。每班就地对照水位不少于一次，就地双色水位计指示与其他水位计差值不大于 40mm。

（5）三台给水泵可由 CCS 自动调节水位，正常运行中两台给水泵运行、一台给水泵备用；运行两台给水泵转速应尽可能一致，负荷平衡。正常情况下汽包水位调节由自动装置完成，运行人员应加强水位监视。

（6）给水泵在调节过程中，其勺管指令开度以每秒 4%的速度变化，指令在 25s 就可达到 100%，给水泵大约需 70～80s 可以达到满出力。

2．水位调节操作

（1）当电负荷缓慢降低时，主蒸汽流量降低，主蒸汽压力升高，水位将升高，应根据情况适当减小给水流量，使之与主蒸汽流量相适应，保持汽包水位正常。

当电负荷缓慢增加时，主蒸汽流量增加，主蒸汽压力下降，应根据情况监视汽包水位的变化。给水流量与主蒸汽流量应相适应，保持水位正常。

（2）当电负荷急剧增加，主蒸汽流量增加，主蒸汽压力下降，此时汽包水位先上升，但很快会下降，不可过多减少给水流量。待水位即将有下降趋势时应立即增加给水流量，使之与主蒸汽流量相适应，保持汽包水位正常。

（3）当电负荷急剧降低时，主蒸汽流量下降，主蒸汽压力升高，此时汽包水位先降低，但很快会上升，不可过多增加给水流量。待水位即将有上升趋势时应立即减小给水流量，使之与主蒸汽流量相适应，保持汽包水位正常。

（4）出现虚假水位时还应根据实际情况操作，例如当负荷急剧增加或安全阀动作时，水位上升幅度很大，上升速度很快，实际操作时应先适当地关小给水量，以避免满水事故发生，待水位即将开始下降时，再立即增加给水量，恢复正常水位。当负荷急剧下降或甩负荷时，水位下降幅度很大，下降速度很快，应先适当稍开给水量，以避免水位事故发生，待水位即将开始上升时，再立即减小给水量，恢复正常水位。

（5）燃烧工况突变，对水位影响很大。在外界负荷不变的情况下，启动制粉系统增加磨煤机通风量，水位暂时上升（虚假水位）而后下降，若汽压继续升高而负荷未变，此时汽轮机调速汽阀关小，蒸汽流量减少而给水量未变，使水位又要升高。因此，要根据实际情况适当调整，锅炉灭火时，水位先低（虚假水位）后高。

四、汽温调节

（一）蒸汽温度调节的必要性

汽温控制就是对主蒸汽温度和再热蒸汽温度的控制。主蒸汽温度和再热蒸汽温度是机组正常运行的重要指标。在机组正常运行中，蒸汽温度将随着机组负荷、锅炉出力、给水温度、风量、汽压以及燃烧工况等的变化而变化，蒸汽温度偏离额定值过大时，会影响锅炉和汽轮机运行的安全性和经济性。

1. 汽温过高

汽温越高，机组循环热效率越高，但过高的汽温会使锅炉受热面及蒸汽管道金属材料的蠕变速度加快，影响使用寿命。若受热面严重超温，则会因材料强度的急剧下降而导致管子发生爆破。同时，当汽温过高，超过允许值时，还会使汽轮机的汽缸、主汽阀、调节汽阀、前几级喷嘴和叶片等部件的机械强度降低，部件温差、热应力、热变形增大，导致设备的损坏或使用寿命的缩短。

2. 汽温过低

汽温过低会使机组的循环热效率降低，汽耗率增大。同时，过低的汽温还会使汽轮机末几级叶片的湿度增大，这不仅使汽轮机内效率降低，还会造成汽轮机末几级叶片的侵蚀加剧。汽温下降超过规定值时，需限制机组的出力，不允许机组继续带额定负荷运行。汽温大幅度地快速下降会造成汽轮机金属部件产生过大的热应力和热变形，甚至会产生动静部件的摩擦，严重时可能会导致汽轮机水击事故的发生，造成通流部分、推力轴承严重损坏，对机组的安全运行是很不利的。

3. 汽温波动幅度过大

过热汽温和再热汽温变化幅度过大，除会使管材及有关部件产生蠕变和疲劳损坏外，还将引起汽轮机胀差的变化，甚至导致机组的强烈振动，危及机组的安全运行。

4. 汽温两侧偏差过大

过热汽温和再热汽温两侧偏差过大，将使汽轮机的高压缸和中压缸两侧受热不均，导致热膨胀不均，影响汽轮机的安全运行。

现代大型电厂锅炉对过热蒸汽温度和再热蒸汽温度有严格要求，通常要求蒸汽温度与额定汽温之间的偏差在 $-10\sim+5\,℃$ 范围内。在规定允许偏差值的同时还需限制锅炉在允许偏差值下的累计运行时间，并且为防止过快的蒸汽温度变化速率造成某些高温工作部件内产生较大热应力，导致材料热疲劳甚至宏观裂纹，对厚壁蒸汽管道和联箱还规定了允许的温度变化速率，一般应限制在 $3\,℃/\mathrm{min}$ 内。

（二）影响蒸汽温度变化的因素

运行时影响过热汽温和再热汽温的主要因素有锅炉负荷、给水温度、燃料特性、炉膛出口过量空气系数、炉膛出口烟温及受热面污染情况等，锅炉给水量、燃料量和送风量的扰动也会引起锅炉汽温波动。以过热器系统呈对流特性的高压煤粉锅炉为例，各种因素对汽温的影响见表 3-1。对于一般锅炉，对流过热器的吸热是主要的，过热汽温的变化具有对流特性。

表 3-1   **过热器呈对流特性时各种因素对汽温的影响**

影响因素	锅炉负荷 ±10%	过量空气系数 ±10%	给水温度 ±10℃	燃煤水分 ±1%	燃煤灰分 ±10%
汽温变化（℃）	±10	±（10~20）	±（4~5）	±1.5	±5

1. 锅炉负荷

锅炉负荷变化时，对流过热器和辐射过热器的汽温变化特性相反，分别称这两种汽温特性为对流特性和辐射特性。

图 3-5 所示为过热汽温静态特性。对于对流式过热器，当锅炉负荷增加时，燃料量增加，烟气流速增加，烟气侧对流换热系数和传热温差增大，导致对流吸热量大于负荷增加量而使单位质量蒸汽焓增增大，出口汽温增加。当锅炉负荷降低时，对流式过热器出口的蒸汽温度降低。

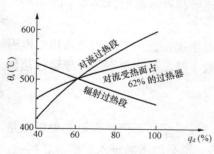

图 3-5   过热汽温静态特性

对于辐射式过热器，当锅炉负荷增加时，燃料消耗量和过热器内蒸汽流量都相应增大，但炉膛温度增高较少，辐射式受热面吸热量增加不多，小于蒸汽流量的增加比例，因此每千克蒸汽获得的热量减少，辐射式过热器出口的蒸汽温度反而降低。当锅炉负荷降低时，辐射式过热器出口的蒸汽温度升高。

再热器的汽温变化特性由于其布置位置的不同，也可分为对流式和辐射式两种，但一般都采用纯对流式布置，而且布置在烟温较低的区域。其汽温特性基本与过热器的汽温变化特性相同。

2. 燃料特性

燃料特性的变化，主要是指煤中灰分、水分和挥发分的变化对过热汽温的影响。如灰分和水分增加，燃料发热量降低，则要达到同样的负荷必须增加燃料量。水分蒸发也使烟气体积增大，导致流过过热器的烟气流速增加，对流换热加强；同时灰分和水分增加还会使炉膛温度降低，炉膛辐射传热量减少，炉膛出口烟温增高。这些因素导致对流过热器的传热系数增大，吸热量增大，从而使出口汽温升高。尽管辐射过热器由于炉内辐射传热量减少而使出口汽温降低，但由于一般锅炉的过热器系统以对流特性为主，最终的出口过热汽温还是升高了。

煤中挥发分降低、含碳量增加或煤粉变粗时，由于煤粉着火延迟，煤粉在炉内燃尽所需时间延长，导致火焰中心上移，炉膛辐射吸热份额减少，炉膛出口烟温升高，从而引起具有对流特性的过热系统传热温差增加，出口汽温升高。

3. 火焰中心位置

试验表明，炉内绝大部分可燃物是在炉膛中燃烧器标高附近燃烧的，该区域内火焰温度也最高。一般可认为炉内火焰温度最高点在燃烧器组中心位置附近，但由于燃烧器的结构形式、布置方式、配风方式、燃料性质等因素的变化，火焰温度最高点往往会偏离燃烧器组中心位置。

火焰中心上移时，炉内辐射吸热比例减少，对流式过热器和再热器的对流吸热份额增加，使出口汽温增加；反之，出口汽温下降。

4. 炉内过量空气系数

当送风量和漏风量增加时，炉内过量空气系数增加，炉膛温度降低，炉膛水冷壁和布置在炉内的辐射式过热器和再热器等辐射式受热面的吸热份额减少，从而使炉膛出口烟温升高。同时过量空气系数增大还使燃烧生成的烟气量增多，烟气流速增大，对流换热加强。由于传热温差和传热系数增加，使具有对流汽温特性的过热器和再热器出口汽温升高。

炉内空气量不足会产生燃料在炉内燃烧不完全而在烟道内燃烧的现象，称为二次燃烧。二次燃烧现象也会引起过热器出口汽温升高，并可能造成过热器超温破坏。当发生二次燃烧现象时，应立即进行调整，如调整无效，排烟温度高于 250℃时，则应立即停炉，以防止由于空气预热器和引风机承受不了过高的排烟温度而发生破坏事故。

锅炉运行中有时采用增加炉内过量空气系数的方法来提高汽温，但过大的过量空气系数会导致锅炉排烟损失大幅度增加，从而使锅炉效率降低。

当炉内过量空气系数减小时，具有对流汽温特性的过热器和再热器出口汽温下降。

5. 受热面积灰或结渣

当炉膛水冷壁结渣时，吸热量减少，使离开炉膛的烟温增加，过热器、再热器出口汽温随之升高。当过热器和再热器本身结渣或积灰时，传热系数下降，吸热量下降，导致过热器和再热器出口汽温下降。

6. 给水温度

当给水温度降低时，如果进入炉膛的燃料量不变，则蒸发量必然下降，而过热器吸热量基本不变，导致过热器出口汽温升高。若保持锅炉负荷不变，则必须增加进入炉膛的燃料量，使炉内烟气量和炉膛出口烟温都提高，使对流式过热器和再热器出口蒸汽温度增加。

对于一般锅炉，过热器和再热器总体呈对流汽温特性，因此给水温度降低很多，可能会引起过热器超温，通常需采用降负荷保证过热器安全。高压加热器解列是造成电厂效率大幅降低的主要因素，也是造成给水温度下降的重要原因。高压加热器不投入会使给水温度下降100℃左右，使过热汽温上升 50℃左右。

当给水温度升高时，对流式过热器和再热器出口蒸汽温度下降。辐射式过热器和再热器出口汽温受给水温度变化影响很小。

7. 饱和蒸汽用量

锅炉采用饱和蒸汽吹灰时，为保证负荷需要，必须增加燃料量，导致对流式过热器和再热器出口汽温升高。

8. 饱和蒸汽湿度

对于汽包锅炉，从汽包出来的饱和蒸汽总含有少量水分，在正常情况下，进入过热器的饱和蒸汽湿度一般变化很小，饱和蒸汽的温度保持不变。但运行工况变动时，特别是负荷突增、汽包水位过高或炉水含盐浓度太大而发生汽水共腾时，将会使饱和蒸汽的湿度大大增加。饱和蒸汽中增加的水分要在过热器中汽化吸热，在燃烧工况不变的情况下，用于过热蒸汽的热量将减少，使过热汽温降低。

9. 减温水温度及流量

当减温器中减温水温度和流量发生变化时，会影响汽温变化。当减温水温度降低或减温水量增加时，会使汽温降低；反之，会使汽温升高。

10. 过热蒸汽压力

过热蒸汽压力升高时，对应的饱和蒸汽焓增增大，如炉内燃料消耗量未发生改变，则炉水中部分蒸汽因压力升高而凝结，导致锅炉的蒸发量瞬时减少，进入过热器的蒸汽量减少，在过热器总吸热量基本不变的情况下，过热蒸汽温度会上升。当蒸汽压力降低时，过热汽温下降。

11. 烟气流量

尾部竖井烟道分隔成低温过热器侧和低温再热器侧的锅炉，利用挡板改变两侧烟道的烟气量，可以改变两侧烟道内受热面的吸热量，从而达到改变过热、再热蒸汽温度的目的。若某侧烟气量增大，则该侧受热面吸热量增大，出口温度升高；同时另一侧因烟气量减少，出口温度下降。

由以上论述可知，影响汽温变化的因素很多，并且这些因素可能会同时产生影响。但总体可分为两大类，即烟气侧传热工况的改变和蒸汽侧传热工况的改变。

（三）蒸汽温度的调节

1. 汽温调节原则

（1）保持过热、再热汽温稳定正常的先决条件是：燃烧、汽压、水位及负荷的稳定；汽温调节应以燃烧调节作为基础。

（2）保证过热汽温，再热汽温在定压 70%THA～100%BMCR 工况下保持 536～540℃；滑压 50%THA～100%工况下保持 536～540℃。

（3）过热器和再热器两侧出口汽温偏差应分别小于 10℃和 15℃。

（4）自动投入时加强监视，发现异常、事故时及时解列自动，手动调节汽温。

2. 过热汽温的调节

为使汽温保持在规定的范围内波动，必须采用适当的汽温调节手段。由于汽温的变化是由蒸汽侧和烟气侧两方面的原因造成的，所以汽温的调节方式也分为蒸汽侧调节和烟气侧调节两大类。蒸汽侧调节的方法有采用面式减温器、喷水减温器、蒸汽庞统、汽—汽交换器等；烟气侧调节汽温的方法有改变烟气再循环流量、调节火焰中心位置或调节分隔烟道挡板等。

（1）利用喷水减温器调节过热汽温。喷水减温系统的结构如图 3-6 所示（图中只画出一级减温），从锅炉给水中取出减温水（若水质达不到要求可用凝结水代替），在喷水减温器中与蒸汽混合，水吸收蒸汽的热量，达到降低温度的目的。

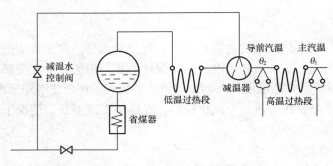

图 3-6　喷水减温系统结构

1）过热器装有两级喷水减温器，其中第一级减温器装在低温过热器出口与分隔屏过热器入口之间的管道上，第二级减温器装在后屏过热器出口与末级过热器入口之间的管道上。

2）正常情况下控制分隔屏过热器入口汽温不超过 395～410℃，分隔屏过热器出口汽温不超过 430℃。当一级减温器前汽温有上升趋势或超过 390～410℃时，适当开大第一级减温水调节阀，增加一级减温水量，以控制汽温在规定值范围。当一级减温器前汽温有下降且到达设计温度值时，操作与上相反。

3）当一级减温器水量超过或接近其设计出力而后屏过热器入口汽温超过 390～430℃，高温过热器出口汽温超过 540℃时，立即投入二级减温水。两级喷水的喷水量与负荷关系如图 3-7 所示。

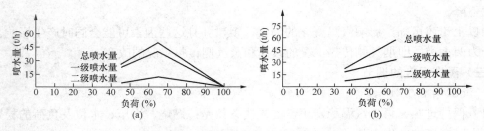

图 3-7　两级喷水的喷水量与负荷关系
（a）定压方式；（b）滑压方式

过热汽温的调节以一级减温水调节为主，作为粗调，二级减温水作为细调，两级减温水应配合使用。应当注意的是，由于汽温动态特性的时滞和惯性较大，给调节带来一定的困难，故自动控制系统中除了以被调信号作为主调节信号外，一般还用减温器后某点的汽温或汽温变化率的信号来及时反映调节的作用，如图 3-8 所示，该点的汽温或汽温的变化率能迅速反应喷水量的变化。如果该点的汽温 θ_1 能保持一定，则该级过热器出口汽温 θ_2 就能基本稳定，从而改善喷水减温的效果。为了进一步提高调节质量，有的调温系统中还加入能提前反映汽温变化的信号，如锅炉负荷、汽轮发电机功率等。

4）使用减温水时，减温水流量不可大幅度波动，以防止汽温急剧波动后难以调节。

5）在低负荷时更要注意慎用减温水。这是因为低负荷时蒸汽流量小，减温水过大易造成过热蒸汽出口带水，使汽轮机发生水冲击，造成恶性事故。

6）汽包水位大幅度波动时会引起给水流量大幅度波动，同时减温水流量也发生变化从而引起汽温的变化，应加强监视，及时调整。

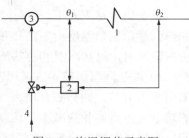

图 3-8　汽温调节示意图
1—某段过热器；2—调节装置；
3—减温器；4—减温喷水

（2）改变火焰中心位置。由于利用喷水减温调节汽温只能使蒸汽温度降低，所以在汽温偏低时，就必须采用其他辅助手段。其中改变火焰中心位置是很有效的调节手段，它可以改变炉内辐射吸热量和炉膛出口烟温，从而达到调节过热汽温的目的。

1）调整一、二次风量，摆动燃烧器上下倾角，切换上下制粉系统等改变炉膛火焰中心位置，使汽温上升或下降。

2）煤粉变粗，炉膛总送风量增加，炉底漏风增加，启动上排制粉系统，关小上部辅助风，摆动燃烧器上摆均会引起炉膛火焰中心上移，过热汽温升高，应及时调节减温水量以控制汽温在规定值。反之，汽温下降，操作相反。

（3）蒸汽温度调节的注意事项。

1）锅炉正常运行中主蒸汽温度调节主要依靠一级、二级喷水来调节，再热蒸汽温度依靠改变燃烧器摆动角度来调节，再热器喷水用于事故情况下。

2）过热器和再热器喷水闭锁阀是用于确保喷水不流入汽轮机，以免损坏汽轮机叶片。

3）当锅炉主燃料切断（MFT）时，将闭锁阀关闭。

4）锅炉负荷小于 20%MCR 时，将闭锁阀关闭。

5）当喷水调节阀开度大于 5%时，才能将闭锁阀开启。

6）锅炉正常运行中应将一级、二级减温水调节阀、再热器喷水调节阀全部投入自动，并加强对汽温自动控制系统的监视。

7）正常运行时，如发现汽温偏离设定值较大或汽温控制失灵，要及时切换为手动调整，并及时联系热工人员处理。

3. 再热汽温的调节

（1）再热汽温调节特点。与过热蒸汽温度的调节相比，再热蒸汽温度的调节有如下特点：

1）再热蒸汽压力一般为过热蒸汽压力的 1/5～1/4。由于蒸汽压力低，再热蒸汽的比热容较过热蒸汽的小，吸收同样热量时再热汽温的变化大。因此当工况变动时，再热汽温的反应就比较敏感，且变化幅度也较过热蒸汽为大，导致再热汽温的调节幅度也较过热汽温大。

2）对于过热器，当负荷变化时，过热器入口的工质温度保持不变，等于工质的饱和温度；而对于再热器，在定压运行方式下，负荷变化时，锅炉出口的主蒸汽温度和压力都保持不变。机组负荷降低时，汽轮机各级排汽压力和温度都随蒸汽流量的降低而下降，一般负荷从额定值下降到 70%时，再热器进口汽温下降约 30～50℃。因此，对流式再热器汽温随负荷降低而降低的幅度要比对流式过热器的大一些，而辐射式再热器的汽温随负荷降低而升高的幅度要比辐射式过热器平缓一些。

在变压运行方式下，负荷降低，过热器和再热器内蒸汽压力随之降低，蒸汽比热容减小，加热到额定出口温度所需的热量减少，而且再热器入口的蒸汽温度基本不随负荷变化。因此负荷降低时，过热汽温和再热汽温比定压运行时更容易保持稳定。

3）再热汽温调节不宜采用喷水减温方法，否则会使机组运行的经济性下降。若再热汽温采用喷水调节，则势必会增大汽轮机中、低压缸的功率与流量，若机组总功率不变，高压缸的功率与流量则相应减少，这就相当于用部分低压蒸汽循环代替高压蒸汽循环，导致整个单元机组循环热效率降低，热经济性变差。实际计算表明，喷入 1%额定蒸发量的喷水至再热器，将使循环热效率降低 0.1%～0.2%。因此再热汽温调节方法一般以采用烟气侧调节为主，即采用摆动燃烧器倾角、改变烟气再循环流量或调节分隔烟道挡板等方法。但为了保护再热器，在事故状态下避免因过热而烧坏，在再热器进口处设置事故喷水减温器，作为辅助调温手段。当再热器进口汽温采用烟气侧调节无法使汽温降低时，要用事故喷水来保护再热器管壁不超温，以保证再热器的安全。

（2）再热汽温调节。再热汽温调节用摆动燃烧器改变炉膛火焰中心高度作为主要调节手段，摆动燃烧器设计摆动范围辅助风在±30°之间，一次风在±20°之间。摆动燃烧器上摆，火焰中心升高，再热汽温升高；反之汽温降低。

燃烧器摆动后再热汽温变化有一定滞后性，一般在调节后 1min 左右，再热汽温才开始变化，10min 左右趋于稳定。因此在使用摆动燃烧器调节再热汽温过程中应注意以下方面：

1）调节过程应是在稳定运行时，摆动燃烧器调节应缓慢进行，不得幅度过大，在燃烧波动较大时应慎重。

2）掌握再热汽温特性，注意汽温的变化趋势，及时调节，调节应有较大的提前量，应防止再热汽温波动过大。

3）用燃烧器调节不能满足再热汽温或在事故情况下，应投再热器事故喷水减温器调节。

五、汽压调节

蒸汽压力是锅炉安全和经济运行的重要指标之一，它反映的是锅炉蒸发量与外界负荷之间的平衡关系，当锅炉蒸发量大于外界负荷需要时表现为汽压升高，反之则下降。对于 300MW 汽包锅炉机组，当机组负荷在额定负荷 50%～100%工况时，主蒸汽压力不超过 17.32MPa，MCR 工况主蒸汽压力不超过 17.5MPa。图 3-9 所示为汽压控制对象示意图。

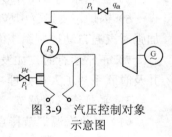

图 3-9 汽压控制对象示意图

（一）蒸汽压力调节的必要性

1. 汽压过高

汽压过高将导致各承压部件内机械应力增大，影响安全性，如安全阀发生故障，还会导致爆炸。汽压波动严重时会导致安全阀经常动作，不但会排出大量蒸汽，造成工质损失，影响经济性，而且安全阀频繁动作也会发生磨损等，待安全阀回座时关闭不严，导致经常性漏汽，严重时甚至发生安全阀无法回座而被迫停炉的后果。

2. 汽压过低

汽压降低，会使蒸汽做功能力降低，负荷不变时，汽耗量将增大，发电厂运行的经济性降低。同时汽压降低，为了维持机组负荷不变，则必须加大汽轮机的进汽量，会使汽轮机轴向推力增加，易发生推力瓦烧坏等事故。若汽压降低过多，会迫使汽轮机减负荷。

3．汽压波动幅度过大

（1）汽压变化速度对锅炉安全性的影响。汽压的大幅度波动，容易导致锅炉满水或缺水等水位事故的发生，此外，还可能造成下降管入口汽化或循环倍率下降等影响锅炉水循环安全性的情况发生。运行中汽压经常反复地变化，会使承压部件受到交变的机械应力的作用，若此时再加上温度应力的影响，则将导致受热面金属的疲劳损坏。

（2）影响汽压变化速度的因素。汽压变化速度体现了锅炉抗内、外扰动能力的大小，主要与扰动量的大小、锅炉的蓄热能力、燃烧设备的惯性和燃料种类等有关。

1）扰动量的大小。扰动量越大，则汽压变化的速度就越快，变化幅度也就越大。

2）锅炉的蓄热能力。是指当外界负荷变动而燃烧工况不变时，锅炉能够放出或吸收的热量的大小。蓄热能力越大，则外界负荷发生变化时保持汽压稳定的能力越大，即汽压的变化速度越慢；反之，蓄热能力越小，则汽压的变化速度就越快。

3）燃烧设备的惯性。燃烧设备的惯性是指从燃料量开始变化到炉内建立起新的热负荷平衡所需要的时间。若燃烧设备的惯性大，则当负荷变化时，恢复汽压的速度就慢；反之，则汽压恢复速度快。燃烧设备的惯性与燃料种类、调节系统灵敏性及制粉系统的形式等有关。油的着火和燃烧都比煤快，其惯性就较小；调节系统灵敏，惯性小；直吹式制粉系统由于从改变给煤量到进入炉膛的煤粉量发生变化，需要一定的时间，而中间储仓式制粉系统由于有煤粉仓，故只要增大给粉量就能很快适应负荷的要求，所以直吹式制粉系统比中间储仓式制粉系统的惯性大。

（二）影响汽压变化的因素

引起汽压变化的原因可归纳为两方面：一方面是锅炉外部的因素，称为"外扰"；另一方面是锅炉内部的因素，称为"内扰"。

1．外扰

外扰是指非锅炉本身的设备或运行原因所造成的扰动。对于单元机组来说，主要表现在外界负荷的正常增减及事故情况下的大幅度甩负荷，具体反映为汽轮机所需蒸汽量的变化。

2．内扰

内扰一般是指由锅炉本身设备或运行工况变化而引起的扰动。当炉内燃烧工况变化时，如送入炉内的燃料量、煤粉细度、煤质或风量等发生变化，都会产生内扰。在外界负荷不变的情况下，汽压的稳定主要取决于炉内燃烧工况的稳定。此外，炉内热交换情况的改变也会影响汽压的稳定，如管壁结垢、炉膛结渣等将会引起蒸汽量的变化，从而导致汽压的变化。

无论是内扰还是外扰，汽压的变化总与蒸汽流量的变化密切相关。一般情况下，当汽压与蒸汽流量的变化方向相反时，可判断为外扰；汽压与蒸汽流量的变化方向相同时，可判断为内扰。

（三）蒸汽压力的调节

1．汽压手动调节

（1）当负荷变化（增加或减少）时，应及时正确地调节燃料量，使锅炉蒸发量相应地增加或减少，以保持汽压稳定。

（2）当负荷变化不大时，相应地增加或减少运行给煤机的给煤率来满足负荷需要。在加减给煤量时要合理调整，同时注意磨煤机电流，防止满煤，注意磨煤机通风量及温度的调整。还应注意当前汽温情况，确定增加上层或下层燃烧器。

（3）当负荷变化较大，增加风量时，应首先调节（增大或减少）引风机入口静叶，然后调节（增大或减少）送风机入口动叶，同时调节（增大或减少）运行磨煤机通风量，调整对应运行给煤机的给煤率。

（4）当外界负荷变化很大，增加（或减少）给煤量和一次风量不能满足要求时，应先考虑启动（或停止）一台磨煤机，停止磨煤机应在对锅炉燃烧影响不大的前提下进行，必要时投油助燃。

（5）增加通风量时，应先增加引风量，然后增加送风量；在负荷变化很快而炉内过量空气系数较大时，可先加煤，后加风。

（6）当运行中的某台磨煤机跳闸时，在投油助燃的同时，应增加其他运行给煤机的转速和磨煤机的通风量，然后启动备用制粉系统，维持锅炉汽压稳定。

（7）正常运行中锅炉主值应加强与值长、电气和汽轮机主值联系，要求负荷变化尽量平稳，负荷变化率不超过 5MW/min。

（8）一次风机入口挡板开大或关小对多台运行磨煤机通风量影响很大。磨煤机通风量的增减直接影响进入炉膛的燃料量，因此，调节一次风机入口挡板一定要慎重操作，并保持一次风压为 10.0kPa 左右。

（9）在一次风压较低的情况下启动备用磨煤机时，应特别注意防止一次风管堵塞或磨煤机满煤。

（10）高压加热器解列时汽压暂时升高，投入时则相反。

（11）注意监视再热器出入口压力，防止超压运行。

（12）正常运行中不允许用过热器出口 PCV 安全阀来调整汽压。

2. 汽压自动调节

（1）汽压调节由协调与自动控制装置来完成。

（2）运行中注意监视自动控制装置，发现异常及时解列自动，手动调节汽压，并联系热工处理。

六、燃烧调节

炉内燃烧过程是否稳定，直接关系到整个单元机组运行的安全可靠性。如果燃烧过程不稳定，将引起蒸汽参数的波动，甚至发生炉膛灭火事故。若炉膛温度过高或火焰中心偏斜将引起水冷壁及炉膛出口受热面结渣，并可能会加大过热器的热偏差，使局部管壁超温，甚至爆管。所以燃烧器调节适当，确保燃烧工况稳定，是单元机组安全可靠运行的重要条件。

燃烧过程的好坏还影响着锅炉运行的经济性。这就要求保持合理的风粉配合，一、二次风配合和送、引风配合，还要求保持适当高的炉膛温度。合理的风粉配合就是要保持最佳的过量空气系数；合理的一、二次风配合就是要保证着火迅速、稳定，燃烧完全；合理的送、引风配合就是要保持适当的炉膛负压，减少漏风。当运行工况改变时，若这些配合调节得当，就可以减少燃烧损失，提高锅炉效率。

所以在运行中，锅炉燃烧调整的目的是：在保证满足汽轮机对锅炉参数要求的前提下，调整燃烧器各层的燃料分配，调整一、二次风的分配，以达到炉膛热负荷均匀、炉膛受热面不结渣、火焰不冲刷水冷壁，减少不完全燃烧热损失，尽量减少污染物的生成，使锅炉在最安全、经济的条件下稳定运行。

为达到上述燃烧调节的目的，在运行操作方面应注意燃烧器的一、二次风出口风率和风速，各燃烧器之间的负荷分配和运行方式，炉膛的风量（氧量值）、燃料量和煤粉细度等参数的调节，使其达到最佳值。

1. 炉膛火焰中心的调节

（1）煤粉正常燃烧时应着火稳定，燃烧中心适当，火焰均匀分布于炉膛，煤粉着火点距燃烧器喷口 0.5m 左右；火焰中心在炉膛中部；不冲刷水冷壁及对角喷嘴；下部火焰在冷灰斗中部以上，上部火焰不延伸到大屏过热器底部。

（2）为保证炉膛火焰中心，防止偏斜，力求各燃烧器负荷对称均匀，即各燃烧器来粉量、一次风量、二次风量及风速一致。

锅炉运行中，注意观察炉膛内火焰和烟囱的排烟。维持燃烧稳定、良好，各段受热面两侧烟温接近，两侧空气预热器入口烟温偏差小于 15℃。经常观察锅炉是否结焦，发现有结焦情况，及时调整燃烧；如果结焦严重，采取措施无效，应汇报有关领导，并联系锅炉检修进行处理。

（3）保持适当的一、二次风配比，即适当的一、二次风速和风率。

（4）当炉膛火焰中心过高时应采取以下措施。

1）开大上排辅助风挡板。

2）减少上部燃烧器负荷，增加其他燃烧器负荷。

3）启动下部燃烧器运行，停止上部燃烧器。

（5）当炉膛火焰中心过低时应采取以下措施。

1）开大下排辅助风挡板。

2）减少下部燃烧器负荷，增加其他燃烧器负荷。

3）启动上部燃烧器运行，停止下部燃烧器。

（6）当炉膛火焰中心偏斜时，应适当关小远离燃烧器侧辅助风挡板，开启其他燃烧器侧辅助风挡板。

2. 燃料量的调节

（1）负荷增加时，相应增加风量及进入炉膛燃料量。

（2）负荷减少时，相应减少风量及进入炉膛燃料量。

（3）负荷缓慢少量增加时，适当增加运行给煤机给煤率。

（4）负荷缓慢少量减少时，适当减少运行给煤机给煤率。

（5）负荷少量急剧增加时，适当增加磨煤机通风量，同时增加运行给煤机给煤率。

（6）负荷少量急剧减少时，适当减少磨煤机通风量，同时减少运行给煤机给煤率。

（7）负荷增加幅度大时，增加运行磨煤机通风量、给煤机给煤率，不能满足要求时，可启动备用制粉系统。

（8）负荷减少幅度大时，减少运行磨煤机通风量、给煤机给煤率，不能满足要求时，可停止部分制粉系统运行。

（9）设计一次风速为 28.6m/s，正常运行时，磨煤机通风量保持在规定范围内。磨煤机通风量过小时，一次风速过低，着火过早会烧坏燃烧器喷嘴，还造成一次风管堵塞及磨煤机满煤；磨煤机通风量过大时，一次风速过高，造成煤粉细度大，加剧一次风管磨损。

（10）锅炉最低不投油稳定负荷为 40%MCR。负荷降低或燃用劣质煤时，炉膛温度较低，燃烧不稳定，应根据实际情况投入一定量的助燃油稳定燃烧。

（11）正常运行时尽量保持多燃烧器、较低给煤率（许可范围内）。

（12）切换制粉系统运行时，应先启动备用制粉系统，后停欲停运的制粉系统。

（13）停运（备用）磨煤机保持一定量的冷却风，防止烧坏燃烧器喷口。

（14）及时检查各燃烧器来粉情况，发现来粉少或堵管应及时处理。

（15）保持煤粉细度在合理值。

3．送风量的调节

（1）根据燃料特性变化情况及时调整送风量。

（2）炉膛风量正常时，火焰为金黄色，火焰中无明显火星。烟气含氧量保持在 4%～6%，一氧化碳含量不超标。

（3）当炉膛内火焰炽白刺眼，烟气含氧量过大时，应适当减少送风量；当炉膛内火焰为暗黄色，烟气含氧量小，烟气一氧化碳含量超标时，应适当增加送风量。烟气含氧量小，一氧化碳超标，烟气呈黑色，飞灰可燃物增大，表明煤粉与空气混合不好或炉膛燃烧不稳定，应适当调整一、二次风配比，改善燃烧。

（4）用辅助风挡板来调节大风箱与炉膛的压差。大风箱与炉膛压差的定值与负荷的函数关系如图 3-10 所示。

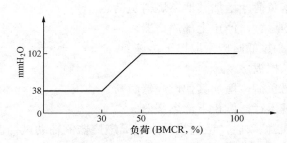

图 3-10　大风箱与炉膛压差的定值
与负荷的函数关系曲线

（5）燃料风挡板按燃料量的比例进行控制，当该层制粉系统停止时，立即将该层燃料风挡板关小。

（6）上部燃尽风挡板根据负荷来切投，负荷为 50%～75%MCR 时开一层挡板，为 75%～100%MCR 时再开最上层挡板。

（7）当锅炉主燃料切断（MFT 动作）时，将各层辅助风挡板和燃料风挡板全开。

（8）有插入油枪的辅助风挡板，在启动该层油枪时将该层辅助风挡板关到点火位置，开度约为 35%。

（9）大风箱与炉膛压差大于 2300Pa 时报警，并同时将辅助风门挡板或燃料风挡板全开，锅炉要求最低风量为锅炉 BMCR 工况时风量的 30%。

（10）锅炉要求在内外扰动时，都能保证空气量大于或等于燃煤所需风量，不允许有"缺风"的情况。

（11）两台送风机运行时，其入口动叶、电流、出力应基本一致，同时调节。

（12）运行中严密关闭各检查孔、人孔、打焦孔门及炉底除渣门，防止漏风。

4. 引风量（炉膛负压）调节

（1）正常运行时保持炉膛负压（−40～−147Pa）。

（2）炉膛负压过大会增加炉膛及烟道漏风，尤其低负荷或煤质较差时易造成锅炉灭火。

（3）炉膛负压过大等于人为降低炉膛负压 MFT 保护动作定值，引起 MFT 不必要的动作停炉。

（4）炉膛反正压，可能引起火灾，造成人身及设备事故。

（5）正常的炉膛负压是相对平衡的，在引风量、送风量、燃料量不变的情况下，炉膛负压指示在控制范围内波动。当炉膛负压急剧大幅度波动时，燃烧不稳易引起锅炉灭火应加强监视和调整。

（6）正常运行时，注意监视各烟道负压变化情况，负荷高时烟道负压大，负荷较低时烟道负压小。当烟道积灰、结焦、局部堵塞时，由于阻力增大，受阻部位以前负压比正常值小，受阻部位以后负压比正常值大，如引风量未改变，炉膛会反正压。

（7）炉膛负压大，送风量正常情况下，应关小引风机入口静叶，减少引风量。

（8）炉膛负压小，送风量正常情况下，应开大引风机入口静叶，增加引风量。

（9）运行人员在除渣、清焦、吹灰、观察炉内燃烧时，应在控制范围内保持较大的炉膛负压。

（10）炉膛负压小于−1000Pa 时报警，同时闭锁引风机开度增加和送风机风量减少；炉膛负压大于+1000Pa 时报警，同时闭锁引风机开度减少和送风机风量增加；炉膛负压小于−2540Pa 或炉膛负压大于+3300Pa 时锅炉跳闸。

（11）两台引风机运行时，其入口静叶、电流、出力应基本一致，同时调节。

5. 防止受热面的结渣

（1）影响结渣的基本因素。

1）炉内的空气动力场，煤粉或灰的粒度和重度，这影响到烟气和灰粒在炉内及烟道内的流动。

2）灰粒从烟气中分离出来与壁面的碰撞，既与煤粉细度相关，也与煤灰的选择性沉积相关（即接触面光洁程度）。

3）煤的燃烧特性、锅炉负荷及炉内空气动力场所构成的炉内温度场以及煤灰的熔融特性，都会影响到与壁面撞碰的灰粒是否呈熔融状态以及具有黏结的能力，这也与受热面的热负荷、受热面的清洁程度相联系。

（2）对受热面结渣的控制。

1）炉膛出口烟温。炉膛出口烟温在相当程度上表征着炉内的温度高低，或灰粒呈现状态，炉膛出口烟温过高，炉膛出口受热面有结渣倾向。因此，燃用灰熔点低的煤种的锅炉，其炉膛出口温度总是设计得偏低。对于用摆动燃烧器角度调节再热汽温的锅炉，向上摆的最大角度受到炉膛出口烟温的限制（向上摆，炉膛出口烟温增加）。

2）锅炉负荷。锅炉负荷增加量通过增加炉内燃料量和受热面的净热流得到提高，燃料量的增加使炉内的整体温度升高，这就意味着受热面的外壁温度增加。因此，锅炉负荷增加就意味着炉内结渣可能性的增大。如发现锅炉结渣量剧增，其主要处理措施之一是降低锅炉负荷。

3）燃烧器上部的炉膛高度。从煤粉的燃烧过程来说，需要有一定的炉膛高度来满足燃烧过程或者说火焰长度的需要。炉内的温度分布与这一高度密切相关，温度只有在燃烧基本结束后，才会迅速下降，灰粒才有被冷却固化的可能。如果这一从燃烧器上部（最上部一次风口）到屏式过热器底部的高度是比较小的，则屏式过热器结渣的可能性就很大，或会引起较严重的结渣。在锅炉设计中，这一高度与燃用煤种的燃烧特性及灰的熔融特性相对应。

4）炉壁热负荷和燃烧器区域热负荷。炉壁热负荷即投入炉内热量与炉壁投影面积之比，说明水冷壁对投入炉内热量的吸收能力，亦即炉内的温度水平；燃烧器区域热负荷表征燃烧器布置的相对集中或分散。燃烧器区域是炉内速度和温度变化最激烈、梯度最大的区域，燃烧最强烈，区域温度水平最高，也是最容易产生结渣的区域。因此燃用结渣倾向性高煤种的锅炉，燃烧器区域热负荷值取低限。

5）燃烧的空气量及风粉配比。炉内空气量不足，容易产生一氧化碳，因而使灰熔点大为降低，会引起炉膛内结渣，特别在燃用挥发分大的煤时，更容易出现这种现象。燃料与空气混合不充分或四角风粉比配合不好，即使供应足够的空气量，也会造成有些局部区域空气多一些，有一些地区空气少一些，有的角粉多风少，有的角粉少风多，这样空气少的区域就会出现还原性气体而使灰熔点降低，造成局部结渣。

6）火焰偏斜，煤粉气流贴壁。燃烧器的缺陷或炉内空气动力工况失常都会引起火焰偏斜或煤粉气流贴壁。火焰偏斜，会使最高温的火焰层移至炉壁处，使水冷壁结渣加剧。

7）煤粉细度。煤粉中的粗颗粒既容易从气流中分离出来与壁面撞碰，也需要较长的燃尽时间和火焰长度，更因热容量大，换热系数小而被冷却固化。因此在燃用熔融温度特性值低的煤种时，更需控制煤粉中的粗粒的质量份额（实际控制煤粉均匀度）。

8）吹灰操作。煤粉锅炉的结渣是在所难免的，问题是结渣的程度如何。受热面一旦产生结渣，表面温度随之升高，对接近受热面的灰粒的冷却能力减弱，由此而导致恶性循环（结渣越来越严重）。锅炉是通过吹灰器对受热面吹扫来维持受热面清洁的，或不致严重被沾污。一旦结渣严重，吹灰器的清扫能力就会减弱。因此吹灰器的布置和运行必须与燃用煤种的结渣倾向相对应，使沉积灰渣能得到及时清除。

（3）结渣的防止。

1）防止受热面壁面温度过高。保持四角风粉量的均衡，使四角射流的动量尽量均衡，尽量减少射流的偏斜程度。火焰中心尽量接近炉膛中心，切圆直径要合适，以防止气流冲刷炉壁而产生结渣现象。

2）防止炉内生成过多的还原性气体。首先要保持合适的炉内空气动力工况，四角的风粉比要均衡，否则有的一次风口会由于煤粉浓度过高而缺风，出现还原性气体。

3）做好燃料管理。保持合适的煤粉细度、均匀度，尽可能固定燃料品种，清除石块，可减少结渣的可能性；保持合适的煤粉细度，不使煤粉过粗，以免火焰中心位置过高而导致炉膛出口受热面结渣，或者防止因煤粉落入冷灰斗而形成结渣等。

4）做好运行监视。要求运行人员密切注意炉内燃烧工况，特别是炉内结渣严重时，应到现场检查结渣状况。利用吹灰程控装置进行定期吹灰，以防止结渣状况加剧。

5）采用不同煤种掺烧。采用不同灰渣特性的煤掺烧的办法对防止或减轻结渣有一定好处。

对结渣性较强的煤种，在锅炉产生严重结渣时，经掺烧高熔点结渣型的煤，结渣会得到有效控制。但在采用不同煤种掺烧时，应了解掺配前后灰渣的特性以便及时选择合适的掺配煤种或添加剂。

6）尽可能避免长期超负荷运行，如结渣严重，可降负荷运行。

7）尽可能使各制粉系统负荷均匀，通风量一致，防止因风量过大导致煤粉过粗。

8）防止燃烧器集中运行，有条件时，应进行制粉系统定期切换，保持制粉系统隔层运行（锅炉负荷较低、煤质差、燃烧不稳时除外）。

9）尽可能避免油粉混烧。

【任务实施】

一、任务准备

（1）课前预习相关知识部分，认真讨论分析锅炉在变负荷工况下主、再热蒸汽压力温度、汽包水位及燃烧调节的基本方法；独立完成学习任务工单信息获取部分。

（2）调出"300MW（未投协调控制）"标准工况；认真监盘，详细了解机组运行方式及主要监控参数。

二、任务实施

（一）汽包水位的调节

1．汽包水位调节原则

（1）正常运行时保持给水压力高于汽包压力 1.5～2.0MPa。

（2）汽包水位应保持（50±20）mm。汽包水位达+150mm 时自动开启事故放水阀，汽包水位降至 50 mm 时自动关闭事故放水阀。

（3）汽包水位达 300、–250mm 时 MFT 动作紧急停炉。

（4）汽包水位监视以就地双色水位计为准。正常情况下应清晰可见，且轻微波动，否则应及时联系检修处理。运行中至少有两只指示正确的低位水位计供监视、调节水位。

（5）经常在水位 TV 上对照水位。接班就地对照双色水位计，其指示与其他水位计差值不大于 40mm。

（6）两台汽动给水泵转速应尽可能一致，负荷平衡。

（7）正常情况下汽包水位调节由自动装置完成，运行人员加强水位监视。

（8）经常分析主蒸汽流量、给水流量、主蒸汽压力的变化规律，发现异常应及时处理。

遇有下列情况时应注意水位变化，必要时将给水自动切至手动调节：

（1）给水压力、给水流量波动较大时。

（2）负荷变化较大时。

（3）事故情况下。

（4）锅炉启动、停炉时。

（5）给水自动故障时。

（6）水位控制器工作不正常时。

（7）锅炉排污时。

（8）安全门起、回座时。

（9）给水泵故障时。

（10）切换给水泵时。

（11）锅炉燃烧不稳定时。

2. 全程给水控制系统

（1）机组装有两台汽动调速给水泵和一台电动调速给水泵。

（2）在机组启动、停止过程中，用电动给水泵。给水流量较低时，由其旁路调节阀控制给水流量。自动投入时，用单冲量控制旁路调节阀开度，改变给水流量，以满足负荷要求。

（3）随着给水流量的增大，给水流量控制由电动给水泵调速系统完成。电动给水泵控制系统由单冲量控制系统自动切换为三冲量控制系统。

（4）视情况启动汽动给水泵，当两台汽动给水泵运行后，停电动调速给水泵备用。

3. 手动调节

（1）当电负荷缓慢增加，主蒸汽流量增加，主蒸汽压力下降、水位降低时，应根据情况适当增加给水流量，使之与主蒸汽流量相适应，保持汽包水位正常。

（2）当电负荷缓慢降低，主蒸汽流量降低，主蒸汽压力升高、水位升高时，应根据情况适当减小给水流量，使之与主蒸汽流量相适应，保持汽包水位正常。

（3）当电荷负急剧增加，主蒸汽流量增加，主蒸汽压力下降时，汽包水位先上升，但很快会下降。此时切不可过多减少给水流量，待水位即将有下降趋势时应立即增加给水流量，使之与主蒸汽流量相适应，保持汽包水位正常。

（4）当电荷负急剧降低，主蒸汽流量下降，主蒸汽压力升高时，汽包水位先降低，但很快会上升。此时切不可过多增加给水流量，待水位即将有上升趋势时应立即减小给水流量，使之与主蒸汽流量相适应，保持汽包水位正常。

（5）出现虚假水位时还应根据实际情况操作。例如当负荷急剧增加或安全阀动作时，水位上升幅度很大，上升速度很快，实际操作时应先适当地减小给水量，以避免满水事故发生，待水位即将开始下降时，再立即增加给水量，恢复正常水位。当负荷急剧下降或全甩负荷时，水位下降幅度很大，下降速度很快，应先适当增大给水量，以避免缺水事故发生，待水位即将开始上升时，再立即减小给水量，恢复正常水位。

（6）燃烧工况突变，对水位影响很大。在外界负荷不变的情况下，启动制粉系统增加磨煤机通风量，水位暂时上升（虚假水位）而后下降，若汽压继续升高而负荷未变，此时汽轮机调速汽阀关小，使蒸汽流量减小而给水量未变，水位又要升高。因此，应根据实际情况适当调整。锅炉灭火时，水位先低（虚假水位）后高。

（二）蒸汽温度的调节

1. 过热器汽温调节

（1）保持过热汽温稳定正常的先决条件是燃烧、汽压、负荷、水位稳定。

（2）定压运行锅炉负荷 70％MCR 工况过热器出口汽温保持 $530 \sim 545 ℃$ 范围内。

（3）正常运行时过热汽温调节应由自动调节装置调节。

（4）自动投入时加强监视。

（5）发现异常及时解列自动，手动调节汽温。

2. 过热汽温自动调节

3. 减温水的调节

（1）过热器装有二级喷水减温器，其中一级减温器装在低温过热器出口与大屏过热器入口之间的管道上。过热汽温的调节以一级减温水调节为主作为粗调，控制大屏过热器入口汽温不超过 385～415℃，大屏过热器出口汽温不超过 441～451℃。当一级减温器前汽温有上升趋势或超过 385～415℃时，适当开大一级减温水调节阀，增加一级减温水流量控制汽温。

（2）二级减温器装在大屏过热器出口与后屏过热器入口之间的管道上，作为备用。

1）当一级减温水量超过或接近其设计出力而后屏过热器入口汽温超过 441～451℃、后屏过热器出口汽温超过 504～514℃时，投入二级减温器。

2）当三级减温器故障时投入二级减温器。

3）当一、三级减温水量接近设计出力经调节燃烧无效而高温过热器出口汽温超过 545℃时，投入二级减温器。

（3）三级减温器装在后屏过热器出口与高温过热器入口之间的管道上，作为细调。保持高温过热器出口蒸汽温度为 530～545℃。当高温过热器入口蒸汽温度超过 504～514℃、出口汽温超过 540℃并有上升趋势时，适当开大三级减温水调节阀，增加减温水量。

（4）一、三级减温水应配合使用。

（5）由于一级减温器调节滞延大，为保持高温过热器出口汽温稳定，正常运行时一级减温水量固定，由三级减温水调节高温过热器出口汽温。

（6）投入减温水时，应缓慢少量，尤其在低负荷时更应注意。

（7）使用减温水时，减温水流量不可大幅度波动，防止汽温急剧波动。

（8）汽包水位大幅度波动时会引起减温水量、汽温变化，应加强监视，及时调整。

4. 燃烧侧的调节

（1）高压加热器解列时，过热汽温会升高，应适当开大减温水调节阀，增加减温水量；同时减少燃料量及送风量，保持汽温稳定。待汽温稳定后，根据情况增加风量及燃料量。

（2）高压加热器投入时，过热汽温会降低，应适当关小减温水调节阀，降低减温水量。

（3）必要时可调整一、二次风量，切换上、下制粉系统等，移动炉膛火焰中心位置，使汽温上升或下降。

（4）煤粉变粗、炉膛总送风量增加、炉底漏风增加、启动上排制粉系统、增加上部燃烧器热功率、关小上部辅助风、摆动燃烧器上摆均会引起炉膛火焰中心上移，过热汽温升高，应及时增加减温水量。反之，汽温下降。

（5）当负荷突然增加而燃烧工况未改变时，过热汽温暂时降低，燃料量增加后汽温逐渐恢复。反之汽温升高。

（6）汽包水位过高会引起汽温下降。

（7）为提高机组经济性，过热汽温调节以燃烧调节为主，减温水作为辅助调节手段。

5. 再热汽温调节

（1）再热汽温手动调节。

1）70%～100%MCR 工况再热汽温保持在 530～545℃。

2）原设计再热汽温调节用上、下摆动燃烧器角度为主要调节手段，摆动燃烧器上摆，再热汽温升高；反之汽温降低。

3）实际运行中，由于摆动燃烧器气缸定位性能差，无法调节，且该锅炉不存在再热汽温高的问题，在高负荷时汽温偏低，无下摆的必要性，经热力试验后将摆动燃烧器上摆至＋10°固定。

4）再热器微量喷水减温器作为细调节手段，正常情况应由自动调节装置完成。

5）用燃烧调节及再热器微量喷水减温器调节不能满足再热汽温要求，或再热汽源中断时，投入事故喷水减温器。

（2）自动调节。

（三）蒸汽压力调节

锅炉负荷为 50％～100％工况时主蒸汽压力不超过 17.4MPa，为 MCR 工况时主蒸汽压力不超过 18.2MPa。

1. 自动调节

汽压调节由协调与自动控制装置完成。监视自动控制装置，发现异常及时解列，手动调节并联系处理。

2. 手动调节

（1）当负荷变化（增加或减少）时，应及时正确地调节，使锅炉蒸发量相应地增加或减少，保持汽压稳定。

（2）当负荷变化不大时，相应地增加或减少运行给煤机转速来满足负荷需要。加减给煤量应合理调整，同时注意磨煤机电流，防止满煤和空磨运行。

（3）当负荷突然变化较大时，应立即加大（或减少）引、送风量，同时稍开大（或关小）运行磨煤机通风量，加大（或减小）运行给煤机转速。

（4）负荷变化很大，增加或减小给煤量、一次风量不能满足要求时，应考虑启动（或停止）一台磨煤机（停止磨煤机时应选择对燃烧影响小的制粉系统）。

（5）增加通风量时，应先开大引风机入口动叶，增加引风量，然后增加送风量。在负荷变化很快，而炉内过量空气系数（氧量表指示值）较大时，可先加煤、后加风。

（6）当运行中的某台给煤机、磨煤机跳闸后，应立即增加其他运行给煤机转速及磨煤机通风量，然后启动备用磨煤机。

（7）正常运行中负荷变化应尽量平稳，加减负荷变化每分钟不超过 5.0MW。

（8）当运行磨煤机通风量增减时（尤其是一次风机入口挡板开、关对多台运行磨煤机通风量影响更大），进入炉膛燃烧的燃料量直接受到影响。因此，增减一次风机入口挡板要慎重操作。

（9）磨煤机入口风压较低时，启动备用磨煤机开启热风、冷风、混合风门，对运行磨煤机通风量影响较大，应注意调整，防止一次风管堵塞。

（10）注意监视再热器出入口压力，防止超压运行。

（11）高压加热器解列时汽压会暂时升高，投入时则降低。

（12）正常情况下不允许用过热器出口动力排放阀、安全阀来调整汽压。

（四）燃烧的调整

1. 燃烧调节任务及目的

（1）适应电负荷变化需要，满足蒸发量要求。

（2）保持燃烧稳定，同时使炉膛内热负荷均匀，减小热偏差。

（3）各受热面管壁金属不超温。

（4）防止锅炉结焦、堵灰。

（5）保持机组经济、安全运行。

2. 自动调节

（1）正常情况应投燃烧自动控制，以利于提高调节水平。

（2）发现自动控制故障时，立即解列自动，手动调节。

3. 手动调节

（1）炉膛火焰中心调节。

1）煤粉正常燃烧时应着火稳定，燃烧中心适当，火焰均匀分布于炉膛。煤粉着火点距燃烧器喷口 0.5m 左右，火焰中心在炉膛中部，不冲刷水冷壁及对角喷嘴。下部火焰在冷灰斗中部以上，上部火焰不延伸到大屏过热器底部。

2）为保证炉膛火焰中心，防止偏斜，力求各燃烧器负荷对称均匀。即各燃烧器来粉量、一次风量、二次风量及风速一致。

3）保持适当的一、二次风配比，即适当的一次风、二次风速和风率。

4）当炉膛火焰中心过高时应进行下列操作。

a. 开大上排辅助风挡板。

b. 减少上部燃烧器负荷，增加其他燃烧器负荷。

c. 启动下部燃烧器运行，停止上部燃烧器。

5）当炉膛火焰中心过低时应进行下列操作。

a. 开大下排辅助风挡板。

b. 减少下部燃烧器负荷，增加其他燃烧器负荷。

c. 启动上部燃烧器运行，停止下部燃烧器。

6）当炉膛火焰中心偏斜时应进行下列操作。

a. 适当关小远离燃烧器侧辅助风挡板，开启其他燃烧器侧辅助风挡板（需要检修热工人员配合）。

b. 调平四管一次风（即将各层四角一次风调平衡，需热力试验）。

c. 及时开启燃料风可提高一次风刚性，防止燃烧器区域还原性气体形成，防止结焦及冲刷水冷壁。

（2）燃料量调节。

1）负荷增加时，相应增加风量及进入炉膛燃料量。

2）负荷减少时，相应减少风量及进入炉膛燃料量。

3）负荷缓慢少量增加时，适当增加运行给煤机转速。

4）负荷缓慢少量减少时，适当降低运行给煤机转速。

5）负荷少量急剧增加时，适当增加磨煤机通风量，同时增加运行给煤机转速（给煤率）。

6）负荷少量急剧减少时，适当降低磨煤机通风量，同时降低运行给煤机转速。

7）负荷大幅度增加时，启动备用制粉系统。

8）负荷大幅度降低时，停止部分运行制粉系统。

9）设计一次风速为 32.5m／s，正常运行时，磨煤机通风量保持在规定范围内。

10）锅炉设计最低不投油稳定负荷为 40%MCR 工况，最低稳燃负荷试验时为 50%ECR，实际运行中，煤质稳定，200MW 以上负荷可不投油。负荷较低或燃用劣质煤时，炉膛温度较低，燃烧不稳，应根据实际情况投入一定量的助燃油稳定燃烧。

11）正常运行时尽量保持多火嘴、较低给煤率（许可范围内）。

12）切换制粉系统运行时，应先启动备用制粉系统，后停欲停运制粉系统。

13）停运（备用）磨煤机保持一定量的冷却风，燃料风开启 10%，防止烧坏燃烧器喷口。

14）及时检查各燃烧器来粉情况，发现来粉少或堵管应及时处理。

15）保持煤粉细度在 R_{90}＝（21±2）%。

（3）送风量的调节。

1）根据燃料特性变化情况及时调整。

2）设计二次风速及周界风速为 52.3m／s。MCR 工况下每台送风机出口风压大于或等于 2.89kPa，预热器二次风侧阻力小于 0.214kPa。

3）炉膛风量正常时，火焰为金黄色，无明显火星。烟气含氧量为 3%～6%，一氧化碳含量不超标[（100～400）×10^{-6}]。

4）当炉膛内火焰炽白刺眼，烟气含氧量过大时，应适当减少送风量。

5）当炉膛内火焰暗黄色，烟气含氧量小、含一氧化碳超标时，应适当增加送风量。

6）烟气含氧量大，一氧化碳超标，烟气呈黑色，飞灰可燃物增大，表明煤粉与空气混合不好或炉膛温度低，应适当调整一、二次风配比，改善燃烧条件。

7）两台送风机运行时，其入口动叶、电流、出力应保持基本一致。

8）运行中严密关闭各检查孔、人孔、打焦孔门。炉底除渣门开启时水封严密。

（4）引风量（炉膛负压）调节。

1）正常运行时保持炉膛负压（－19.6～98Pa）。

2）炉膛负压过大会增加炉膛及烟道漏风，尤其低负荷或煤质较差时易造成锅炉灭火。

3）炉膛负压过大时，会造成燃烧不稳定，且降低炉膛负压 MFT 保护动作定值，引起 MFT 不必要的动作停炉。

4）炉膛冒正压，会引起火灾，污染环境，造成人身及设备事故。

5）正常的炉膛负压是相对平衡的，在引风量、送风量、燃料量不变的情况下，炉膛负压指示在控制范围内波动。当炉膛负压急剧大幅度波动时，燃烧不稳易引起灭火。应加强监视和调整，防止锅炉灭火。

6）正常运行时，注意监视各烟道负压变化情况。负荷高时烟道负压大，负荷低时烟道负压小。当烟道积灰、结焦、局部堵塞时，由于阻力增大，受阻部位以前负压比正常值小，受阻部位以后负压比正常值大。如引风量未改变，炉膛会冒正压。

7）炉膛负压大时，送风量正常情况下，应关小引风机入口动叶，减少引风量。

8）炉膛负压小时，送风量正常情况下，应开大引风机入口动叶，增加引风量。

9）运行人员在除渣、清焦、吹灰、观察炉内燃烧时，在控制范围内保持较大的炉膛负压。

10）两台引风机运行时，保持入口动叶、电流、出力应基本一致。

（五）实际操作

在教练员台设置"1 号高压加热器水位高Ⅱ"故障。

1. 观察并记录事故现象

（1）画面及就地指示加热器水位升高，画面上加热器水位高报警；给水温度急剧下降；1

号高压加热器事故疏水阀开启调节水位；如不及时处理会导致高压加热器解列。

（2）高压加热器解列过程中，由于汽轮机的抽汽解列，使汽轮机内用于做功的蒸汽流量突然增加，汽压、汽温随之上升，负荷随之升高，汽包水位波动较大；在机组负荷 300MW 运行中，高压加热器解列将使负荷突然升高至 300MW 以上。

（3）在高压加热器解列之后，随着给水温度的降低，汽压与负荷随之开始回落。汽压与负荷下降较多，在不进行燃料调节的情况下，负荷与汽压将低于高压加热器解列前。

2. 高压加热器解列过程中锅炉的调节

（1）高压加热器即将解列，操作员检查当前炉侧各项参数、燃烧稳定，停止对燃烧、汽温、汽压、负荷有影响的操作。

（2）视当前负荷情况减少一些燃料，降一部分负荷；当前负荷为 300MW 时应降负荷 10～20MW。调节结束后可以进行高压加热器解列操作。

（3）高压加热器汽侧解列后，操作员根据当前负荷、汽压的上升情况及解列前燃料的减少量继续减燃料，同时注意水位的变化情况，当水位自动控制不能满足要求时手动调节。在此过程中应注意尽量维持各项参数稳定，在较高负荷下要注意防止锅炉超压。

（4）注意观察给水温度的下降情况，当负荷开始下降时应立即增加燃料量及风量，保证负荷的稳定，在增加燃料量之前应预先增投减温水。在此过程中汽温上升很迅速，应注意防止超温；同时，燃料量的增加应以下层制粉系统为主。

（5）高压加热器解列后运行工况发生改变，在维持同样负荷下，燃料量、汽压均大于正常值，稳定汽温所需减温水量较大，在已调节稳定时，应加强炉膛吹灰工作，防止超温。

任务 3.2 汽轮机的运行监视

【教学目标】

知识目标：（1）了解汽轮机运行监视和维护的主要内容及要求。

（2）掌握主、再热蒸汽压力、温度、排汽装置真空及监视段压力对汽轮机的影响，负荷及蒸汽参数的调节方法。

（3）熟悉汽轮机振动产生机理及运行中避免的措施。

能力目标：（1）会进行汽轮机的负荷及主要监控参数的调节。

（2）能根据汽轮机振动时的现象分析振动的原因。

（3）能说出汽轮机运行监视的项目及参数正常范围。

态度目标：（1）能主动学习，在完成任务过程中发现问题、分析问题和解决问题。

（2）在严格遵守安全规范的前提下，能与小组成员协商、交流，合作完成本学习任务。

【任务描述】

汽轮机在正常运行中，学习小组认真监盘，严密监视汽轮机本体及各辅助热力系统及设备的参数在允许范围，保证机组安全经济运行。

【任务准备】

课前预习相关知识部分，结合相关热力系统图和仿真机 DCS 监控操作界面，掌握汽轮机运行中主要监视参数项目，熟悉各主要监视参数的正常范围及引起各参数变化的因素，熟悉各参数运行调节的方法，并独立回答下列问题。

（1）汽轮机正常运行维护的内容及任务有哪些？

（2）汽轮机在运行中应该监视的主要参数有哪些？其正常波动范围是多少？操作界面在哪里？

（3）机组定期工作和定期试验是如何规定的？

（4）汽轮机侧如何配合锅炉侧进行参数的调整？

【相关知识】

一、汽轮机的运行与维护

1. 汽轮机运行维护调节的目的

（1）满足电网对负荷变化的要求。

（2）保持机组安全稳定的连续运行。

（3）配合锅炉保持运行参数的正常、汽水品质合格、电能质量合格。

（4）保持最合理的经济指标，最大限度地提升机组效率。

2. 汽轮机运行维护的任务

（1）按照调度规定的负荷曲线运行。

（2）根据运行规程的规定及时调整、分析运行参数，保证机组的安全稳定运行。

（3）调整运行方式，使机组能满足在各种不同工况下连续运行。

（4）优化运行方式和参数，保证机组经济运行。

（5）协调各辅助机械及系统，使其达到最优的配合。

（6）合理调整运行方式和参数，配合检修对有缺陷的设备进行处理。

3. 汽轮机正常运行维护的主要内容

（1）定时巡视、检查机组的运行情况，对照各种表计指示值进行分析比较，并进行合理调整，保证机组主要参数在允许值内。

（2）认真监视 DEH、TSI 盘、ETS 试验装置、DCS 画面各指示状态正确，机组运行方式和控制方式正常。TSI、DCS 无报警和跳闸信号，当发现问题时应立即查明原因分析处理。

（3）各岗位人员应按运行日志的要求定时正确抄表，并根据当班现场设备运行状况做好事故预想。对异常运行工况，要查找原因并采取相应措施和调整，发现设备缺陷及时登记并联系检修处理。对重大设备缺陷应加强监视，并做好事故预想。

（4）运行中应定期对所管辖的设备进行检查，要注意汽、水、油管道、法兰的严密情况，严防漏油着火。

（5）在下列情况下应进行听声并加强检查，注意机组运行情况。

1）负荷变化时。

2）蒸汽参数或背压变化时。

3）汽轮机内部有不正常声音时。

4）汽轮机上、下缸温差增大时。

（6）在工况变化时要及时调整各设备系统运行方式，保证汽轮机安全经济运行。

（7）负荷变化时应注意调节系统工作平稳、无卡涩，注意轴向位移、瓦温、胀差、缸胀和振动的变化情况。

（8）注意检查各转动机械的电流、出口压力、电动机温度、声音、振动等正常，检查各辅机轴承油位正常、油质合格。

（9）接班和班中应对油箱油位等进行检查，发现油位升高或油质有乳化现象时应立即进行放水检查，并化验油质，油位低时联系补油。

（10）检查主辅机各种保护、连锁装置投入正常。

（11）经常检查各加热器的运行情况，保持水位、端差正常，合理调整除氧器排氧阀开度，保证含氧量合格。

（12）严格执行设备定期切换和试验及巡回检查的规定。

（13）严格执行三票三制，做好设备定期试验和轮换工作。

汽轮机正常运行中的一些重要参数，如主蒸汽参数、凝汽器真空、轴向位移、轴瓦温度、振动、胀差及监视段压力等，对汽轮机的安全、经济运行起着决定性的作用。因此，运行中必须对这些参数认真监视并及时调整，使其保持在规定范围内。

二、主要参数变化对汽轮机的影响

（一）蒸汽参数

汽轮机运行时，蒸汽初、终参数有时会偏离设计值。当蒸汽参数的变化在允许范围内时，只影响汽轮机的经济性；但当这种变化超过运行规定的范围时，则对机组运行的安全性构成威胁。

1．主蒸汽压力

（1）主蒸汽压力升高。主蒸汽压力升高，而主蒸汽温度、排汽压力不变时，可提高机组的经济性。但是，如果主蒸汽压力升高超过规定范围时，将会直接威胁机组的安全。主蒸汽压力过高有以下几个方面的危害：

1）主蒸汽压力升高，机组末几级叶片的蒸汽湿度要增大，使末几级动叶工作条件恶化。对高温高压机组来说，主蒸汽压力升高 0.5MPa，最末级叶片的湿度大约增加 2%。目前大型机组末几级叶片的蒸汽湿度一般控制在 15% 以内。

2）主蒸汽压力升高，无论是维持调节汽阀开度不变，还是维持主蒸汽流量不变或维持机组负荷不变，在第一个调节汽阀全开，而第二个调节汽阀即将开启的工况下运行都是危险的，因为此时调节级或末几级的焓降过大，过负荷则可能损坏喷嘴和动叶片。

3）主蒸汽压力过高会引起主蒸汽管道、自动主汽阀、调节汽阀、汽缸法兰盘及螺栓等内应力增高。这些承压部件及紧固件在应力增大的条件下运行，会缩短使用寿命，甚至会造成部件的变形、松弛或损坏。

因此规定，在运行中，300MW 亚临界参数机组主蒸汽压力正常值为 16.7MPa，最高值（报警值）为 17.5 MPa，规定停机值（保护动作值）为 21.7 MPa。当主蒸汽压力超过允许值时，必须采取措施，如锅炉恢复汽压或开启旁路系统降压，必要时可开启锅炉安全阀，以达到降压的目的。

（2）主蒸汽压力降低。主蒸汽压力下降而主蒸汽温度、排汽压力不变时，整机理想焓降稍有下降，排汽湿度减小。在调节汽阀开度未做调整时，主蒸汽流量、机组功率下降，汽耗率增加，经济性降低。调节级和各中间级的理想焓降基本不变，末几级的理想焓降减少，则部件应力水平低于设计值，机组运行偏于安全。主蒸汽压力降低时，应限制蒸汽流量不超过设计最大值，否则会使汽轮机轴向推力过大，末级叶片过负荷。若汽压降低过多则不允许机组带满负荷，同时应要求锅炉提高燃烧率，尽早恢复汽压。

2. 主蒸汽温度

（1）主蒸汽温度升高。当主蒸汽温度升高而主蒸汽压力、排汽压力不变时，整机的理想焓降增加。若调节汽阀开度不变，则蒸汽流量下降，机组功率增加，汽耗率减少，经济性提高。另外，主蒸汽温度的升高，可减小汽轮机的排汽湿度，从而减少低压级的湿汽损失，使机组相对内效率也有所提高。

但从安全角度看，新蒸汽温度的升高将使金属材料的蠕变加剧，缩短其使用寿命，如蒸汽室、主汽阀、调节阀、调节级、高压轴封、汽缸及主蒸汽管道等均要受到影响。因此，提高初温时应严格监视这些部件的安全，尤其是高参数和超高参数的机组，即使初温增加不多，也可能会引起急剧的蠕变而大幅度地降低许用应力。

（2）主蒸汽温度降低。主蒸汽温度下降而主蒸汽压力、排汽压力不变时，整机的理想焓降减少，排汽湿度增加，机组内效率下降，经济性降低。如果蒸汽温度降低，又要维持机组的额定功率，则蒸汽流量必然大于额定流量，此时调节级级后压力升高，该级的焓降将减少，故对调节级的安全没有影响。但对非调节级，尤其是最末几级，其焓降和流量同时增大，将引起最末几级隔板、动叶片应力增大。因此，汽温下降超过规定值时，需要限制机组出力。

主蒸汽温度的快速大幅度下降会造成汽轮机金属部件产生过大的热应力和热变形，并影响到胀差，甚至会发生动静摩擦。另外，主蒸汽温度的急剧下降，严重时会导致汽轮机水击事故的发生，造成通流部分、推力轴承及推力盘的严重损坏。

因此规定，在 300MW 亚临界参数机组额定负荷运行时主蒸汽温度正常值为 530～545℃，低于 530℃ 或高于 545℃ 时则报警，高于 567℃ 时保护动作跳闸。

3. 再热蒸汽压力和温度

在正常运行中，再热蒸汽压力是随蒸汽流量的改变而改变的，蒸汽流量变化还会引起再热器及其冷热段再热管道的压损变化，从而使再热蒸汽压力也相应变化。运行人员对机组不同负荷下的再热汽压要心中有数，300MW 亚临界参数机组额定负荷运行时再热蒸汽压力规定为 3.26 MPa。如发现压力不正常地升高或降低，应查明原因、迅速处理，使之恢复正常。

再热汽温随主蒸汽温度和机组负荷的变化而变化，也将影响机组的经济和安全运行。

再热汽温升高，对机组的经济运行有利。但当再热汽温升高超过允许值时，会使再热器和中压缸前几级金属材料强度下降，缩短使用寿命，严重时会引起再热器爆管。

再热汽温降低，对机组的经济运行不利。当再热汽温低于允许值时，会使末级叶片应力上升及湿度增大，若长期在低汽温下运行，会使末级叶片遭到严重的水蚀。再热汽温的急剧变化还会引起中压缸金属部件的热应力、热变形及胀差的大幅度变化。

　　因此规定，在 300MW 亚临界参数机组额定负荷运行时再热蒸汽温度正常值为 530～545℃，低于 530℃或高于 545℃时报警，高于 567℃时保护动作跳闸。

　　4. 排汽装置的真空

　　排汽装置真空的变化，对汽轮机的安全与经济运行有很大的影响。提高凝汽器的真空可以提高机组的经济性。一般情况下，真空降低 1%，汽轮机的热耗将增加 0.7%～0.8%。因此在运行中要维持较高的真空。

　　对于空冷机组来说，排汽装置的真空是依靠汽轮机的排汽在直接空冷冷却单元内迅速凝结成水，体积急剧缩小而形成的。若要维持较高的真空，在环境温度不变的情况下，必须加大冷却风量，即要耗费更多的电量，故一般要求在经济真空下运行。所谓经济真空是指提高真空使汽轮发电机增加的负荷与冷却风机多消耗的电功率之差为最大时的真空。如真空再继续提高，由于汽轮机末级喷嘴的膨胀能力已达极限，所以汽轮发电机组的功率不再增加，此时的真空称为极限真空。当汽轮机在高于经济真空下运行时，经济性反而下降。过高的真空不仅在运行经济上不合理，而且会使排汽湿度增大，加剧末级叶片的水蚀。

　　排汽装置的真空下降，即汽轮机的排汽压力升高，会有下列危害：

　　（1）排汽压力升高而进汽参数不变，整机的理想焓降减少，经济性降低。

　　（2）排汽室温度升高，使低压缸及轴承座等部件受热膨胀，可能引起汽轮机转子与汽缸的中心线不一致，导致机组振动加大。

　　（3）排汽温度的升高，可能使端部轴封的径向间隙由于热膨胀和热变形而减小，甚至消失。

　　（4）排汽压力升高，机组功率下降，若要维持机组功率，则需开大调节汽阀，增加蒸汽流量，致使汽轮发电机组的轴向推力增大。故凝汽器的真空降低时，必须限制汽轮机功率。

　　真空下降，应及时采取措施；若真空继续下降，应按规程规定减负荷，直至将负荷减为零。凝汽器真空下降达低真空保护整定值时，保护应动作停机。

　　汽轮机最高排汽背压和负荷对应关系见表 3-2。

表 3-2　　　　　　　　　　　　汽轮机最高排汽背压和负荷对应关系

负荷（%）	报警背压（kPa）	停机背压（kPa）	备注
5	20	25	延时 15min 跳闸
10	20	25	延时 15min 跳闸
20	20	25	延时 15min 跳闸
30	26	33	延时 15min 跳闸
50	40	45	延时 15min 跳闸
80	60	65	无延时跳闸
100	60	65	无延时跳闸

　　5. 汽轮机参数调节

　　（1）主蒸汽压力在任何 12 个月的运行期内，主汽阀的进汽压力应控制并保持其平均压力不超过 17.5MPa。在保持这个平均压力的同时，在不长于控制所要求的时间内，平均压力还不得超过 17.7 MPa。主蒸汽压力在 12 个月的运行期内，压力超过 17.5MPa 的运行时间不超过 12h。

　　（2）高压缸的排汽压力，不允许超过当高压缸的进汽在正常参数下达到最大流量，而压力又为 105%额定压力时的排汽最高压力的 25%。

（3）主蒸汽温度在任何 12 个月的运行期内，主汽阀进口蒸汽温度的平均值不允许超过主蒸汽的额定温度。在保持这个平均温度的同时，不允许超过 545℃。

（4）主蒸汽温度在 12 个月的运行期内，在非正常运行工况下，主汽阀的进口温度不允许超过 551℃，累计时间不超过 400h。此外，在 12 个月的运行期内，主蒸汽温度在 15min 之内的波动，不允许超过 565℃或累计时间超过 80h。

（5）主蒸汽温度在保持上述允许温度下，通过任何一个主汽阀的蒸汽与同时通过其他主汽阀蒸汽的温差不允许超过 14℃。在非正常运行工况下，这个温差允许高至 42℃，但最长时间为 15min，且这种情况至少要相隔 4h。

（6）再热蒸汽温度在任何 12 个月的运行期内，中压缸进汽温度的平均值不允许超过再热蒸汽的额定温度，在保持这个平均温度下，再热蒸汽温度不允许超过 551℃。

（7）再热蒸汽温度在 12 个月的运行期内，在非正常运行工况下，再热蒸汽温度不允许超过其额定温度 551℃，累计时间不超过 400h。此外，在 12 个月的运行期内，再热蒸汽温度在每 15min 之内的波动，不允许超过 565℃或累计时间不允许超过 80h。

（8）再热蒸汽温度在保持上述平均再热蒸汽温度下，通过任何一个再热进汽区域的汽温与同时通过其他进口区域的温差不允许超过 14℃。在非正常运行工况下，这个温差允许高至 42℃，但最长时间为 15min，且这种情况至少要相隔 4h。

（9）在额定工况下，主蒸汽和再热蒸汽的温差不得超过 28℃。在非正常工况下，该温差可以高至 42℃，但仅限于再热蒸汽温度低于主蒸汽温度的情况。

（10）低负荷时，再热蒸汽温度将低于主蒸汽温度，在这种情况下，当接近于空负荷时，温差不许高于 83℃，短暂的温度周期性波动应予避免。

（11）主、再热汽温达 509℃，应立即减负荷。

（12）机组主、再热蒸汽温度在 10min 内下降 50℃应立即打闸停机。

（二）监视段压力

在汽轮机运行中，将调节级汽室压力和各抽汽段压力通称为"监视段压力"，用以监视汽轮机负荷的变化和通流部分的运行状况。

在一般情况下，汽轮机制造厂根据应力和强度计算结果，给出了每台汽轮机额定负荷下的蒸汽流量和监视段压力，以及最大允许蒸汽流量和最大允许监视段压力。即使是相同型号的汽轮机，由于每台机组都有特点，所以在同一负荷下的各监视段压力也不尽相同。因此对每台机组来说，应参照制造厂家给定的数据，在安装或大修后，在通流部分正常的情况下进行实测，求得负荷、流量和监视段压力的关系，作为平时运行监督的标准。

在同一负荷（流量）下，若监视段压力升高，则说明监视点以后的通流面积减小，通常是结了盐垢。结垢使机组内效率降低，各级反动度增加，轴向推力加大。另外，通流面积的减小，也可能是由于某些金属零件碎裂、机械杂物堵塞了通流部分或叶片损伤变形等造成的。显然当某个加热器停运时，也将使相应的抽汽段压力升高。

机组在运行中不仅要看监视段压力变化的绝对值，还要看各监视段之间的压差是否超过规定的允许值。如果某个级段的压差超过了规定值，将会使该段内隔板和动叶片的工作应力增大而损坏设备。

加热器停运时，应根据具体情况决定是否需要限制负荷。通流部分损坏时应及时修复，暂不能修复的也应适当限制机组的负荷。汽轮机结垢严重时必须进行清洗，通常采用的清洗方法有：带负荷情况下的湿蒸汽冲洗；在低转速下，用热湿蒸汽冲洗；在盘车状态下，用热水冲洗；汽轮机停机揭缸，用机械方法清洗等。

（三）轴向位移

汽轮机转子的轴向位移是指汽轮机转子在轴向推力作用下，承受着轴向推力的推力盘、推力瓦块、推力轴承等部件的弹性变形和油膜厚度变化的总和。

转子轴向位移的大小反映了汽轮机推力轴承的工作状况。轴向推力增大、推力轴承本身缺陷或工作失常、轴承润滑油质恶化均会引起轴向位移的增大，严重时将造成推力瓦块烧损，汽轮机动、静部件摩擦等设备损坏事故。

蒸汽流量增大、蒸汽参数降低、隔板汽封磨损漏汽量增大、通流部分积垢等因素都会引起轴向推力增大，特别是通流部分发生水冲击事故时，将会产生很大的轴向推力。

轴向推力明显增大时，会使推力盘与推力轴承油膜之间以及油膜与推力轴承瓦块乌金之间的摩擦力明显增加，引起推力瓦块乌金温度及推力轴承回油温度升高，且使轴向位移增大。当轴向位移大到一定程度时，会使推力轴承油膜破裂，推力瓦块磨损，甚至动静间隙消失而碰磨。

在 300MW 亚临界参数机组正常运行中，一般规定轴相位移（正向）小于 0.9mm，达到 0.9mm 时报警，达到 1.0mm 轴向位移保护动作停机；定轴相位移（负向）大于–0.9mm，达到–0.9mm 时报警，达到–1.0mm 轴向位移保护动作停机。发现轴向位移增加时，应对汽轮机进行检查，倾听内部声音，测量轴承振动，同时注意监视推力瓦块乌金温度和回油温度的变化。一般规定推力瓦块乌金温度不超过 95℃，回油温度不超过 75℃，当温度超过规定的变化范围时，即使轴向位移指示不大，也应降低负荷使之恢复正常。当轴向位移指示超过允许值时，保护装置动作，紧急停机。有的引进机组上装有瓦块乌金磨损量指示表，直观易读，反应较快。有的机组上安装有瓦块油膜压力测点，能对瓦块工作负荷的变化作出快速反应。

轴向位移指示器在启动前调整好后，运行中不应再变动，以防表计指示不准。轴向位移表的指示值小于推力轴承间隙时，表示转子的推力盘离开了推力瓦的工作面。轴向位移表指示负值，说明推力瓦承受反向推力。

（四）机组振动

机组的振动是表征汽轮发电机组稳定运行的最重要的标志之一。在 300MW 机组正常运行中，一般规定轴振动小于 0.076mm，达 0.125mm 时报警，达到 0.254mm 时振动大保护动作紧急停机；轴承振动小于 0.03mm，达 0.05mm 时报警。经验表明，汽轮发电机组的大部分事故，尤其是比较严重的设备损坏事故，都在一定程度上表现出某种异常振动。国内外发生的严重毁机事故，很大一部分是由于机组的振动所造成的，而在事故的过程中都毫无例外地表现出剧烈的振动。如果运行人员能够根据振动的特征，及时地对机组发生振动的原因做出正确的判断和处理，就能够有效地防止事故的进一步扩大，从而避免或减轻事故所造成的危害。

1. 振动的危害

（1）动静部分摩擦。高参数大容量机组为提高效率，汽轮机通流部分的间隙要求较小，因此，在机组振动过大时，就会发生动静部分摩擦，如果处理不当，还会引起大轴弯曲、设备损坏等重大事故。

（2）造成一些部件的疲劳损坏。机组过大的振动会通过大轴传到叶轮、叶片，并加速这些零部件的疲劳损坏。

（3）造成紧固件的断裂和松脱。振动会造成轴承座地脚螺栓断裂和一些零部件的松动以致脱落，并将进一步加大机组振动，形成恶性循环，以致严重地损坏设备。

（4）损坏基础和周围的建筑物。过大的振动会造成基础裂纹、二次灌浆松裂等，若该振动传递到附近的建筑物引起共振，将造成建筑物的损坏。

此外，机组振动还可能间接地导致设备的事故，如过大的振动会引起危急保安器和其他保护设备的误动作，造成掉闸停机等。因此运行中要监督机组的振动，遇到异常振动时要根据振动特征及其发展状况，及时判断振动产生的原因，采取措施以防事故进一步扩大。

2. 汽轮发电机组振动的测试和标准

汽轮发电机组的振动测试一般采用电测方法，它可以是简单的便携式测振表、数据采集器，或是计算机化的状态监测系统。振动应从三个方向测量，即垂直、横向和轴向测量。在测量振动时，应尽量维持机组负荷、参数、真空不变，以便比较。

振动标准分为限定轴承座振动和转轴振动两类。早期，以限定轴承座振动为主，后来由于不接触测量技术的完善和普及，人们发现转轴振动信号更能直接地反映转子的工作状态和振动故障。因此，对于大型机组，更趋向于限制转轴振动，或同时限制轴承座和转轴的振动。不少国家在采用以轴承振动作为机组振动评价标准的同时，又制定了转轴振动的标准。目前转轴振动的测量在我国已逐步推广和普及，但尚未制定出转轴振动的标准。表 3-3 所示为原水利电力部的轴承座振动标准，表 3-4 所示为国际电工委员会规定的振动标准。

表 3-3　　　　　　　　　　　　原水利电力部的轴承振动标准

转速（r/min）	振动位移的峰峰值（μm）		
	优等	良好	合格
1500	<30	<50	<70
3000	<20	<30	<50

表 3-4　　　　　　　　　　　　轴承和轴的振动评价标准

评价		优	良	正常	合格	须重找平衡	允许短时间运行	立即停机
全振幅（μm）	轴承	<12.5	<20	<25	<30	30～58	<50	50～63
	轴	<38	<64	<76	<89	102～127	—	152

3. 汽轮发电机组振动的原因

汽轮发电机组的振动按激振能源的不同，可分为强迫振动和自激振动两大类。强迫振动是在外界干扰力的作用下产生的，其主要特征是振动的主频率与转子的转速一致，振动的波形多为正弦波。自激振动主要是由于轴瓦油膜振荡、间隙自激、摩擦涡动等原因造成的，其主要特征是振动的主频率和转子的转速不一致而与系统的第一阶固有频率基本一致，振动波形比较紊乱并含有低频谐波。

（1）强迫振动类故障的起因。

1）空转时振动大。

a. 转子质量不平衡。振动的波形光滑，与转速同频；振幅随转速增加而增大，过临界转速时振动更大。

b. 轴系对中不良。联轴节飘偏大，或连接螺栓失去紧力。振动有两倍频成分，带负荷后振动会增大。转子和静子部件对中不好，甚至会发生动静部件的摩擦。

2）振动随励磁电流增大。当发电机通励磁后，机组振动增大，一般有以下两种情况：

a. 磁场不平衡。发电机转子的匝间短路，转子与静子之间空气间隙不均匀造成的磁通不均匀分布，都会引起机组振动。这类振动的特点是转子在某一频率振动时，将引起静子的倍频振动。

b. 发电机转子热不平衡。有不少汽轮发电机组的振动随着转子的受热状态发生变化，即当转子的温度升高时，振动增大。这是由于转子沿横截面方向受到了不均匀的加热和冷却、膨胀不均等，使转子沿圆周方向的不规则变形。产生这种现象的原因是转子励磁绕组局部短路，转子绕组和铁芯冷却不均匀，轴上套装件紧力不足，组合转子轴向紧力不足，转子残余应力过大等。

3）振动随负荷增大。

a. 联轴节方面的故障。固定式和半固定式联轴节的螺栓紧力不足。

b. 转子本身受热而发生变形。振动随负荷的变化有明显的滞后特性，原因是汽轮机转子散热不均匀、轴上套装紧力不足、组合转子轴向紧力不足、转子残余应力过大等。

c. 支承和固定件受热膨胀不畅，支承的标高相对发生变化。

（2）自激振动类故障的起因。目前，已知的自激振动的原因有油膜失稳、汽流激振、转子中心孔有液体、轴上套装件紧力不足、动静摩擦等。转子一方面以高速自转，另一方面又以低速涡动。这类振动一旦有一个初始振动，则不需要外界向振动系统输送能量，振动即能保持下去，故称为自激振动。下面分析几种最常见的自激振动机理。

1）半速涡动和油膜振荡。汽轮发电机组一般都采用以润滑油为介质的动压滑动轴承。轴瓦的形式有圆筒瓦、椭圆瓦以及多油楔可倾瓦等。

当转子转速升到失稳转速时，转子就产生低速涡动，涡动频率约为转速的一半，故称为半速涡动。这时，振动的幅度还不太大。当转速升到半速涡动的频率与转子的固有频率相等时产生共振，导致油膜振荡现象的发生。油膜振荡不同于简单的临界共振，是不能用提升转速的办法来消除的。

现场消除油膜振荡的临时性措施有提高油温、更换黏度低的油、提高失稳轴承的比压、增加轴瓦侧隙及减少轴瓦顶隙等。

2）蒸汽间隙振动。由于叶片顶部的径向间隙不均匀，所以蒸汽在间隙中的漏流量不同，对转子产生了一个切向力，推动转子做低速涡动。在转子的轴端汽封中也有类似情形。另外转子转动时，在外扰的作用下，由于改变了叶片四周间隙的均匀性，也会导致转子的低速涡动。这种振动一般发生在高参数、大容量汽轮机的高压转子上。振动频率为转子的一阶固有频率，且这种振动对负荷的变化很敏感。如在某一负荷发生自激振动，当把负荷减少到一定数值后，振荡会突然消失。故当这种现象发生时，只能减负荷运行，无法带至额定负荷。消除措施有调整转子与静子之间在轴向、径向的相对位置，改变调节汽阀开启顺序和重叠度，修改汽封的形式和结构以及增加轴承的稳定性等。

3）参数激振。为了安装励磁绕组，发电机转子的本体上切有一些轴向线槽，形成大小齿面。这样，转子的抗弯刚度沿各径向不相等；转子每转一周，抗弯刚度要变化两次。由于刚度参数的变化而激起的振动也是一种自激振动，振动的频率为转速的两倍，故称倍频振动。

周期变化的弹性力是通过抗弯刚度这样一个参数的变化形成的，故又称参数激振。只要转子不在某临界转速的一半运行，这种振动一般就不会形成危害。

4. 汽轮发电机组的振动监督

监控汽轮发电机组的振动，对防止重大的设备损坏事故有着重要的意义。目前国内外对大型汽轮发电机组的振动控制，多采用连续测量机组轴承的振动振幅的方法，有些机组采用非接触式测振仪表对机组转轴振动振幅或振动轨迹进行监控，并根据设定的振动幅值，通过热控保护系统进行振动报警或停机，从而达到预防设备损坏的目的。

实时频谱分析仪采用振动信号对机组进行监控，可在极短的时间内测得一台机组振动的真实频率及幅值的全部频谱图，从而可在极短的时间内对机组的一些重要运行特性进行分析和了解。因此实时频谱分析仪在大型汽轮发电机组振动的事故分析及监控方面得到了日益广泛的应用。

近年来，大型汽轮发电机组的振动监测诊断系统（又称工程师辅助系统或专家系统）得到了迅速的推广和应用。其主要功能有：实现在线采样；信息分析；数据的存储和查询；异常情况的识别和报警；报表输出；振动特性分析；振动故障诊断；转子动平衡；联网通信等。经过多年的运行实践证明，该系统可以有效地监督机组的振动情况，及时地发现设备的故障和存在的隐患，对保证机组的安全运行发挥了积极的作用。

（五）胀差

胀差是衡量汽轮机状态的一个重要指标，用来监视汽轮机动、静部分的轴向间隙。胀差值的增大，无论是正胀差还是负胀差，都将引起某一部分轴向间隙的减小。如果胀差变化超过了规定值，致使某一局部动静轴向间隙消失，就会发生动静部分之间的摩擦。因此运行中胀差应小于制造厂规定的限制值。

在 300MW 机组正常运行中，一般规定：胀差（正向）小于 15.7mm，达到 15.7mm 时报警，达到 16.45mm 时保护动作紧急停机；胀差（负向）大于–0.75mm，达到–0.75mm 时报警，达到–1.5mm 时保护动作紧急停机。在机组启停过程中和负荷变化时要密切注意监视胀差的变化，限制蒸汽温度变化率和负荷变化率，有效控制胀差。

（六）轴瓦温度

汽轮机的主轴在轴瓦支承下高速旋转时，会引起润滑油温和轴瓦温度的升高。所以运行中要监视轴承回油温度和轴瓦温度。当发现下列情况之一时要打闸停机：

（1）任一轴承回油温度超过 75℃，或突然升高到 70℃时。

（2）主轴瓦乌金温度超过 85℃时。

（3）回油温度升高，轴承内冒烟时。

（4）润滑油泵启动后，油压仍低于规定值时。

（5）油箱油位持续下降而又无法解决时。

为了使轴瓦工作正常，各轴承进口油温应不低于 40℃。为了增加油膜的稳定性，各轴承进口油温应维持在 45℃。为保证轴瓦的润滑和冷却，运行中还应经常检查油箱油位和油质，以及冷油器的运行情况等。

三、正常运行时监视与维护的主要参数

汽轮机运行中监视的主要参数如表 3-5 所示。

表 3-5　　　　　　　　　　　　某 300MW 汽轮机运行中监视的主要参数

序号	名称	单位	正常值	最高值	最低值	报警值	规定停机值 保护动作值
1	机组出力	MW	300	329			
2	电网频率	Hz	50	51.5	48.5		
3	主蒸汽压力	MPa	16.7	17.5		17.5	21.7
4	主蒸汽温度	℃	530～545	545	530	<530；>545	>567
5	再热蒸汽温度	℃	530～545	545	530	<530；>545	>567
6	再热蒸汽压力	MPa	3.26				
7	调节级后压力	MPa	12.13	13.4			
8	两侧主汽阀前温差	℃	<14				>43
9	两侧再热主汽阀前温差	℃	<14				>43
10	汽缸金属上下温差	℃	<42	42			>56
11	高压缸排汽温度	℃	327.2	<404		404	427
12	轴相位移（正向）	mm	<0.9			0.9	1.0
13	轴相位移（负向）	mm	>－0.9			－0.9	－1.0
14	胀差（正向）	mm	<15.7			15.7	16.45
15	胀差（负向）	mm	>－0.75			－0.75	－1.5
16	轴振动	mm	<0.076			0.125	0.254
17	轴承振动	mm	<0.03			0.05	
18	主油泵出口油压	MPa	1.666～1.764				
19	润滑油压	MPa	0.098～0.118			0.08	0.06
20	润滑油温	℃	38～49	49	38		
21	支持轴承温度	℃	<99			107	113
22	支持轴承回油温度	℃	<70			77	82
23	推力轴承发电机轴承	℃	<85			99	107
24	主油箱油位	mm	0	+56	－180	+56，－180	+319，－260
25	EH 油温	℃	35～60	60	35	60，35	
26	EH 油箱油位	mm	500～730			低 455	235
27	EH 油滤网差压	MPa	<0.35				
28	高压缸压比		3.26			1.8	1.7
29	轴封供汽压力	MPa	0.03				
30	低压缸轴封供汽温度	℃	149	177	121		
31	排汽温度（带负荷）	℃	<90			90	121

序号	名称	单位	正常值	最高值	最低值	报警值	规定停机值保护动作值
32	排汽压力	kPa	15			60	65
33	排汽装置	mm	1500	1900	1200	高 1600 低 1300	2400
34	凝结水含氧量	μg/L	<10				
35	凝结水硬度	μmol/L	0				
36	凝结水箱水位	mm	860	1450	660	高 1060 低 900	
37	高压加热器水位	mm	0	+40	−40	±40	+160
38	7 号低压加热器水位	mm	390	440	340	高 440 低 340	高 490 低 290
39	5、6 号低压加热器水位	mm	270	320	220	高 320 低 220	高 370 低 170
40	给水温度	℃	276				
41	除氧器水位	mm	+510	+710	+310	高+710 低+310	高+1010 低−1400
42	除氧器压力	MPa	0.74	0.9662	0.2819		
43	除氧器含氧量	μg/L	<7	7			
44	发电机氢压	MPa	0.3	0.315	0.285	高 0.315 低 0.285	
45	发电机入口风温	℃	40	45	35		
46	发电机内冷水压力	MPa	0.2～0.25				
47	发电机内冷水流量	t/h	35				
48	发电机内冷水供水温度	℃	45			50	
49	发电机内冷水回水温度	℃	<75	75		75	
50	内冷水导电度	μS/cm	<1.5	1.5		5	
51	内冷水箱水位	mm	550	650	450		
52	空氢侧油压差	MPa	0.01				
53	空氢侧密封油压	MPa	0.385				
54	氢油压差	MPa	0.085± 0.01				
55	密封油温	℃	27～50	56		65	
56	密封油箱油位	mm	±20	+60	−60	±60	
57	空侧密封回油温度	℃	<56			56	
58	氢侧密封回油温度	℃	<65			65	
59	辅汽联箱压力	MPa	0.85				

续表

序号	名　称	单位	正常值	最高值	最低值	报警值	规定停机值 保护动作值
60	辅汽联箱温度	℃	350	360			
61	循环冷却水母管压力	MPa	>0.3				
62	仪用气压	MPa	>0.65				

四、机组定期工作和定期试验

汽轮机监视的定期工作和定期试验如表 3-6 所示。

表 3-6 汽轮机监视的定期工作和定期试验

序号	名称	执行日期	负责人	备注
1	EH 油泵切换试验	每月 10 日早班	主控	
2	凝结水泵切换	每月 10 日早班	主控	
3	水环真空泵切换及备用泵试转	每月 10 日早班	主控	
4	排汽装置疏水泵切换	每月 10 日早班	主控	
5	定子冷却水冷却器切换、过滤器切换检查	每月 10 日早班	主控	
6	排汽装置疏水泵切换	每月 10 日早班	主控	
7	主机排油烟风机切换	每月 15 日早班	主控	
8	隔氢风机切换	每月 15 日早班	主控	
9	轴封加热器风机切换	每月 15 日早班	主控	
10	消防水稳压泵切换	每月 15 日早班	副控	
11	生活水泵切换	每月 15 日早班	副控	
12	EH 油系统滤网切换检查	每月 25 日早班	副控	
13	润滑油冷油器切换	每月 25 日早班	副控	
14	定子冷却水泵切换	每周二日早班	主控	
15	备用 EH 油泵试转	每周二日早班	主控	
16	辅机循环水滤网切换冲洗	每周一晚班	副控	
17	清理辅机循环水一次滤网	每周一晚班	副控	
18	转机测振	每周四晚班	副控	
19	定期滤油	每周五早班	副控	
20	主机润滑油箱放水	每日早班	副控	记录比较
21	氢气干燥器放水	每日晚班	副控	
22	密封油系统冷却器切换、滤网切换检查	每班	副控	
23	汽轮机各容器远传与就地水位计校对	每班	副控	

续表

序号	名称	执行日期	负责人	备注
24	主机油位计活动	每班	副控	
25	各加热器水位核对	每班	副控	
26	定冷水箱水位核对	每班	副控	
27	主油箱油位核对	每班	副控	
28	密封油箱油位核对	每班	副控	
29	EH 油位计核对	每班	副控	
30	发电机定子冷却水反冲洗	停机后 6h	副控	
31	柴油消防水泵试转	每月 8 日早班	副控	
32	空、氢侧直流密封油泵连锁试验	每月 18 日早班	主控	
33	备用给水泵试转	每月 20 日早班	主控	
34	给水泵辅助油泵启动试验	每月 20 日早班	主控	
35	盘车、顶轴油泵电动机启动试验	每月 20 日早班	主控	
36	备用辅机循环泵试转切换	每月 20 日早班	主控	
37	主机直流油泵联启试验	每周二早班或启停机前	主控	
38	主机交流油泵、高压启动油泵联启试验	每周二早班或启停机前	主控	
39	主机润滑油压低连锁试验	每周二早班或启停机前	主控	
40	抽汽止回阀活动试验	每周日后夜班	主控	负荷<270MW
41	主、调节汽阀活动试验	每周日后夜班	主控	负荷<180MW
42	真空严密试验	每月 6 日早班	主控	
43	安全阀排汽试验	每季度首月 21 日	副控	专业监护
44	ETS 通道试验	每月 10 日早班	主控	专业监护
45	主、调节汽阀严密性试验	大修后，超速试验前	主控	专业组织
46	超速试验	大修后，运行 6 个月	主控	专业组织
47	喷油试验	运行 2000h	主控	专业组织
48	OPC 超速保护试验	大修后，运行 6 个月	主控	专业组织

【任务实施】

（一）工作准备

（1）课前预习相关知识部分，认真讨论分析主、再热蒸汽压力、温度、排汽装置真空及监视段压力对汽轮机的影响，以及汽轮机振动产生的机理；独立完成学习任务工单信息获取部分。

（2）调出"300MW（未投协调）"标准工况；认真监盘，详细了解机组运行方式及主要监控参数。

（二）操作步骤

1. 确认机组运行方式

（1）进入负荷控制中心，确认机组负荷控制方式（CCS 协调、DEH 操作员自动）。

（2）调出 DCS 的汽轮机控制主菜单中 ETS 界面，核对机组保护投入情况。

（3）进入各辅助系统控制界面，了解各自动调节装置是否处于自动。

（4）进入 DEH 主控界面，检查 TSI 是否有越限报警。

（5）根据机组运行方式仔细核对汽轮机报警"光字牌"界面，尤其是出现超限报警参数时应及时调整。

2. 负荷调节

（1）机组正常运行中的运行方式采用"CCS 协调"方式，若遇机组工况的不正常或有关设备装置故障，也可灵活地采用 DEH 操作员自动运行方式。

（2）机组在启动过程中，负荷在 60% 以下应采用 DEH 操作员自动运行方式；当机组负荷大于 70% 时可投入机组协调控制系统 CCS 运行方式，并根据调度指令投入"AGC"。

（3）机组停止过程中，在 60%～100% 负荷之间应尽可能选择机组 CCS 运行方式；当机组负荷降到 60% 时，选择 DEH 操作员自动运行方式。

（4）正常运行中当锅炉的辅机发生故障时，CCS 将立即以设定的降负荷率，降低机组负荷至预先设定值。

（5）在发生运行方式的自动切换时，应确认发生自动切换的原因，对机组的设备及装置应做全面的检查，发现问题须汇报值长并进行相应的处理。

（6）机组负荷变化率。① 在 100%～50%MCR 范围内，机组负荷变化率不大于 15MW/min；② 在 50%～20%MCR 范围内，机组负荷变化率不大于 9 MW/min；③ 在 20%MCR 以下，机组负荷变化率不大于 6MW/min；④ 在 50%～100%MCR 之间的负荷阶跃为 30MW。

3. 观察并如实记录参数表（每 30min 记录一次）

主要参数记录表见表 3-7。

表 3-7　　　　　　　　　　正常运行时汽轮机监视的主要参数记录表

序号	名称	单位	记录 1	记录 2	正常值
1	机组出力	MW			300
2	电网频率	Hz			50
3	主蒸汽压力	MPa			16.7
4	主蒸汽温度	℃			530～545
5	再热蒸汽温度	℃			530～545
6	再热蒸汽压力	MPa			3.26
7	调节级后压力	MPa			12.13
8	两侧主汽阀前温差	℃			<14
9	两侧再热主汽阀前温差	℃			<14
10	汽缸金属上下温差	℃			<42
11	高压缸排汽温度	℃			327.2
12	轴相位移（正向）	mm			<0.9

续表

序号	名称	单位	记录 1	记录 2	正常值
13	轴相位移（负向）	mm			＞-0.9
14	胀差（正向）	mm			＜15.7
15	胀差（负向）	mm			＞-0.75
16	轴振动	mm			＜0.076
17	轴承振动	mm			＜0.03
18	主油泵出口油压	MPa			1.666～1.764
19	润滑油压	MPa			0.098～0.118
20	润滑油温	℃			38～49
21	支持轴承温度	℃			＜99
22	支持轴承回油温度	℃			＜70
23	推力轴承发电机轴承	℃			＜85
24	主油箱油位	mm			0
25	EH 油温	℃			35～60
26	EH 油箱油位	mm			500～730
27	EH 油滤网差压	MPa			＜0.35
28	高压缸压比				3.26
29	轴封供汽压力	MPa			0.03
30	低压缸轴封供汽温度	℃			149
31	排汽温度（带负荷）	℃			＜90
32	排汽压力	kPa			15
33	排汽装置	mm			1500
34	凝结水含氧量	μg/L			＜10
35	凝结水硬度	μmol/L			0
36	凝结水箱水位	mm			860
37	高压加热器水位	mm			0
38	7 号低压加热器水位	mm			390
39	5、6 号低压加热器水位	mm			270
40	给水温度	℃			276
41	除氧器水位	mm			+510
42	除氧器压力	MPa			0.74
43	除氧器含氧量	μg/L			＜7
44	发电机氢压	MPa			0.3
45	发电机入口风温	℃			40

续表

序号	名　称	单位	记录 1	记录 2	正常值
46	发电机内冷水压力	MPa			0.2～0.25
47	发电机内冷水流量	t/h			35
48	发电机内冷水供水温度	℃			45
49	发电机内冷水回水温度	℃			<75
50	内冷水导电度	μS/cm			<1.5
51	内冷水箱水位	mm			550
52	空氢侧油压差	MPa			0.01
53	空氢侧密封油压	MPa			0.385
54	氢油压差	MPa			0.085±0.01
55	密封油温	℃			27～50
56	密封油箱油位	mm			±20
57	空侧密封回油温度	℃			<56
58	氢侧密封回油温度	℃			<65
59	辅汽联箱压力	MPa			0.85
60	辅汽联箱温度	℃			350
61	循环冷却水母管压力	MPa			>0.3
62	仪用气压	MPa			>0.65

任务 3.3　发电机—变压器组与厂用电设备的运行监视

【教学目标】

知识目标：（1）熟悉发电机—变压器组运行调节的任务和内容。

（2）掌握发电机电压、频率、无功功率、功率因数对发电机—变压器组及厂用电设备的影响，发电机功率因数、氢压与接带负荷的对应关系。

（3）掌握发电机失磁、调相、进相等特殊运行的特点及相关规定。

能力目标：（1）能够进行发电机电压、频率、无功功率、功率因数的调整操作。

（2）能够进行厂用电动机的启动及运行维护操作。

（3）能说出发电机—变压器组运行监视的项目。

态度目标：（1）能主动学习，在完成任务过程中发现问题、分析问题和解决问题。

（2）在严格遵守安全规范的前提下，能与小组成员协商、交流配合完成本学习任务。

【任务描述】

机组在变工况运行中，学习小组认真监盘，严密监视发电机—变压器组与厂用电设备的参数在允许范围，保证电能质量及安全经济运行。

【任务准备】

课前预习相关知识部分，结合相关电气图和仿真机 DCS 监控操作界面，掌握发电机、主变压器、厂用电动机运行中主要监视参数项目，熟悉各主要监视参数的正常范围及引起各参数变化的因素，熟悉各参数运行调节的方法，并独立回答下列问题。

（1）发电机、主变压器、厂用电动机运行中主要监视参数有哪些？

（2）发电机、主变压器、厂用电动机运行中各主要监视参数的正常范围是什么？

（3）发电机—变压器组与厂用电设备的运行维护有哪些规定？

（4）发电机有哪三种特殊运行方式？发生特殊运行后如何处理？

【相关知识】

一、发电机运行中的监视

（一）某 300MW 发电机技术规范

某 300MW 发电机技术规范见表 3-8。

表 3-8   300MW 发电机技术规范

名称	单位	技术参数
型号		QFSN-300-2
视在功率	MVA	353
额定功率	MW	300
功率因数 $\cos\varphi$		0.85
定子电压	kV	20
定子电流	A	10189
额定励磁电压（计算值）	V	365
额定励磁电流（计算值）	A	2642
空载励磁电压	V	127
空载励磁电流	A	1019
设计效率	%	99.02
频率	Hz	50
额定转速	R/min	3000
相数		3
定子绕组接线方式		YY
定子绕组引出线端子数	个	6

续表

名称		单位	技术参数
短路比			≥0.60
转子绕组直流电阻（在 75℃时）		Ω	0.125
定子绕组直流电阻（在 75℃）时		Ω	0.00228
定子绕组每相对地电容		μF	0.232
转子绕组电感		H	0.87
纵轴同步电抗 X_d		Ω	186.1
纵轴瞬变电抗 X_d'（非饱和值/饱和值）			0.272/0.20
纵轴超瞬变电抗 X_d''（非饱和值/饱和值）			0.168/0.155
负序电抗 X_2（非饱和值/饱和值）			0.167/0.153
零序 X_0（非饱和值/饱和值）			0.077/0.073
负序承载能力	最大稳态值 I_2^2	标幺值	0.1
	最大稳态值 $I_2^2 t$	S	10
临界转速	一阶	R/min	1290
	二阶	R/min	3453
噪声水平（dB）		dB（A）	≤90
进相运行（$\cos\varphi = 0.95$ 超前）			连续
转动惯量		Nm²	7112.5
绝缘等级			F
励磁方式			自并励
冷却方式	定子绕组及引出线		水冷
	转子绕组定子铁芯端部		氢冷
接地方式			中性点经配电变压器高阻接地
旋转方向			汽端看顺时针
定子吊装质量（不带端盖、氢冷器）		t	192
转子质量		t	49.2
发电机内可充气容积		m³	72
制造厂家			哈尔滨电机厂

（二）发电机运行中的主要监视参数

发电机按产品铭牌上的额定参数运行，称为发电机的额定工作状态，属于正常运行状态。发电机在额定工作状态运行时，其电压、电流、出力、功率因数、冷却介质温度和氢压都是额定值。发电机在额定工作状态下能长期连续运行。

为了保证发电机的安全运行，运行人员要经常监视发电机的频率、有功功率、无功功率、定子电压、定子电流、转子电压、转子电流、功率因数，同时要定时监视发电机各部分温度和发电机轴承系统以及冷却系统的参数，当参数超出规定时应进行及时的调整。

1. 频率的监视

电力系统的频率取决于整个电力系统有功功率的供求关系，发电机运行的频率范围不超过额定频率（50±0.2）Hz 时，发电机可按额定容量运行。

运行频率高于额定值较多时，由于发电机的转速升高，转子上承受的离心力增加，可能使转子的某些部件损坏，因此频率升高主要受转子机械强度的限制；同时，频率升高，转子转速上升，发电机的通风摩擦损耗相应增多，虽然在保持一定电压的条件下，发电机的磁通可以小一些，对应的铁芯损耗可能降低，但总的来说，发电机的效率要下降。

运行频率低于额定值较多时，由于转子转速下降，发电机端电压降低，要维持额定电压不变，必须增大转子的励磁电流以增大磁通，使转子和励磁回路的温度升高，同时由于漏磁通相应增加，会引起发电机定子部分的局部过热。频率降低，转子转速下降，由于发电机两端风扇的送风风压以与转速平方成正比的关系下降，导致送风量减少，将使发电机的冷却条件变差，引起发电机各部分的温度升高。因此，当电网频率降低时，必须密切注意监视发电机的电压和定子、转子绕组及铁芯的温度，不使其超出允许范围。另外，频率降低还可能引起汽轮机末级叶片损坏；厂用电动机由于频率降低，使厂用机械出力受到严重影响等问题。

由于上述原因，发电机不允许在偏离额定频率较多的情况下运行。在电力系统运行频率变化±0.2Hz 的允许范围内，由于发电机的设计留有裕度，可不计上述影响，容许发电机保持额定出力长期连续运行。

2. 发电机电压的监视

与频率一样，电压是衡量电能质量的重要指标之一。发电机正常运行的端电压，允许在额定值的±5%范围内变化。此时发电机的输出容量可以保持在额定值不变，即当定子电压升高 5%时，定子电流相应减少 5%；当定子电压降低 5%时，定子电流可增大 5%，此时定子绕组和铁芯的温升可能高于额定值。但实践证明，绕组和铁芯的温升不超过额定值 5℃，因而不会超过其额定温升。

当发电机电压超过额定值的 5%时，必须适当降低发电机的出力。因为现代大容量内冷发电机磁路是按正常运行时接近于磁饱和程度设计的，即使电压继续提高不多，也会使铁芯进入过饱和，引起磁密增大使定子铁芯损耗增大、铁芯温度升高，对发电机绝缘造成严重威胁。铁芯过度饱和还会引起漏磁通增大，漏磁通沿发电机机架的金属部件形成回路，产生很大的感应电流，导致转子护环表面及定、转子端部结构部件中的附加损耗增大而过热。发电机正常连续运行的最高允许电压，应遵照制造厂的规定，但不得超过额定值的 110%。

当发电机电压低于额定值的 5%时，定子电流不应超过额定值的 5%。此时，发电机要减少出力，否则定子绕组的温度将超过允许值。系统无功功率的不足是造成电压过低的主要原因，发电机的最低运行电压应根据系统稳定运行的要求来确定，一般不得低于额定值的 90%。因为电压过低，不仅会影响发电机并列运行的稳定性，导致机组可能与电力系统失去同步而造成事故，还会使单元机组发电厂的厂用电动机运行情况恶化、转矩降低，从而使机炉的正常运行受到影响。

发电机在额定出力时，允许电压偏差为±5%，而温升不应超过允许限值。

3. 发电机功率的监视

由于电力系统运行方式的改变或由于电力用户用电的变化，使系统的有功功率和无功功率失去平衡，会引起系统频率和电压的变化。因此，机组运行中应按照预定的负荷曲线或调度的命令，对各发电机的有功负荷和无功负荷进行调整，维持系统有功功率和无功功率的平衡，以保证频率和电压维持在允许的偏移范围之内。

（1）有功负荷的调整。正常情况下，发电机有功负荷的调整是根据频率和有功的变化，由汽轮机调节系统 DEH 控制汽轮机调节汽阀的开度，调节汽轮机的进汽量，改变汽轮机的转矩大小，从而改变发电机的输出有功功率。

汽轮机的驱动转矩与发电机的制动电磁转矩平衡时，发电机的转速维持恒定。当有功负荷增加时，发电机转轴上的制动转矩增大，若汽轮机驱动转矩不变，则发电机转速下降，要维持发电机的频率不变，就需要增加汽轮机的进汽量，以增加驱动转矩；反之，当有功负荷减少时，汽轮机出力不变，则发电机的转速要上升，频率随之升高，要维持频率恒定，就需要根据发电机有功负荷的变化及时调节汽轮机的进汽量，保持汽轮发电机组的转矩平衡。

（2）无功负荷的调整。正常情况下，单元机组发电机无功负荷的调整，是根据电网给定的电压曲线、功率因数表或无功功率表及电压表的指示，由自动励磁调节系统 AVR 通过调节晶闸管的触发脉冲相位，即改变控制角 α，从而改变晶闸管整流电路的输出，来自动调整发电机的励磁电流而实现的。

当有功负荷不变而无功负荷增加时，功率因数下降；同理，当有功负荷不变而无功负荷减少时，功率因数升高。一般情况下，应保持发电机无功负荷与有功负荷的比值大于或等于1.3，即功率因数不超过迟相 0.95，否则会由于发电机气隙等效合成磁场磁极和转子磁场磁极之间的电磁力减小，功角增大，使发电机运行的静态稳定性下降，容易导致发电机失去同步。为保证单元机组运行的稳定，进行无功调整时，应注意不使发电机进相运行。当发电机自动励磁装置投入时，它可以自动进行无功调节，若不满足调节要求，可手动调整励磁机磁场变阻器、自动励磁调整装置中的变阻器或自耦变压器来进行辅助调节。

由于发电机组并列运行时，调整某一台发电机的无功负荷，会引起其他机组无功负荷的变化，此时应注意监视，并及时调整各机的无功负荷，使它们在合理的无功分配工况下运行。

（3）功率因数。功率因数 $\cos\varphi$ 表示发电机输出有功功率与视在功率之比，即发电机定子电压和定子电流之间相角差的余弦值。发电机额定功率因数是在额定参数运行时，发电机的额定有功功率与额定视在功率的比值。发电机的额定功率因数为 0.85，AVR 投入时，允许在0.95～1.0 范围内运行。

功率因数的最低值不做限制，但其最高值取决于机组和系统并列运行的稳定性。在 AVR投入且运行情况良好的条件下，一般允许升高到 $\cos\varphi=1$ 运行。此时，如果汽轮机最大出力允许，则发电机的定子电流可等于额定值，从而保证发电机的额定总出力。

低功率因数运行时，发电机出力应降低，因为功率因数下降，定子电流中的无功分量增大，转子电流势必增大，容易引起转子绕组电流超过额定值而过热的现象。试验证明，当功率因数 $\cos\varphi=0.7$ 时，发电机的出力将减少 8%。因此，应注意控制发电机的定、转子电流不超过当时冷却条件下所允许的数值。

高功率因数运行时，由于发电机的电动势降低使发电机的端电压及静态稳定性下降，所以必须加强监视以避免发电机失步，并监视厂用电母线电压，保持其正常值。

发电机可以降低功率因数运行，但转子电流不允许超过额定值，且视在功率应减少。当功率因数增大时，发电机视在功率不能大于额定值，功率因数变化时允许负荷应符合发电机出力曲线。功率因数与发电机出力的关系见表 3-9。

表 3-9　　　　　　　　　　　　　　功率因数与发电机出力关系

功率因数	1.0	0.9	0.85	0.8	0.7	0.6
视在功率/额定视在功率（%）	100	100	100	90	71	58

发电机进相运行的允许范围，主要受发电机静态稳定、定子铁芯端部构件发热及厂用系统电压等因素的限制。

4. 发电机温度和冷却介质参数的监视

发电机长期连续运行的允许出力，主要受机组各部分的允许发热条件限制。运行中的发电机，除了发出有功功率和无功功率外，其本身也要消耗一部分的能量，主要包括铁芯损耗、铜损耗、摩擦损耗、通风损耗和杂散损耗等。这些损耗转换为热量，引起发电机各部分的温度升高。在一定的冷却条件下运行时，发电机各部分的温升与损耗及其产生的热量有关。发电机负荷电流越大，损耗就越大，所产生的热量就越多，温升就越高。汽轮发电机的额定容量，是在一定冷却介质（空气、氢气或水）温度和压力下，由定、转子绕组和定子铁芯的长期允许发热温度的范围确定的。发电机的绕组和铁芯的长期发热允许温度，与发电机采用的绝缘材料的耐热等级有关。发电机常用绝缘材料的耐热等级及温度限值如表 3-10 所示。

表 3-10　　　　　　　　　　　　　　绝缘等级与温度限值

绝缘等级	A	E	B	F	H	C
温度限值（℃）	105	120	130	155	180	>180

大容量发电机一般都采用 B 级或 F 级绝缘。发电机的绝缘材料在运行过程中会逐渐老化。对绝缘影响最大的是其温度，温度越高，持续时间越长，老化就越快，使用期限就越短。试验统计证明，B 级绝缘持续运行在高于最高允许温度 10～12℃时，其绝缘寿命大约缩短一半。表 3-11 列出了我国国家标准中对 B 级和 F 级绝缘的氢气和水直接冷却发电机的允许温度限值（GB/T 7064—2008《隐极同步发电机技术要求》和 GB 755—1981《电机基本技术要求》）。因此，发电机运行时，必须遵照制造厂家（或国家标准）的规定，各部分最高温度均不得超过其允许限值，以确保发电机具有正常的设计使用寿命。

表 3-11　　　　　　　氢气和水直接冷却发电机及其冷却介质的允许温度限值

发电机部件或冷却介质	温度测量位置和测量方法	冷却方法	允许温度限值（℃）	
			B 级绝缘	F 级绝缘[①]
在直接冷却有效部分出口处的冷却介质	检温计法	水	85	85
		氢气	110	130
定子绕组	槽内上、下层线圈间埋置检温计法		120	140

发电机部件或冷却介质	温度测量位置和测量方法	冷却方法	允许温度限值（℃）	
			B 级绝缘	F 级绝缘[①]
	温度计法（出口处）	水	85	85
转子绕组	电阻法	氢气在转子全长上径向出风区的数目[②]		
		1～2	100	115
		3～4	105	120
		5～7	110	125
		8 及以上	115	130
定子铁芯	埋置检温计法		120	
	温度计法[③]			140

① F 级绝缘一列温度限值摘自 GB 755–1981。

② 绕组采用氢气直接冷却的转子，通风是以转子全长上径向出风区的数目分级的。端部绕组的冷却气流特殊出口应计算在每端一个出风区中，两个反方向的轴向冷却气流的共同出口作为两个出风区计算。

③ 温度计法，包括膨胀式温度计（如水银、酒精等温度计）、半导体温度计，以及非埋置的热电偶或热电阻温度计。温度计必须紧贴被测点表面，并用绝缘材料覆盖好温度计的测量部分，以减少冷却介质的影响。大容量发电机都在定子铁芯小齿上埋设有检温计。

　　绝缘材料的温度限值确定了发电机的最高工作温度，温升限值则取决于冷却介质或环境的温度。发电机的允许负荷是以绕组最热点处的温度不超过其绝缘材料的允许温度限值来确定的。由于发电机各部分允许温度限值与测点的分布和使用的温度测量方法有关，并不能反映定、转子绕组最热点的温度。发电机最热点的温度往往不能确定，且无法直接测量，只能通过在试验和运行中的测温方法测出的温度统计数值，再考虑最热点可能的温升的修正值才能得出。对于采用冷却效率更高的氢、水内冷方式的发电机，其容量大、体积小，损耗密度大，最热点的温度显得更为突出，并且各种发电机的冷却方式不同，各部分温度分布的不均匀性会有更大的差异。试验表明，由于发电机的通风结构不同，即使采用相同的测温方法，转子绕组相应的允许温度可能也会有所不同。另外，相同的负荷情况下，当冷却条件变化时，发电机绝缘材料的发热情况及老化也会有明显的不同。因此，对大型发电机冷却系统和发电机各主要部件，温度和温升的监视尤其重要。

　　（1）氢气温度变化的影响。对于采用水氢氢冷却的汽轮发电机，如果发电机的负荷保持不变，当氢气入口风温升高时，绕组和铁芯的温度升高，会引起绝缘老化的加速、发电机寿命的降低。这里所指的温度不是绕组的平均温度，而是最热点处的铜温。因为只要局部绝缘遭到破坏，发电机就会发生故障。冷却氢气的温度升高时，为了避免发电机绝缘的加速老化，要求减小发电机的出力，使发电机绕组和铁芯的温度不超过额定方式下运行时的最高监视温度。当氢气温度高于额定值时，通常按照氢气冷却的转子绕组温升条件来限制其出力。

　　氢气入口风温也不应低于制造厂家的规定值。氢气入口风温降低时，不允许提高发电机的出力。因为定子绕组采用水内冷、铁芯氢冷的不同介质进行冷却，介质间温度的降低彼此无关，可能会由于氢气入口风温的下降，造成定子绕组与铁芯的温差超过允许的范围。

（2）氢气压力变化的影响。氢气压力高于额定值时，氢气的传热能力虽然增强，但氢气压力的提高并不能加强水内冷定子线棒的散热能力。为了保证发电机绕组最热点的温度不超过额定工况时的温度，水氢氢冷却发电机的负荷不允许增加。

氢气压力低于额定值时，由于氢气的传热能力下降，所以必须降低发电机的允许负荷。氢气压力降低时，发电机的允许出力，应根据制造厂家提供的技术参数或容量曲线指导运行，以保证绕组最热点温度不超过额定工况时的允许温度。

（3）氢气纯度变化的影响。氢气纯度变化时，对发电机运行的影响主要包括安全和经济两个方面。在氢气和空气的混合气体中，如果氢气的含量在 5%～75%，便有发生爆炸的危险。因此，一般要求发电机运行时的氢气纯度应保持在 96% 以上，低于该值时应进行排污。

同时，氢气纯度的下降，使混合气体的密度增大，引起发电机的通风摩擦损耗增大（发电机壳内氢气压力保持不变时，氢气纯度每下降 1%，通风摩擦损耗大约增加 11%）。因此，对于大容量单元发电机组，要求氢气纯度不低于 97%～98%。300MW 发电机机壳内氢气技术参数见表 3-12。

表 3-12　　　　　　　　　　　　　300MW 发电机机壳内氢气技术参数

名称	单位	技术参数
额定压力（表压）	MPa（g）	0.3
允许偏差	MPa	±0.02
最大表压	MPa	0.35
冷却器出口的冷氢温度	℃	45
允许偏差	℃	±1
氢气额定纯度	%	98
氢气最小纯度	%	95
常温常压下绝对湿度	G/m³	1.5～4
额定温度压力下绝对湿度	G/m³	≤4
正常允许漏汽量	m³/d	<10
正常允许漏汽率	%	<3

（4）水内冷发电机定子绕组进水量、进水温度变化的影响与水质的监督。水氢氢冷却方式汽轮发电机，采用除盐水冷却定子线棒。国产 300MW 发电机，定子绕组冷却水流量限额为 46t/h。当冷却水流量在额定值的 ±10% 范围内变化时，对定子绕组的温度影响很小。冷却水流量增加过多时，会导致入口压力过分增大，在有汇水母管流向线棒绝缘引水管的过渡部位时，可能产生汽蚀现象，损坏水管壁，所以通常不建议提高冷却水流量。

冷却水流量的降低将使发电机的散热效果变差而造成定子绕组温度的升高。同时，流量的降低会使绕组入口和出口的水温差增大，绕组出口水温升高，造成绕组不同部位的温升极不均匀。一般采取绕组进出口的水温差不超过 30～35℃，以防止当入口水温达到 45℃时，出口水温达到 80℃，以致发生汽化。

由上述可知，采用调节定子绕组冷却水流量来保持定子绕组的水温是不适当的。正常运行中，发电机冷却水的进水阀是不做调节的。一旦发现冷却水流量减少，必须立即对有关温度进行检查，并控制在允许范围之内，同时通知有关部门进行针对性的检查和处理。

内冷水的出水温度限值规定为不超过 85℃（有的定为 90℃），以防止汽化现象。

内冷水的进水温度限值规定为不超过 60℃。当绕组进水温度在额定值（多为 45～46℃）的 ±5℃ 以内变化时，发电机可保持额定出力不变。当入口水温超过规定范围上限时，应根据当时的运行工况，减少发电机的有功或无功负荷，使发电机各部分温度在允许的限额之内。

冷却水入口水温也不允许低于制造厂家的规定值，以防止定子绕组和铁芯的温差过大或可能引起汇水母管表面的结露现象。

大容量水内冷发电机对冷却水的水质要求也比较严格。由于冷却水在定子线棒中不断循环，水中的铜离子逐渐增加，导电率也不断增大，所以应每天对冷却水进行化验分析，确定冷却水的电导率、所含杂质的成分和含量，并进行适当的排污。

发电机运行过程中，定子水冷线棒应无漏水现象。300MW 发电机定子内冷水主要技术参数见表 3-13。

表 3-13　　　　　　　　　　300MW 发电机定子内冷水主要技术参数

名称	单位	技术参数
额定表压（绕组入口处）	MPa（g）	0.2
绕组入口允许最大表压	MPa（g）	0.25
内冷水入口温度	℃	40～50
额定流量	m³/h	30（包括主引出线 3m³/h）
允许偏差	m³/h	±3
铜化合物最大允许含量	mg/L	100
20℃时的导电率	μS/cm	0.5～1.5
20℃的 pH 值		7～8
20℃的硬度	μg/L	<2
20℃时的含氨量（NH₃）		微量

300MW 发电机氢冷却器冷却水的主要技术参数见表 3-14。

表 3-14　　　　　　　　　　300MW 发电机氢冷却器冷却水主要技术参数

名称	单位	技术参数
入口最高温度	℃	38
入口最低温度	℃	20
额定入口压力	MPa（g）	0.2

续表

名称	单位	技术参数
最大入口压力	MPa（g）	0.25
氢气冷却器的水压降	MPa	0.04
一个氢冷器额定水流量	m³/h	100
氢气冷却器的数量	组	2组（共4个）

（5）冷却介质参数。

1）发电机允许最低氢压为 0.1MPa。任何情况下，定子绕组及冷却器进水压力必须调整到低于氢压，其压差不小于0.04MPa。

2）在各种负荷条件下，氢气压力都应维持在 0.2～0.3MPa 范围内，但在任何情况下发电机内氢压都不得高于0.32MPa。发电机正常运行时，不允许降低氢压运行。特殊情况下需降低氢压运行时，应遵循发电机出力按控制负荷（$\cos\varphi=0.85$），且最低氢压为 0.1MPa，定冷水压及氢冷器冷却水压必须低于氢气压力至少 0.04MPa。并立即全面检查发电机，查明原因，消除故障，尽快使氢压恢复正常。若在定冷水系统中发现大量氢气，应立即停机检查。氢压变化所带负荷极限规定为：①氢压降至 0.3MPa，有功负荷为 300MW；②氢压降至 0.2MPa，有功负荷小于或等于 260MW；③氢压降至 0.1MPa，有功负荷小于或等于 200MW。

3）发电机正常运行时共有两组（共四台）氢气冷却器，以维持机内冷氢温度恒定。当一台氢冷却器解列时，发电机的负荷应降至额定负荷的 80%及以下继续运行。

5. 发电机的运行维护和检查

正常运行中，每班对机组进行一次详细检查，项目如下：

（1）发电机各部分温度不得超过规定值。

（2）各项表计指示正常。

（3）发电机运行声音正常，无异常和强烈振动。

（4）发电机空气冷却器的运行正常，无漏水现象。

（5）滑环表面光滑、清洁，电刷无过热、冒火、卡住、过短及损坏现象。

（6）励磁变运行正常。

（7）励磁系统各断路器、隔离开关无过热现象。

（8）运行中的整流柜无故障信号显示，冷却风机运行正常。

（9）转子过压保护装置完好，无放电现象。

（10）发电机出口电压互感器和避雷器工作正常。

（11）发电机及冷却系统各部参数正常。

（12）发电机氢、油、水进出法兰无渗漏现象。

（13）转动部分无异声。

二、主变压器的监视

发电机通常采用发电机—主变压器组的单元接线方式，发电机的出口电压为 18～20kV，通过主变压器将电压升高到 110～500kV，以适应远距离输电的要求。主变压器的容量和发电机的容量相匹配，形式多为双绕组强迫油循环风冷或水冷变压器。为了保证主变压器能长期安全、可靠地运行，减少不必要的停用和异常情况的发生，运行人员应经常对运行中的主变压器进行定期的监视和检查。

1. 某 300MW 机组变压器设备规范

某 300MW 机组主变压器设备规范见表 3-15。

表 3-15 　　　　　　　　　　**某 300MW 机组主变压器设备规范**

型号	SFP10-370000/220kV	
形式	户外、三相、强迫导向油循环风冷、双线圈铜绕组无载调压	
额定容量	370MVA	
额定变比	三相：（242±2）×2.5%/20kV	
调压方式	无励磁调压	
额定电压	高压侧 242 kV	低压侧 20 kV
最高工作电压	高压侧 252 kV	低压侧 23 kV
额定电流	高压侧 882.75 A	低压侧 10681 A
额定频率	50Hz	
空载电流	0.06%	
空载损耗	166 kW	
负载损耗	720kW	
中性点接地方式	经隔离开关接地	
冷却方式	ODAF	
极性	负极性	
短路阻抗（额定电压和频率下 75℃）	14%（阻抗电压误差±5%）	
连接组标号	Yn，d11	
端子连接方式	高压架空线，低压离相封闭母线，高压侧中性点软导线	
绕组绝缘耐热等级	A 级	

高压厂用变压器设备规范见表 3-16。

表 3-16 　　　　　　　　　　**高压厂用变压器设备规范**

型号	SFF10–50000/20kV	
形式	户外、三相、双分裂铜芯、无励磁调压、油浸风冷	
额定容量	50/27-27MVA	
额定变比	（20±2）×2.5%/6.3－6.3 kV	
调压方式	无载调压	
额定电压	高压 20 kV	低压 6.3－6.3 kV
最高工作电压	高压 23 kV	低压 6.9－6.9 kV
额定电流	高压 1443.4A	低压 2474.5A
额定频率	50Hz	
冷却方式	油循环风冷	

型号	SFF10–50000/20kV
极性	负极性
短路阻抗（额定电压和频率下 75℃）	18%（阻抗电压误差±5%）
连接组标号	D，yn1-yn1
端子连接方式	高压侧离相封闭母线，低压侧共箱封闭母线
绕组绝缘耐热等级	A 级

低压厂用变压器设备规范见表 3-17。

表 3-17　　　　　　　　　　　　　低压厂用变压器设备规范

型号	SGB10-2000、1600、1250、1200、1000、800、500/6.3
高压侧额定电压	6.3kV
低压侧额定电压	400V
额定频率	50Hz
额定变比	（6.3±2）×2.5%/0.4kV
断路阻抗	4%（630 kVA 及以下）；6%（其他）
防护等级	IP4X
中性点接地方式	直接接地
冷却方式	ANAN/AF
连接组别	Dyn11
空载损耗（按容量顺序）为	3.32、2.44、2.08、1.52、1.76、1.52、1.16kW
负载损耗	14.28、11.34、10.2、7.75、9.3、7.75、5.39kW
安装地点	户内

绝缘水平见表 3-18。

表 3-18　　　　　　　　　　　　　绝缘水平

绝缘水平	短时工频耐受电压（有效值，kV）	雷电冲击电压（全波峰值，kV）
高压侧	35	75
低压侧	3.5	

温升限制见表 3-19。

表 3-19　　　　　　　　　　　　　温升限制

部位	绝缘系统温度（℃）	最高温升（K）
绕组	140	100
铁芯、金属部件及相邻的材料		在任何情况下不会出现使铁芯本身、其他部件和与其相邻的材料受到损害的温度

变压器基本数据见表 3-20。

表 3-20　　　　　　　　　　　　　　　　每种容量的变压器基本数据

容量	型号	高压侧额定电流（A）	低压侧额定电流（A）	绝缘耐热等级	备注
2000kVA	SGB10-2000/6.3	183.3	2886.8	H	脱硫、空冷、输煤变压器共 12 台
1600kVA	SGB10-1600/6.3	146.6	2309.4	H	除尘、低压厂用公用变压器共 6 台
1250kVA	SGB10-1250/6.3	114.5	1804.2	H	炉低压厂用、化学水变压器共 6 台
1200kVA	SGB10-1200/6.3			H	辅机循环水变压器 2 台
1000kVA	SGB10-1000/6.3	91.6	1443.42	H	机低压厂用变压器共 4 台
800kVA	SGB10-800/6.3	73.3	1154.73	H	除灰变压器 2 台
500kVA	SGB10-500/6.3	45.82	721.7	H	机照明变压器共 2 台

2. 主变压器运行中的监视与检查

（1）监视运行中变压器电流、电压、温度应正常。变压器正常运行中，值班人员应监视变压器的各侧电流不超过额定值，电压不应过高或过低，变压器的油温应在正常范围内，若发现异常应及时调整变压器的运行方式或降负荷。

（2）检查变压器的储油柜和充油套管的油面高度。如油面过高，一般是由于变压器冷却装置不正常或内部故障造成油温过高而引起的；如油面过低，应检查变压器各密封处是否有漏油现象，各放油管道是否关闭等。

（3）检查变压器内的油色是否正常。正常情况下变压器储油柜里的油是透明并略带黄色，如是棕红色，则可能是油位计本身脏污所造成的，也可能是因为变压器油长期运行且温度较高引起的老化现象。

（4）检查变压器运行中各部位声音正常。正常运行中的变压器均有比较均匀的"嗡嗡"电磁声。如内部有"噼啪"的异常声音，则可能是变压器绕组绝缘击穿而引起的放电现象；如电磁声不均匀，则可能是因为变压器铁芯的穿心螺丝有松动现象。

（5）检查变压器冷却装置运行正常。对于油浸式变压器，特别是强油强风冷却变压器，运行中一定要保证冷却装置投入正常，并有一定备用裕度，以便对变压器在过负荷或故障情况时加强冷却。对于强迫油循环水冷的变压器，还应检查变压器的冷却水流量、温度均正常。水中不应有油，若水中带油，则说明冷却系统有泄漏现象。变压器的冷却装置一般有两组母线供电，正常情况下，一组运行，一组备用。所以运行中要检查备用电源良好，确保当工作电源失去时备用电源能自动投入。

（6）检查变压器的呼吸器应畅通。正常情况下硅胶颜色正常呈浅蓝色；若硅胶因吸潮到饱和状态，则应及时更换。

（7）检查变压器气体保护应正常。正常运行情况下变压器瓦斯保护的气体继电器应充满油，无气体存在。

（8）检查变压器外壳接地应正常。正常运行情况下变压器外壳接地线应良好，接地可靠。

（9）检查变压器绝缘子应完好。正常运行情况下变压器各绝缘子和瓷套管应清洁、无裂纹及放电现象，各接线接触良好、无过热现象。

3．变压器的特殊检查项目

当系统发生故障或天气形势发生巨变时，值班人员应对变压器进行重点检查。

（1）当系统发生短路故障或变压器故障跳闸后，应立即检查变压器系统各绝缘子和瓷套管有无裂纹，变压器本体有无变形、焦糊味及喷油现象。

（2）下雪天气应检查变压器引线接头部分是否有积雪，导电部分有无冰柱等。

（3）大风天气应检查变压器引线的摆动情况及是否有悬挂杂物等。

（4）雷雨天气及大雾天应检查变压器各绝缘子和瓷套管有无闪络现象。

4．变压器运行中分接开关调节

变压器分接开关调节分为有载调压和无载调压两种。对于无载调压分接开关，在变压器运行中严禁操作。对于有载调压分接开关，在变压器运行中是可以进行调整的，但一般应采取远方电动操作，特殊情况下也可在就地进行操作，但应做好相关安全措施。

系统中运行的变压器，其一次侧电压随系统运行方式的变化而变化，为保证供电电压在额定的范围内，必须通过改变变压器的变比，即调整分接开关的位置来调节其二次侧电压。对于有载调压变压器，在运行中调整分接开关时应注意以下几方面：

（1）调整前应检查分接开关的油箱油位正常。一般变压器分接开关的油箱与主油箱是不相通的，若分接开关油箱漏油，使之发生严重缺油，则在切换过程中会发生短路故障，烧坏分接开关。

（2）分接开关经调整后，应在某一固定位置，不允许将分接开关长期停留在过渡位置，因为在过渡位置上，分接开关的接触电阻较大，长期运行会造成分接开关过热烧坏。

（3）对于与系统相连接的变压器，在调整分接开关之前应与系统调度进行联系，在征得调度同意后才能操作。

三、发电机的特殊运行方式

发电机正常运行的标志，是稳定地向系统送出有功功率和无功功率。但发电机有时可能会因种种原因从发电机方式转变为失磁、进相和调相运行方式。

（一）失磁运行

失磁运行是指发电机在运行中因失磁而处于异步状态。

1．引起失磁运行的原因

（1）励磁机或励磁回路发生故障。

（2）转子绕组或励磁回路开路，或转子绕组严重短路。

（3）励磁控制器或副励磁机系统发生故障。

（4）转子集电环电刷环火或烧断。

2．失磁运行的现象

（1）转子电流指示近于零或等于零，具体由引起失磁的原因而定。如转子回路断线时为零，如尚有回路使转子构成通路则可能近于零。

（2）转子电压指示异常。在发电机失磁瞬间，转子绕组两端可能产生过电压；如励磁回路开路，则转子电压降至零；如转子绕组两点接地短路，则指示降低；转子绕组开路时，指示升高。

（3）无功负荷指示反向（负值），有功负荷指示降低并摆动。

（4）定子电压降低，定子电流升高并摆动。

（5）功率因数表指示进相。

3．失磁运行的影响

发电机失磁后，转子磁场消失，发电机从电网吸取大量无功功率，定子合成磁场与转子磁场间的"拉力"减少，即发电机的电磁转矩减小。而此时汽轮机的输入转矩没有改变，过剩转矩将使转子的转速加快，并超出同步转速而产生相对速度，使发电机失步而进入异步运行状态。此时，定子旋转磁场以转差速度切割转子，在转子绕组或铁芯表面感应出交变电流，该电流又与定子磁场作用产生了转矩，即异步转矩。发电机转子在克服这个转矩的过程中，继续向系统送出有功功率，即为异步功率。当异步转矩等于汽轮机转矩时，产生了新的平衡。实际上，由于转子速度的升高，在汽轮机调节系统作用下，进汽量通常要减少。因此，失磁运行时的异步功率要低于原来的有功功率。

在异步运行状态下，由于发电机由系统吸收大量无功功率，供定子和转子产生磁场，定子电流将超过额定值。在降低至额定值时，有功负荷约为额定值的 50%～70%。另外，在转子表面流过的感应交变电流，将产生损耗而发热，在某些部位还会产生局部高温。因此，对 300MW 汽轮发电机一般不允许无励磁运行。

当电网容量较大且发电机的结构又允许失磁运行时，300MW 汽轮发电机在失磁运行中所带的负荷及失磁运行时间应按制造厂要求或现场规程的规定执行。

试验表明，当氢冷发电机失磁时，其端部铁芯及其部件的温度会有明显增加。如果将发电机负荷降低到额定值的 40%，在定子电流为额定值的 110%时，将发电机失磁时各部位的温度与正常运行值进行比较，其结论为：发电机在失磁运行期间应受定子铁芯发热的限制，而不受转子发热的限制。因此，对 300MW 汽轮发电机，将其平均负荷降低至额定值的 40%后，在定子电流不超过额定值的 105%、定子铁芯温度不超过 130℃时，允许发电机失磁运行 10min。

4．失磁运行的处理

（1）发生失磁运行时，由于机组失步，发电机呈振荡状态。运行人员应立即根据表计显示尽快判明引起振荡的原因。

（2）判明系由于 300MW 汽轮发电机失磁后，应立即将机组与系统解列。

（3）如该机励磁系统可以切换至备用电源而其余部分仍正常可用时，可在机组解列后迅速切换至备用励磁，然后将机组重新并网。

（4）在上述处理的同时，应尽量增加其他未失磁机组的励磁电流，以提高系统电压和稳定能力。

（5）对支接运行的高压厂用工作变压器供电的厂用母线电压也应严密监视。在条件允许且必要时，可切至备用电源供电。

（二）调相运行

当运行中的发电机因汽轮机危急保安器误动或调节系统故障而导致主汽阀关闭，且机组的横向联动保护或逆功率保护没有动作时，发电机将变为调相运行状态。

300MW 汽轮发电机不允许持续调相运行。规程规定，这种状态的运行时间不得超过 1min。

汽轮机主汽阀关闭后，发电机从系统吸取有功功率，以维持发电机的同步运行。这时，发电机的有功负荷指示小于零，而励磁系统仍然正常，发电机向系统送出无功功率。在这种状态下，定子旋转磁场拖动发电机转子以同步转速旋转，转子磁场滞后于定子旋转磁场。

由于发电机的有功负荷突然消失，而励磁电流未变，故发电机电压将会自动升高。升高的电压使发电机与系统间流过感性无功电流。因此，发电机的无功负荷自动增加。增加后的无功电流在发电机和变压器电抗压降作用下，仍保持发电机电压与系统电压的平衡。

如汽轮机长期无蒸汽运行，由于其叶片与空气摩擦将会造成过热，使汽轮机排汽温度很快升高。因此，不允许持续调相运行。

发生调相运行后，运行人员应立即监视表计，并根据信号情况迅速做出判断。如机组未自动跳闸，应迅速汇报值长，并在 1min 内将机组解列。

（三）进相运行

当发电机励磁系统由于 AVR 原因、发生故障或人为使励磁电流降低较多而导致发电机的无功负荷为负值时，便造成进相运行。此时，由于转子主磁通降低，引起发电机的电动势降低，致使发电机无法向系统送出无功功率。进相程度取决于励磁电流的降低程度。

如果是设备原因而造成进相运行，只要发电机尚未出现振荡或失步现象，则可适当降低该发电机的有功功率，同时迅速提高励磁电流，使机组脱离进相状态，然后查明励磁电流降低的原因。若进相严重，机组失磁保护将动作跳闸。引起进相运行的原因主要有如下几个方面。

（1）低谷运行时，发电机无功负荷原已处于低限，当系统电压因故突然升高或有功负荷增加时，励磁电流自动降低。

（2）AVR 失灵或误动。

（3）励磁系统其他设备发生了故障。

上述原因引起的进相运行中，如由于设备原因不能使发电机恢复正常，应争取及早解列。因为在通常情况下，机组进相运行时定子铁芯端部容易发热，对系统电压也有影响。但是，对制造厂允许的或经过专门试验确定能够进相运行的发电机，如系统需要，在不影响电网稳定运行的前提下，可以将功率因数提高到 1 或在允许的进相状态下运行。此时，必须严密监视机组的运行工况，防止发生失步，并尽早使机组恢复正常运行。另外，对高压厂用母线电压也应保证其安全性。

随着大容量机组的投运，电力运输及电力线路的延伸，电网电压等级的提高，确保电能质量也是一个突出的问题。当电力负荷处于低谷时，轻载长线路或部分网络的容性无功功率可能超过用户的感性无功功率和网络无功损耗之和，以致会因电容效应而引起运行电压升高。这不但影响电能质量和电网经济运行，同时也威胁电气设备，特别是磁通密度较高的大型变压器的运行以及用电设备的安全。

系统电压的调节与控制是通过对中枢点电压的调节和控制来实现的。通常根据电网结构和负荷性质的不同，在不同的电压中枢点采用不同的调压方式。电网中无功功率的平衡与补偿是保证电压质量的基本条件。当电网重负荷时，会因无功电源容量不足引起系统电压偏低，此时采用静电电容器予以补偿；在电网轻负荷时，若网络容性无功功率出现过剩，则会引起运行电压升高，甚至超过允许电压的上限值。试验和实践证明，此时适当调整发电机采取进相运行可以弥补电网调压手段的不足而获得良好的降压效果。

发电机经常的运行工况是迟相运行。发电机迟相运行时，供给系统有功功率和感性无功功率，其有功功率表和无功功率表均指示为正值。此时定子电流滞后于端电压，发电机处于过励磁运行状态。发电机进相运行是相对于发电机迟相运行而言的。发电机进相运行时，供给系统有功功率和容性无功功率，其有功功率表指示正值，而无功功率表指示负值。此时发电机从系统吸收感性无功功率，发电机定子电流超前于端电压，发电机处于欠励磁运行状态。发电机进相运行时，各电磁参数仍然是对称的，并且发电机仍然保持同步转速，因而是属于发电机正常运行方式中功率因数变动时的一种运行工况，只是拓宽了发电机的运行范围。调节发电机的励磁电流，便可实现发电机内部磁场与其感应电势的改变，从而引起无功功率发生变化。此时虽然不影响有功功率，但是当励磁电流调节过低，则有可能使发电机失去稳定。

　　发电机能否进相运行取决于发电机端部构件的发热程度和在电网中运行的稳定性。发电机运行时，端部漏磁通过磁阻最小的路径形成闭路。由于端部漏磁在空间与转子同步旋转，切割定子端部各金属构件，并在其中感应涡流和磁滞损耗，引起发热。当端部漏磁过于集中某部件局部，而该处的冷却强度不足时，则会出现局部高温区，其温升可能超过限定值。发电机端部漏磁的大小和发电机的运行状况即与功率因数及定子电流值有关。定子端部的温升取决于发热量和冷却条件的相互匹配。由于发电机在设计时是以迟相为标准的，所以发电机在迟相运行时，其端部各部件温升均能控制在限值内运行。发电机在进相运行时，其端部磁通密度较迟相运行时增高，因此需格外注意各部件的温升状况。

　　当发电机在某恒定的有功功率进相运行时，由于励磁电流较低，因而其静稳定的功率极限值减小，降低了静稳定储备系数，使发电机静稳定能力降低。因此，发电机进相运行时，允许承担的电网有功功率和相应允许吸收的无功功率值是有限值的。由于各种发电机的参数、结构、端部材料以及连接的系统参数等不相同，所以进相运行时的允许限值也不相同，一般应通过试验来确定。

四、厂用电动机的运行监视

　　厂用电系统是发电厂供电的最重要部分，它的安全运行直接影响到电厂的出力。特别是大容量发电厂，对厂用电的供电可靠性要求更高，在任何时间都不应间断。否则，将引起主设备的出力下降或被迫停机，甚至导致对用户的停电，其经济损失是不可估量的。

　　在火电厂中，一般都有两台或以上厂用高压变压器，以满足厂用负荷的供电需要。一般把厂用变压器以下所有的厂用负荷供电网络，统称为厂用电系统。为了保证厂用电源中间断供电，每段高压厂用母线除由工作变压器取得电源外，还可以从启动/备用变压器取得备用电源。每段都可由两个电源供电，而且备用电源能自动投入，以提高厂用电源的可靠性。

　　机组运行中，应保证厂用电系统在经济、合理、安全、可靠的方式下运行。厂用设备如母线、变压器、断路器、整流器、柴油发电机组等应处于正常完好状态。运行设备各个参数正常，并在允许值范围内变化。备用设备应可随时投入。电源分配合理，不允许设备过负荷或限制出力运行。当部分电源及线路发生故障时，要避免影响其他系统运行。厂用变压器在运行中，应保证其负荷、电压、温度在允许范围内运行。变压器应声音均匀，无异常放电现象。下面仅就火电厂中占重要地位、数量很多的电动机的运行监视作简要介绍。

（一）电动机的启动

1. 电动机启动前的检查

（1）电动机周围应清洁、无杂物，无漏水、漏汽且无人工作。

（2）电动机及其控制箱应无异常现象，外壳接地应良好，电动机引线已接复。

（3）机械部分应完好，外露的旋转部分应有装置完善的防护罩。

（4）如电动机停运的天数超过规定时间或受潮，应测量其绝缘电阻并达到合格水平。

（5）电动机底座螺栓应牢固、不松动，轴承油的油位和油色正常。

（6）用手盘动机械部分，应无卡涩、摩擦现象。

（7）检查传动装置应正常，如传动皮带不应过紧或过松、不断裂，联轴器应完好等。

（8）有关各部分测温组件的显示或指示正常。

（9）冷却装置完好。水冷却的水源应投入，油冷却的油系统应投入运行，且无漏水、漏油情况，压力、流量正常。

（10）对绕线式转子电动机，需特别注意电刷压在集电环上应紧密，启动电阻器的电阻应全部接入回路中，集电环短路装置在断开状态。

上述检查内容应按各厂现场规定的分工由专责人员负责。

2. 电动机的启动

（1）对大、中容量的电动机，启动前应通知值长，并采取必要的措施以保证电动机能顺利启动。

（2）电动机的启动电流很大。但随着电动机转速的上升，在一定时间内，电流表指示应逐渐返回到额定值以下。如果在预定时间（对各种机械有不同的启动时间，各岗位应有该类数据）内不能回至额定电流以下者，应停用电动机，并汇同各有关部门查明原因。否则，不允许再行启动。

（3）电动机启动时，应监视从启动到升速的全过程直至转速正常。如启动过程中发生振动、异常声响、冒烟起火等情况，应立即停用。

（4）对新投运的或检修后初次启动的电动机，应注意其旋转方向必须与设备上标定的方向一致，否则应停电后纠正。

（二）电动机运行中的监视

对运行中的电动机，运行人员应按规定进行检查和维护。当运行人员在检查过程中发现电动机运行不正常时，必须汇报值长，然后才能改变电动机的运行方式。仅当发生必须立即停运的故障时，才可先行停止电动机的运行，但应尽快汇报值长。

运行中电动机的检查项目如下：

（1）监视电动机电流应不超过额定值。

（2）电动机各部分的温度不超过规定值，测温装置完好。

（3）电动机及其轴承的声音应正常，无异常气味。

（4）电动机的振动、窜动应不超过表 3-21 中的规定。

表 3-21 电动机振动及窜动允许值

转速（r/min）	3000	1500	1000	750
振动值（mm）	<0.05	<0.08	<0.10	<0.12
窜动值（mm）	滑动轴承的电动机不超过 2～4mm，滚动轴承的电动机不允许窜动			

（5）轴承润滑情况良好，不缺油、甩油，油位、油色正常，油环转动正常，强制润滑系

统工作正常。

（6）电动机冷却系统（包括冷却水系统）正常。

（7）电动机周围清洁、无杂物，无漏水、漏汽现象。

（8）电动机各护罩、接线盒、控制箱等无异常情况。

【任务实施】

一、工作准备

（1）课前预习相关知识部分，认真讨论分析发电机电压、频率、无功功率、功率因数对发电机—变压器组及厂用电设备的影响，熟记发电机功率因数、氢压与接带负荷的对应关系；独立完成学习任务工单信息获取部分。

（2）调出"300MW（未投协调）"标准工况；认真监盘，详细了解机组的运行方式及主要监控参数。

二、操作步骤

1.　确认发电机及厂用电运行方式

（1）进入就地—电气—发电机—变压器组保护柜，检查并确认所有保护都应投入。

（2）检查发电机—变压器组及启动备用变压器的运行方式。

（3）根据机组运行方式仔细核对电气报警"光字牌"，尤其是出现超限报警参数时，应及时调整。

2.　在教练员台设置"发电机失磁"故障

（1）现象。

1）发电机失磁保护动作，相关保护动作光字牌亮。

2）发电机无功反指，有功稍低。

3）定子电流增大并摆动，定子电压降低。

4）转子电流近于零，转子电压周期性摆动。

（2）处理。

1）失磁保护动作跳闸时按事故跳闸处理。

2）如果失磁是自动调节励磁装置引起，保护未动作，则应切换到手动调节方式运行，立即调整励磁电流，恢复机组正常运行。

3）经1）、2）项处理后励磁仍无法恢复时，应将厂用电系统由高压厂用变压器供电切换至启动备用变压器供电。

4）发电机发生失磁时，在最初 1min 内应将发电机负荷降至额定值的 60% 以下；在此后的 1.5min 以内将发电机负荷降到额定值的 40% 以下。

5）在 15min 以内不能恢复励磁时，应将发电机解列。

项目4 单元机组的滑参数停机

【项目描述】

接值长令，机组停机进行大修，各运行学习小组接令后在仿真机上正确完成单元机组滑参数停机任务。

当机组出现异常时，学习小组能根据异常状况在仿真机上正确实施单元机组紧急停机。

【教学目标】

知识目标：（1）掌握机组的停机方式及特点。

（2）熟悉单元机组滑参数停机、紧急停机的基本步骤及要求。

（3）熟悉机组停运后的冷却及保养方式。

能力目标：（1）能根据停机目的选择不同的停机方式。

（2）能够进行单元机组的滑参数停机以及紧急停机操作。

（3）掌握停机后锅炉、汽轮机、发电机的冷却和保养。

态度目标：（1）具有理解和应用运行规程的能力。

（2）能主动学习，在完成任务过程中发现问题、分析问题和解决问题。

（3）能用精炼准确的专业术语与小组成员协商、交流配合完成本学习任务。

【教学环境】

典型 300MW 机组仿真机房，仿真实训指导书，多媒体课件。

任务 4.1 单元机组滑参数停机

【教学目标】

知识要求：（1）掌握机组的停机方式及特点。

（2）熟悉单元机组滑参数停机的基本步骤及要求。

（3）熟悉机组停运后的冷却及保养方式。

能力要求：（1）能根据停机目的选择不同的停机方式。

（2）会单元机组的滑参数停机操作。

（3）会停机后锅炉、汽轮机、发电机的冷却和保养。

态度要求：（1）能主动学习，在完成任务过程中发现问题、分析问题和解决问题。

（2）能与小组成员协商、交流配合完成本学习任务。

【任务描述】

在电厂工作环境下，接值长令，机组停机进行大修。各学习小组接令后，认真分析运行规程，正确填写机组滑参数停机工作票、操作票，在仿真机上正确完成单元机组滑参数停机任务，要求停机过程安全、顺利。

【任务准备】

课前预习相关知识。根据我国电力行业标准关于炉、机、电的运行导则等知识，经讨论后制订滑参数停机的工作票、操作票，并独立回答下列问题：
（1）依照不同的分类原则，单元机组停运方式有哪些？
（2）停机方式的选取原则是什么？
（3）机组滑参数停运过程中，炉、机、电的停机有哪些主要的步骤？
（4）如何进行机组停运后的冷却与保养？

【相关知识】

单元机组停运是启动的逆过程。由于单元机组是炉、机、电纵向联系的生产系统，因而其停运是整组的停运，炉、机、电之间相互联系，相互制约，各环节的操作必须协调一致、互相配合，才能顺利完成。

一、单元机组的停运方式

单元机组的停运是指机组从带负荷运行状态到减去全部负荷、发电机解列、汽轮机停转、锅炉熄火及机组降压降温的全部过程。

根据停机目的不同，单元机组的停机方式可分为事故停机和正常停机两种。

（1）事故停机。当机组本身或电力系统设备发生故障，为防止事故的扩大，必须及时把故障设备或整个机组停下来。根据事故的严重程度，事故停机又可分为紧急停机和故障停机。紧急停机是指所发生的异常情况已严重威胁机组的安全运行，必须采取措施立即停机。故障停机是指所发生的异常情况，还不会对机组的设备及系统造成严重后果，但机组已不宜继续运行，必须在一定时间内停机。总的来说，事故停机时间很短暂，对整个机组的冲击是比较大的，一般情况下应尽量避免。

（2）正常停机。正常停机属于非事故停机，是根据电网生产计划的安排，有准备地停机。正常停机有充裕的准备时间，以便机组检修或冷备用。故可将正常停机分类为备用停机和检修停机两种情况。由于外界负荷减小，经计划调度，要求机组处于备用状态时的停机称为备用停机。检修停机是指按预定计划进行机组大小修，以提高或恢复机组运行性能的停机。

通常机组的正常停机又可分为额定参数停机和滑参数停机。

额定参数停机是指整个过程基本上在额定参数下进行的停机。停机过程中，保持主蒸汽参数不变，关小调节汽阀，减少进入汽轮机蒸汽流量，降低机组负荷、发电机解列、打闸停机。该方式多用于设备和系统有一些小缺陷处理，但只需短时间停机，待缺陷处理后就可立即恢复运行。这种情况除事故设备需冷却到检修条件外，其余设备并不希望降温降压，以便重新启动时节省时间。大多数汽轮机都可以在 30min 内均匀地减负荷至安全停机，而不产生过大热应力。但是大容量中间再热机组在减负荷过程中，锅炉始终维持额定参数会给运行调整带来很大困难，同时也造成燃料浪费，大容量中间再热机组已极少采用这种方式。

滑参数停机是保持调节汽阀接近全开位置，逐渐降低主蒸汽和再热蒸汽参数来降低负荷，发电机解列，打闸停机。该方式多用于计划大修停机，以求停机后缸温低，能够提早开工。

如何选择合理的停运方式是本项目需要考虑的主要问题。单元机组停运过程中，设备部件要经历温度的大幅度变化，机组停运实质上是一个对热力设备冷却降温的过程。高参数、大容量机组结构复杂，各个部件所处的热力条件差异很大，由此产生的"三热"（热变形、热膨胀、热应力）问题尤为突出。在停运过程中，锅炉受热面工质流动处于非正常状态，这种状态会使部分受热面无法正常冷却；对于汽轮机，汽缸与转子之间膨胀差的出现很易造成动静间隙的进一步缩小，最终导致设备之间的摩擦甚至损坏。实践证明，一些对设备危险、不利的工况会时常出现在机组停运过程中，有些问题虽不能立即引起明显的设备损坏，却会给设备造成"隐患"，降低使用寿命。合理的停运方式也即合理的降温方式，可使停机过程中机组各部件的热应力、热变形、汽轮机转子与汽缸的胀差和转动部件的振动等均维持在较好的水平。

单元机组停运方式选择的原则如下：

（1）停机热备用时，为尽量保证机组的蓄热，以缩短启动时间，可采用额定参数停机。

（2）机组停机消缺、计划检修停机应采用滑参数停机方式，以使机组得到最大限度的冷却，使检修提前开工，缩短检修工期。

二、单元机组的滑参数停运方式

滑参数停机是在调节汽阀保持全开、逐步降低汽温汽压的情况下，汽轮机负荷或转速随锅炉蒸汽参数的降低而下降，直至负荷到零后解列停机。

（一）滑参数停机的主要优点

（1）金属均匀冷却，设备安全可靠性好。滑参数停机时，由于汽轮机调速汽阀全开，蒸汽流量较大，所以汽轮机进汽比较均匀。随着负荷降低，蒸汽参数也逐渐降低，蒸汽容积流量可维持不变，使金属设备能得到均匀冷却，热变形和热应力都较小，同时可缩短汽轮机揭缸时间，增加了设备利用小时数，从而提高了设备利用率，增加了运行调度的灵活性。此外，对喷嘴和叶片上的盐垢也有清洗作用。

（2）经济性高。滑参数停机比其他停机方式在经济性方面更具优势。在停机过程中，参数逐步降低的蒸汽可用于发电，锅炉几乎不需要向空排汽，因此可减少停机过程中的热量和工质损失。另外，随着蒸汽管道金属的蓄热量释放，可加热工质、用于发电等。此外，凝结水也几乎可全部回收。

（3）操作简化并易于程控。随着计算机技术的应用，整个滑参数停机过程可采用顺序控制系统 SCS，系统对风烟系统、给水泵、盘车装置等辅机进行关、停或程序控制，也可以对常用的大、中量的阀门和挡板进行顺控等。

（4）改善周边环境条件。由于减少了蒸汽排放所产生的噪声，所以改善了电厂周围的环境。

（二）滑参数停机过程

1. 停机前的准备

停机前准备工作的好坏，是机组能否顺利停运的关键。准备工作包括具体措施的拟定以及停机前必要的试验项目。

（1）接到停机指令，各岗位值班员对所属设备、系统运行情况进行一次全面检查。

（2）试验辅助油泵。停机过程中主要通过辅助油泵来确保转子惰走、盘车时轴承润滑和轴颈冷却的用油，因此，停机前要进行交流、直流润滑油泵、顶轴油泵、盘车电动机、密封油泵试转，以及油压联动回路的试验，试验中检查连锁是否正常投入。如试验不合格，则应暂缓停机并及时处理，待消缺后方可再停机。

（3）做好辅助蒸汽、轴封及除氧器汽源切换的准备工作，使切换具备条件。对法兰螺栓加热装置的管道应送汽暖管。

（4）旁路系统检查。滑参数停机过程中，要用旁路系统调整锅炉蒸汽参数以及维持锅炉最低稳燃负荷，因此必须检查旁路系统，保证其动作正常。此外，高、低压旁路暖管备用，确认低压旁路暖管阀门在适当位置。

（5）对炉前燃油系统全面检查一次，做好油燃烧器投入前的控制准备工作，以备在减负荷过程中用以助燃，防止炉膛燃烧不稳定和灭火，并对油雾化蒸汽系统充分疏水。

（6）检查各主汽阀、调节汽阀无卡涩。用活动试验阀对主汽阀和调节汽阀进行活动试验，确保各阀门无卡涩现象。

（7）对于长时间停机的机组，在停运前应停止向原煤仓上煤。一般要求将原煤仓的煤用完，以防止自燃。

（8）停炉前应对锅炉受热面全面吹灰一次，以保持受热面在停炉后处于清洁状态。

（9）全面记录主蒸汽及汽缸金属温度，从开始减负荷起，应每隔 1h 记录一次。

2. 滑参数停机的关键问题

（1）在整个滑参数停机的过程中，锅炉负荷及蒸汽参数的降低是按汽轮机的要求进行的，而主蒸汽及再热蒸汽温度的下降速度是汽轮机各受热部件能否均匀冷却的先决条件，也是滑参数停机成败的关键。因此，停机过程必须参照机组启动曲线参数控制主蒸汽、再热蒸汽的降温、降压速度，保证良好的水循环及水动力特性。控制蒸汽参数滑降的主要手段是进行燃烧调整。

（2）严密监视调节级汽缸金属温降速度以及各抽汽管道上下金属温差。汽轮机高中压缸胀差符合规定要求。

（3）严密监视各水室水位，确保正常。

3. 减负荷、降参数

正常滑参数停机的操作，首先要将机组所带的负荷逐渐减掉，直到负荷为零，之后解列发电机，这部分操作是整个停机过程的核心。

带额定负荷的机组在额定参数下先减去 15%～20%的负荷，并将参数降至正常允许值的下限，随着参数的下降逐渐开大调节阀，并在此条件下保持一段时间。当金属温度降低，部件金属温差减少后，再按要求逐渐减弱燃烧，滑降蒸汽参数和机组负荷。

主蒸汽温度每下降 30℃，应稳定 10min。先保持主蒸汽温度不变，逐渐降低主蒸汽压力，然后按规定的温降速度降低汽温，一般主蒸汽和再热蒸汽降温率应控制在 0.6～1℃/min；因再热汽温下降滞后于主蒸汽温度的下降,应等再热汽温下降后,再进行下一阶段的降压降温。此外,由于在降温过程中,转子表面受热拉应力和机械应力的叠加应力,因此,蒸汽温降要小于启动时的蒸汽温升率。

锅炉减负荷时应缓慢减少燃料量,密切关注汽压变化,并相应地减少送风量,根据减负荷进展情况逐步停用给粉机和相应的燃烧器,停用燃烧器时应尽量避免单角运行或缺角运行,并应做好磨煤机、给粉机和一次风管内存粉的清扫工作。对停用的燃烧器,应通以少量冷却风,保证燃烧器不被烧坏。

滑参数停机一般都需要烧空煤粉仓。停炉时间超过 7 天,一般要求将原煤斗存煤用完。对于直吹式制粉系统,应先减少各组制粉系统的给煤量,然后停用各组制粉系统;在减少给煤量的同时,相应减小磨煤机通风量和送、引风量。同时,要根据锅炉燃烧情况,及时投用油枪,以保证锅炉燃烧稳定。在全部磨煤机停运后,燃油油枪才允许停用,炉膛完全熄火。

锅炉汽温必须精心调节,当采用减温水调节时,应避免汽温突变给金属带来热冲击。在低负荷时汽温特别容易产生大幅度波动,因此,严禁减温水使用过量,防止减温器后的蒸汽进入饱和区。在滑参数停机后期,应逐渐关闭一级减温水,尽量使用二级减温控制主蒸汽温度。

注意调整汽轮机轴封供汽,以减小胀差及保持真空。为保证汽轮机的安全,减负荷速度一定要满足汽轮机金属允许的温降速度,使汽缸、转子的热应力、热变形和胀差在规定范围内。随着锅炉负荷的逐渐降低,应相应地减少给水量,保持锅炉正常的水位。此时,还应注意给水自动控制器的工作情况,如效果不好应改换为手动调节给水,并可改用给水旁路进水。

机组负荷由 50%额定负荷继续降至 30%额定负荷过程中,要停止一台给水泵运行。还要注意辅助汽源、除氧器汽源以及厂用电的切换,切换前应注意辅助汽源管路的充分暖管,且其保持略高于抽汽的压力。操作方法是先缓慢开足辅助汽源汽阀(特别防止辅助汽通过抽汽管倒入汽轮机),再关闭抽汽汽阀。检查加热器疏水系统运行情况,检查疏水系统是否在规定负荷开启。高、低压加热器也可在打闸前退出。

一般主蒸汽压力降到 4.9~5.88MPa,汽温降到 330~360℃或负荷降到 5%额定负荷时,检查机组无异常情况,可直接将汽轮机打闸,再解列发电机;或将功率降至零,再解列发电机,然后打闸汽轮机。

4. 停机及转子惰走

发电机解列前,一定要先将厂用电倒至备用电源供电。在发电机有功负荷下降的过程中,应注意无功负荷的调节,维持发电机端电压不变,并注意相邻机组的负荷及电压水平。发电机有功负荷降到接近零时,或接到解列命令后,应迅速断开发电机出口开关,机组与系统解列;并立即调整励磁控制器的整定开关,使励磁电流减至最小,再断开灭磁开关。

发电机解列之后检查各级抽汽电动阀、止回阀、高压排汽止回阀应自动关闭,同时密切注意汽轮机转速的变化,防止超速。汽轮机打闸后转速下降,开始记录汽轮机惰走时间。滑参数停机打闸后,严禁做汽轮机超速试验,以防止蒸汽带水引起水冲击。停机后油压低至一定值,交流润滑油泵、高压启动油泵应自启,否则应手动启动。

当锅炉负荷减到零时,停止燃料供应,锅炉灭火,进行吹扫;检查减温水自动关闭,切除制粉系统和给粉电源;适时开启过热器出口疏水阀或向空排气阀,防止由于汽包蓄热作用使汽压升高。此时,给水可继续少量补给,汽包水位升到最高允许值后停止上水,开启省煤器再循环阀，保护省煤器。在停机过程中，还应在 100%、50%、30%、20%、5%负荷点及锅炉熄火后各记录一次锅炉各部膨胀指示值。

随着转速的下降，汽轮机高压部分可能出现负胀差，其原因是高压部分转子比汽缸收缩得快；而中低压部分出现正胀差，主要原因是转子受泊桑效应，转子高速旋转时，转子直径变大，转速下降时转子直径变小，而沿转子轴向增长。

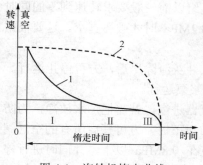

图 4-1　汽轮机惰走曲线

汽轮发电机在打闸解列后，转子依靠惯性继续转动的现象称为惰走。转子在旋转时遇到摩擦、送风损失的阻力等，转速逐渐降为零。从打闸到转子完全静止的时间称为惰走时间，而转子随时间变化的曲线称为汽轮机惰走曲线。一般机组的惰走曲线见图 4-1。其中第一段下降较快，第二段较平均，第三段急剧下降。第一段高转速下，送风摩擦损失的能量很大，能量的损耗约与转速的三次方成正比，而汽轮机转动惯量与转速的二次方成正比，因此下降较快；即将静止的阶段，由于油膜破坏，摩擦阻力增大，转速也迅速下降。新机组或机组大小修后停机时，都要按相同工况记录并绘制惰走曲线，作为分析机组是否有缺陷、能否再启动的重要依据。机组惰走过程中，除事故紧急停机外，不应破坏真空。

汽轮机转子惰走结束，转速到零后，应立即投入盘车装置进行连续盘车。

连续盘车前，需要测量定子绕组、转子回路的绝缘电阻；检查励磁回路变阻器和灭磁开关上的各接点；检查发电机冷却通风系统等。

连续盘车时，观察胀差值的变化。停机后，胀差负值可能超限，在这种情况下，盘车时易出现中压缸动静间轴向摩擦的危险，应认真检查。另外，还应在盘车期间检测转子偏心度是否超限或是否有清晰的金属摩擦声，如有，应停止连续盘车，改为间断盘车，查明原因并予以消除，待偏心度恢复正常后再投入连续盘车运行。

连续盘车时，还要经常检查盘车电动机电流，它能直接反映轴瓦是否损坏和是否存在动静间摩擦的缺陷。当盘车电动机电流异常升高或晃动时，应立即找出原因，加强听声，必要时停止连续盘车。

5. 锅炉降压冷却

锅炉从停止燃烧开始即进入降压和冷却阶段。这期间总的要求是防止汽包等部件冷却不均，保证设备安全。为此，应控制好降压和冷却的速度，防止冷却过快产生过大的热应力，特别注意不使汽包壁温差过大，整个冷却过程中一般要求控制在 50℃ 以下。

锅炉灭火后，以额定风量的 30%～40%进行炉膛通风吹扫，以排除炉膛和烟道内可能残存的可燃物。通风 10min 后停运一侧引、送风机，待空气预热器入口烟温降到 240℃ 以下时，停止所有引、送风机运行，关闭空气预热器进出口烟气/空气挡板，空气预热器转入辅助电动机运行。关闭锅炉各处门、孔和挡板，使锅炉处于闭炉状态 6～8h，以防止冷空气大量进入炉膛，导致锅炉急剧冷却。此后，若有必要再逐渐打开烟道挡板和炉膛各门、孔，进行自然通风冷却。待空气预热器入口烟温降到 60℃ 以下时，可停止其辅助电动机运行。

锅炉停止供汽后，还应加强对锅炉汽压和水位的监视。锅炉壁温大于 90℃ 时，应尽量保持汽包高水位，视情况可进行锅炉放水和进水一次，使各部冷却均匀。停炉 8～10h 后，可再进行放水和进水。此后如有必要使锅炉加快冷却或停炉 18h 后，可启动引风机进行通风冷却，并适当增加放水和进水次数。在锅炉尚有汽压或辅机电源未切除之前，仍应对锅炉加强监视和检查。

6. 其他系统及辅助设备的停运

真空和轴封蒸汽停运的原则是转速到零后，确认凝汽器不再进汽和热水，才能开真空破坏门、停真空泵，真空到零后停止向轴封送汽。但是国内机组以前一般要求转速到零的同时真空也到零，而西屋公司制造的机组规定在汽包压力降至 0.2MPa 时才破坏真空。这要根据主、再热蒸汽管道和汽缸疏水的情况来确定。

锅炉灭火后，捞渣机、碎渣机仍应运行数小时，待冷灰斗灰渣除尽后，方可停止运行。30min 以后，可以关闭冲渣冲灰喷水；灰水抽净后，停止渣浆泵运行。

如果长时间不需上水，可以停运电动给水泵，切断除氧器进汽。若需把炉水放净，为防止急剧冷却，应待锅炉汽压降为零，锅水温度降至 70～80℃ 以下时，方可开启所有的空气阀和放水阀，将炉水全部放出。若采用带压放水，汽包压力应在 0.8MPa 以下，并同时进行停炉保养。

若辅汽联箱不需要减温水，并确认凝结水无用户时可以停止凝结水系统运行。辅助蒸汽系统的停运不仅要看机组用户，还要考虑厂内其他用户如燃油、化学等的需要。检查无冷却水用户时可以停运闭式水、开式水系统。排汽缸温度下降到 50℃，并确认循环水无用户时，可停止循环水系统运行。

氢冷发电机短时间停机、氢气系统没有检查工作时，发电机一般不进行排氢操作；发电机内充满氢气时，应保持发电机密封油系统运行。排氢前定子水系统必须先停运，保证定子水压低于氢压；定子水系统的停运则根据发电机绕组温度来确定。盘车停止后才能停密封油系统；先停氢侧密封油，再停空侧密封油。密封油系统停运前必须保证润滑油系统正常运行。

三、机组停运后的保养

1. 停炉保养

锅炉停止运行后，若在短时间内不再投入运行，则应将锅炉转入冷态备用。锅炉在冷态备用期间的主要问题是防止腐蚀，尤其要防止金属氧化腐蚀；为此，应设法减少炉水中的溶解氧和防止外界空气的漏入。

锅炉在备用期间的主要问题是防止受热面金属腐蚀，减少锅炉设备的寿命损耗。

保养根据设备及实际情况确定保养方案，不提倡使用对人体和环境有害的保护方法。

（1）锅炉防腐的基本原则。

1）不让空气进入锅炉汽水系统内，如锅炉内保持一定的蒸汽压力或给水压力。

2）保持停用锅炉汽水系统金属表面的干燥。

3）在金属表面形成具有防腐蚀作用的保护膜或吸附膜，以隔绝空气。

4）使金属表面浸泡在含有除氧剂或其他保护剂的水溶液（联氨或氨溶液）中。

5）在停备用锅炉设备内充入惰性气体。如充入高纯度的氮气或氨气。

（2）保养方法。较常见的保养方法一般可分为湿法保养和干法保养两大类。

1）湿法保养。联氨（N_2H_4）是较强的还原剂，联氨与水中的氧或氧化物反应后，生成不具腐蚀性的化合物，从而达到防腐的目的。进行联氨防腐以前，应将锅炉各部存水放尽，关闭各放水阀、省煤器入口阀，并将各管路系统与外界隔离，锅炉保持密封状态，药品可用加药泵加入。在补加药品过程中应注意防止压力升高过多。联氨是剧毒品，配药、加药过程应在化学人员的监护下进行。防腐期间还应定期对溶液取样化验，如联氨浓度下降至 100mg/L 以下时，应补加联氨。

以锅炉长期停用（一周以上）为例，保养过程如下：

a. 干燥再热器。汽轮机打闸后，锅炉继续运行 1h 进行再热器干燥。

b. 停炉后，随着锅炉的冷却，将汽包或汽水分离器水位上升到极限，并关闭各疏水阀及取样阀。

c. 当炉水温度降低至 180℃ 以下时，加入和保养期限相对应浓度的联氨和氨水。

d. 进一步冷却。当锅炉压力降至 0.2MPa 以下时，开始向锅炉充入氮气，且保持氮气压力在 30～60kPa。

e. 根据保养期的长短，可采用直接充氮保养和满水保养等方法对过热器和再热器进行保养。

短期的停炉保养（一周以内），也可以采用其他湿法保养，如蒸汽压力法、给水压力法、循环水运行法等。

2）干法保养。

a. 干燥防腐法。一般锅炉停运半年以上，可采用该方法。具体操作是：炉水放尽后，先将锅炉内部清理干净，然后按每立方米锅炉容积放置定量干燥剂，例如无水氯化钙（$CaCl_2$）、生石灰、硅胶等，其用量约为 1.5～3.0kg/m^3，保持锅炉金属表面处于干燥状态，以减轻金属氧化腐蚀。锅炉在保养期间应处于密闭状态，并应进行定期检查和更换干燥剂。在上述几种干燥剂中，由于氯化钙和生石灰用过一次后即失效，而硅胶可以定期取出经加热除水后再用，同时在加热除水时还可以测定其水分，从而可以知道一段时间内吸收了多少水分，便于进行比较，所以通常使用硅胶。

b. 锅炉放水余热烘干法和负压余热烘干法。前者是在锅炉停运后，压力降至锅炉制造厂规定值时，迅速放尽锅内存水，利用炉膛余热烘干锅炉受热面。后者原理与前者相似，在放尽锅内存水后，立即对锅炉抽真空，加快锅内湿气排出，提高烘干效果。

（3）锅炉炉膛、风烟道及辅机的保养。锅炉炉膛的内部应保持干燥状态，特别是长期保养时，应除去烟道、受热面等的积灰，必要时还应设置加热器，用以干燥保养。

长期的保养，应对风烟道内表面积灰进行清扫，且关闭所有风门、挡板。

锅炉辅机的保养原则是保护冷却水畅通，并且应定期运转或手动盘动辅机，防止轴承部件锈蚀，并在其他部分涂上防锈油。

（4）停炉后的冷却与防冻。锅炉停炉后的冷却大致分为自然冷却和快速冷却两种。自然循环锅炉一般采用自然冷却。汽包壁温高于 90℃ 时，应尽量保持汽包高水位。一般停炉 6h 后，开启引风机出、入口阀进行自然通风冷却；18h 后可启动引风机进行通风冷却，当烟温符合要求时，停止引风机。整个冷却过程中，汽包壁温差应在允许范围内。

停用的锅炉本身不再产生热量，且管道内的水处于静止状态，冬季气温很低时，为了防止冻坏管道和阀门，必须考虑锅炉的冬季防冻问题：

1）冬季应将锅炉各部分的伴热系统、各辅机油箱加热装置、各处取暖装置投入运行，确保正常。

2）冬季停炉时，尽可能采用干式保养。若锅内有水，应投入水冷壁下联箱蒸汽加热。

3）将所有疏水放水阀门开启，把炉水和仪表管路内的存水全部放掉，以防止积水存在。

4）厂房及辅机室门窗关闭严密，设备系统的各处保温完好，发现缺陷应及时进行消除。

（5）锅炉的化学清洗。锅炉的化学清洗，是保持受热面内表面清洁，防止受热面因结垢、腐蚀引起事故，以及保持汽水品质合格。锅炉化学清洗要求能除去新建锅炉在轧制、加工过程中形成的高温氧化轧皮，以及在存放、运输、安装过程中所产生的腐蚀产物、焊渣和泥沙污染物等；除去运行锅炉在金属受热面上积聚的氧化铁垢、钙镁水垢、铜垢、硅酸盐垢和油污等。

2. 汽轮机停运后的保养

汽轮机短期停机（通常不足十天）的保养方法如下：

（1）隔绝一切可能进入汽轮机内部的汽、水系统，开启本体疏水阀。

（2）隔绝与公共系统连接的有关汽、水、气阀门，并放尽其内部的剩汽、剩水和剩气。

（3）所有的抽汽管道，主、再热蒸汽管道、旁路系统的疏水阀均应开启。

（4）放尽凝汽器热井、循环水进出水室、加热器（包括除氧器）汽侧剩水。

（5）给水泵汽轮机的相关疏水阀全部打开。

（6）保持主机润滑油系统和润滑油净化系统连续运行，并控制润滑油温。

（7）停机后，转速到零应立刻投入连续盘车，连续盘车时间不少于 48h，并应做好转子惰走时间、转子偏心度以及盘车电流的记录。

汽轮机长期（十天以上）停机的保养方法除进行短期保养措施外，还应将所有停运设备和系统内的剩水全部放尽，对加热器（包括除氧器）汽侧采用充氮保养，水侧可采用充联氨保养。

此外，汽轮机汽水系统及设备在冬季也应注意执行防冻措施。一旦发生冻结，设备、阀门、管道内的水在冻结过程中将强行膨胀，极易造成部件胀裂。

汽轮机冬季防冻措施应遵循以下原则：

（1）在可能发生冻结的部位悬挂温度计，并定期记录温度值。

（2）采取一系列措施保证可能发生冻结的部位温度保持在 0℃ 以上，如关闭门窗、加装保温材料和暖气等，以提高环境温度。

（3）停机后排掉存汽和存水。

（4）当环境温度无法上升以及汽水无法完全排掉时，应定期启动系统，设法使汽水在设备及管道中流动。

3. 发电机—变压器组停运后的保养

（1）发电机停机后的状态。

1）热备用状态。指发电机—变压器组出口开关、灭磁开关在断开位置，高压厂用变压器低压侧分支开关在工作位置，其余与运行状态相同。

2）冷备用状态。指发电机—变压器组出口开关、出口隔离开关、发电机的中性点接地开关、发电机的出口 PT 一次隔离开关、灭磁开关在断开位置，高压厂用变压器低压侧分支开关在试验位置，取下断路器的控制、合闸熔断器。

3）检修状态。在冷备用的基础上，做好设备检修的安全措施。

（2）短期停机后维护。

1）氢气密封。转子静止时油氢压差为 0.036～0.056MPa，转子转动时压差为 0.056～0.076MPa。

2）氢气纯度。维持发电机内氢气纯度在 96％以上，同时氢气报警系统应投入。

3）防止结露。控制发电机内氢温高于氢气露点 20℃以上，否则减少或停用内冷水。

4）定子绕组冷却水。定子绕组内通水循环，维持冷却水温高于机内氢温 5℃以上，并每隔 2h 检查内冷水的电导率。

（3）长期停机（30 天或更长时间）维护。应将发电机内氢气排尽，并充以压缩空气进行冲洗，密封油、内冷水、氢气冷却器及其他辅助系统应停止运行。

在冬季，发电机组停机期间，机组厂房内的温度如果低于 5℃，应设法采取措施。否则，不能停止定子绕组内冷水的循环，并维持合格的定冷水参数。

最后应特别指出的是，发电机—变压器组应根据自身特点制订各自的维护措施，以保证设备在停运期间的安全。

【任务实施】

一、工作准备

调出"发电机并列后"标准工况；认真监盘，详细了解机组运行方式及主要监控参数。

二、操作步骤

滑参数停机的操作步骤见表 4-1。

表 4-1　　　　　　　　　　机组滑参数停机主要操作步骤

序号	操作步骤
	停运前的准备工作
1	试启高压密备油泵、交直流润滑油泵、顶轴油泵、盘车电动机正常。确认主机盘车控制在自动位置，顶轴油泵自启动连锁开关在"投入"位
2	活动主汽阀、调速汽阀正常
3	检查各控制装置均在自动位置并好用，切除"调压反馈"和"功率反馈"回路，将 DEH "顺序阀"切换为"单阀"，用操作员自动方式停机
4	将主蒸汽压力限制器、高低负荷限制器回路退出
5	高、中压缸疏水阀控制投入自动位置
6	对燃油系统进行一次全面检查，确认燃油系统工作良好、油压正常，试投各油枪，确认各油枪的进退、电磁阀开关灵活好用、油路畅通、雾化良好
7	对各受热面进行一次全面吹灰（包括空气预热器）
8	根据停机时间或要求决定是否将原煤仓烧空
9	将辅汽联箱的汽源切换为邻机或原汽轮机供汽

序号	操作步骤
10	进行轴封备用汽源、除氧器备用汽源的暖管疏水
机组减负荷	
11	在协调的方式下，按照机组的滑压运行曲线对机组降负荷和减负荷，设定机组负荷为 240MW，减负荷变化率为 3MW/min，设定主蒸汽压力目标值为 16.0MPa，降压速度不大于 0.1MPa/min，机组开始减负荷
12	机组负荷降到 240MW，主蒸汽温度、再热汽温度保持稳定不变，稳定运行 15min
13	设定机组负荷为 210MW，减负荷变化率为 3MW/min，设定主蒸汽压力目标值为 14.6MPa，降压速度不大于 0.1MPa/min，机组继续减负荷。负荷减至 210MW 时，主蒸汽压力降至 14.6 MPa；主蒸汽温度降至 510℃，再热汽温度降至 510℃，稳定 10min
14	根据燃烧情况及负荷停止最上层一台磨煤机
15	投汽轮机功率反馈回路，保持负荷不变，调整锅炉参数逐渐使汽轮机调节阀全开，开始滑压降负荷
16	设定机组负荷为 150MW，减负荷变化率为 3MW/min，设定主蒸汽压力目标值为 12.5MPa，降压速度不大于 0.1MPa/min，机组继续减负荷
17	机组负荷降压 170MW 左右，将轴封汽源切换至辅汽汽源供汽
18	负荷降至 150MW，机组主蒸汽压力降至 12.5MPa，主蒸汽温度降至 480℃，再热汽温度降至 480℃，稳定 10min
19	煤量主控器、风量主控器切为手动。根据停炉时间和粉位情况，有顺序地降低各粉仓、粉位，停运第二套制粉系统，并将制粉系统内煤粉抽尽
20	注意排汽背压，检查空冷系统功能组自动正常，检查风机按顺序逐步停运
21	机组负荷为 150MW 时，将厂用电倒换至 01 启动备用变压器运行
22	机组负荷为 150MW 时，根据情况解列一台给水泵为手动，缓慢降低其出力并检查另一台电动给水泵自动增加出力，保持汽包水位正常
23	设定机组负荷为 120MW，减负荷变化率为 3MW/min，设定主蒸汽压力目标值为 10.5MPa，降压速度不大于 0.1MPa/min，机组继续减负荷
24	机组减负荷至 120MW，机组主蒸汽压力降至 10.5 MPa，主蒸汽温度降至 450℃，再热汽温度降至 450℃，稳定 10min
25	负荷降至 120MW，停运一台电动给水泵
26	根据情况将除氧器供汽切换由辅汽联箱供给
27	根据燃烧情况投油稳燃，投入 AB 层油枪
28	投油后，投入空气预热器连续吹灰，通知除灰值班人员停止电除尘电场运行
29	根据负荷下降情况，停止第三套制粉系统
30	根据锅炉需要，投入高、低压旁路系统
31	机组减负荷至 90MW，机组主蒸汽压力降至 8.4 MPa，主蒸汽温度降至 420℃，再热汽温度降至 420℃，稳定 10min
32	切三冲量给水自动为单冲量给水自动方式，并检查自动工作正常
33	退出高压加热器汽侧，给水走大旁路

序号	操作步骤
34	负荷降至 60MW，机组主蒸汽压力降至 6.3 MPa，主蒸汽温度降至 390℃，再热汽温度降至 390℃，稳定 10min，检查中压主汽阀后所有疏水阀均已开启
35	负荷为 45MW，检查后缸喷水自动打开
36	负荷为 45MW 时，增投油枪，停用最后一套制粉系统，停用密封风机和两台一次风机
37	负荷降至 30MW，机组主蒸汽压力降至 4.2 MPa，主蒸汽温度降至 360℃，再热汽温度降至 360℃，稳定 10min，检查中压主汽阀前所有疏水已开启
38	负荷为 15MW，检查机组无异常，启动交流润滑油泵，检查汽轮机润滑油压正常。退出高压启动油泵连锁。降负荷至零
39	将机组有功、无功负荷减到零后，汽轮机打闸；检查高中压主汽阀、调节阀、抽汽止回阀和电动阀、高排止回阀全部关闭，高压通风阀开启。锅炉 MFT 动作正常；检查发电机联跳正常，否则立即检查有功是否到零、电能表是否停转或逆转后，再将发电机与系统解列
	停机后的工作
40	锅炉熄火后查各油枪退出，各油枪进油、吹扫蒸汽气动阀关闭，燃油跳闸阀关闭
41	停止空气预热器吹灰
42	退出连续排污
43	锅炉熄火后，炉膛吹扫 5min，停运引、送风机
44	关闭所有风烟挡板、看火孔，保持炉膛和烟道严密封闭，严密监视烟道各部烟温、汽包上下壁温差不大 40℃
45	开启再热器系统的所有疏水阀；开启高温过热器入口联箱疏水，控制锅炉降压和过热器冷却，关严其他各排污、疏水、取样阀、空气阀
46	汽包进水至最高可见水位，开启省煤器再循环
47	汽包停止上水后，根据情况停电动给水泵
48	检查高、低压旁路系统已退出
49	根据发电机氢温，关闭氢冷器进出水阀
50	根据汽轮机润滑油温情况，调整冷油器冷却水，润滑冷油器出口油温保持在 35～38℃范围内
51	当机组转速低于 2600 r/min 且排汽温度<90℃时，检查低压缸喷水阀自动关闭
52	汽轮机转速 800r/min 时，检查顶轴油泵自动投运，否则手动投入
53	汽轮机转速 200r/min 时，停止真空泵运行，开启真空破坏门。确认润滑油供盘车装置电磁阀打开
54	转速至零后，注意盘车自动投入（否则应手动投入盘车），盘车转速为 3.6r/min，检查记录盘车电动机电流及摆动值和转子偏心度，记录并比较惰走时间，确认转子惰走正常
55	真空到零后，停止轴封供汽，关闭高中压汽封进汽手动阀，停轴封风机
56	确证无疏水进入排汽装置时，停止排汽装置疏水泵运行
57	停止 EH 油系统运行

序号	操作步骤
58	锅炉熄火 8～10h 后，汽包上下壁温差不大于 50℃，可开启空气预热器风、烟挡板，开启各二次风门，开启再热器、过热器烟气挡板，打开引风机入口挡板、出口挡板、动叶，维持炉膛负压–50Pa，进行自然通风
59	锅炉不需再上水时，停止除氧器加热
60	停炉 18 h 后，汽包上下壁温差不大于 40℃，可根据需要启动引风机快冷，若汽包上下壁温差大于 50℃，应间断启动引风机
61	炉膛烟温低于 150℃时，解除火检冷却风机连锁，停运火检冷却风机
62	空气预热器入口烟温低于 120℃，停止空气预热器运行
63	当汽包金属温度低至 180℃左右，汽包内压力小于 0.8MPa，汽包上下壁温差不大于 40℃时，可进行带压放水
64	低压缸排汽温度低于 50℃，解除凝结水泵连锁，停运凝泵
65	汽轮机高压第一级处金属温度低于 150℃时，停运盘车和顶轴油泵
66	停运发电机定子冷却水系统
67	联系检修进行发电机气体置换
68	停运密封油系统
69	停运润滑油系统
70	停运循环水泵

任务 4.2　单元机组紧急停机

【教学目标】

知识要求：（1）掌握炉机电大连锁保护系统的动作原理及结果。

　　　　　（2）掌握机炉紧急停运条件。

能力要求：（1）能根据故障的性质按照紧急停运原则选择紧急停运方式。

　　　　　（2）会机炉电紧急停运操作。

态度要求：（1）能主动学习，在完成任务过程中发现问题、分析问题和解决问题。

　　　　　（2）能与小组成员协商、交流配合完成本学习任务。

【任务描述】

当机组出现异常时，学习小组能根据异常的性质在仿真机上正确实施单元机组紧急停机，确保停机过程安全、顺利。

【任务准备】

课前预习相关知识部分。参照我国电力行业标准关于炉、机、电的运行导则等知识，经讨论后制订机组异常工作状态紧急停机的工作票、操作票，并独立回答下列问题：

（1）什么是机炉电大连锁保护控制？

（2）造成紧急停机的主要因素有哪些？

（3）分别针对炉、机、电的典型紧急停机处理有哪些？

（4）如何做紧急停机后的保养？

【相关知识】

机炉的紧急停运是指机组继续运行将危及人身安全、损害设备或造成设备进一步毁坏时的被迫停机、停炉。紧急停机、停炉时，机组的金属温度变化不易控制，这对机组的使用寿命影响较大，而且操作时间紧迫，容易导致顾此失彼，以致损坏设备。因此，除非突发严重故障，应尽量避免采用紧急停机方式。

一、炉机电大连锁保护逻辑控制

锅炉、汽轮机、发电机三者之间的连锁保护称为炉机电大连锁保护。单元制机组任一主设备保护动作时，通过这一连锁回路连带另外两主设备跳闸，自动进行减负荷、投旁路系统、停机、停炉等事故处理。其中任一环节出现严重事故或故障，都将影响整个机组的运行。

1. 炉机电大连锁保护逻辑系统

单元机组的炉机电大连锁保护系统框图如图 4-2 所示，其动作如下：

（1）当锅炉故障而产生锅炉 MFT 跳闸条件时，延时连锁汽轮机跳闸、发电机跳闸，以保证锅炉的泄压和充分利用蓄热。

（2）汽轮机和发电机互为连锁，即汽轮机跳闸条件满足而紧急跳闸系统（ETS）动作时，将引起发电机跳闸；而发电机跳闸条件满足而跳闸时，也会导致汽轮机紧急跳闸。不论何种情况都将产生机组快速甩负荷保护（FCB 动作）。若 FCB 成功，则锅炉保持 30%低负荷运行；若 FCB 不成功，则锅炉 MFT 紧急停炉。

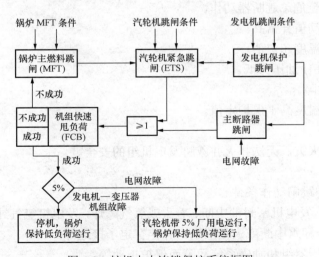

图 4-2　炉机电大连锁保护系统框图

（3）当发电机—变压器组故障，或电网故障引起主断路器跳闸时，将导致 FCB 动作。若 FCB 成功，锅炉保持 30%低负荷运行。而发电机有两种情况：当发电机—变压器组故障时，其发电机负荷只能为零；而电网故障时，则发电机可带 5%厂用电运行。若 FCB 失败，则导致 MFT 动作，迫使紧急停炉。

炉、机、电保护系统具有独立回路，且与其他系统相互隔离，以免产生误操作。但炉机电的大连锁应该是直接动作的，不受人为干预。

2. 机组自动保护停机条件

（1）锅炉 MFT 保护动作条件。一般情况下，锅炉发生以下状况应考虑投入自动 MFT：

1）锅炉保护具备跳闸条件而拒动。

2）锅炉水位极高或极低超极限值。

3）炉膛压力不正常。炉膛压力超过正常运行压力的保护值或维持较高压力的持续时间超过规定值。

4）锅炉灭火。

5）引（送）风机全部跳闸或回转式空气预热器停止。

6）主蒸汽压力超过危险界限，或蒸汽压力升高至安全阀动作压力而安全阀拒动。

7）锅炉强制循环泵跳闸。

8）锅炉水位表计损坏。

9）火焰监视器、冷却风机故障停运。

10）锅炉发生严重爆管。给水管道、水冷壁、省煤器、过热器、再热器及蒸汽管道等发生破裂而严重泄漏。

11）炉膛烟道内发生爆炸，使主要设备损坏或尾部烟道发生二次燃烧。

12）燃料丧失。

13）汽轮机跳闸。

（2）汽轮机紧急跳闸 ETS 保护动作条件。以下条件发生时，汽轮机危急遮断保护将自动投入：

1）汽轮机超速至危急遮断器动作。

2）发电机组振动值异常高。

3）轴瓦及轴承温度超定值。

4）润滑油压、EH 油压力低。

5）DEH 系统故障。

6）汽轮机排汽温度高于保护定值。

7）真空过低。

8）油系统发生火灾，无法扑灭并威胁发电机组的安全。

9）手动停机。

（3）发电机保护跳闸动作条件。

1）发电机故障，发电机密封油中断、着火或氢气爆炸，发电机氢气纯度不能维持 90%～92%，发电机定子冷却水中断或大量漏水，并伴有定子接地等。

2）发电机—变压器组和励磁系统故障而保护拒动等。

3）发电机内有摩擦、撞击声，振动超过允许值。

4）发电机互感器冒烟、着火、爆炸。

5）发电机—变压器组出口开关以外发生短路，定子电流表指示表最大，电压严重降低，发电机后备保护拒动。

二、紧急停机

1. 紧急停机原则

（1）事故发生时，应以"保人身、保电网、保设备"的原则进行处理。

（2）机组发生事故时，应立即停止故障设备运行，并采取相应措施防止事故蔓延，必要时应保持非故障设备运行。

（3）运行人员应设法保证厂用电的安全运行，尤其应确保事故保安设备的可靠运行。

（4）事故处理应迅速、准确、果断。

（5）应保留好现场，特别是保存好事故发生前和发生时仪器、仪表所记录的数据，以备分析原因，提出改进措施。

（6）事故处理完毕后，运行人员必须实事求是地将事故发生的时间、现象以及处理过程中所采取的措施详细记录在运行日志上。

2. 紧急停机条件

（1）需破坏真空的紧急停机条件。

1）汽轮机突然发生强烈振动或汽轮发电机组任一轴振动达 0.254mm 时。

2）汽轮机内部有明显的金属撞击声或摩擦声时。

3）汽轮机转速超过 3330r/min，而超速保护拒动作时。

4）汽轮机轴向位移增大至 $+1.0$ mm 或 -1.0 mm 时。

5）汽轮发电机组任一轴承断油、冒烟，任一支持轴承合金温度升高至 113℃，或推力轴承推力瓦温度升高到 107℃时。

6）润滑油压低至 0.06MPa，启动辅助油泵无效，保护未动作时。

7）润滑油箱油位降低至 -260mm，补油无效时。

8）汽轮机发生水冲击时。

9）汽轮机轴封处异常摩擦冒火花时。

10）油系统着火不能立即扑灭，严重威胁机组安全时。

11）发电机冒烟着火或氢系统发生爆炸时。

12）汽轮机胀差达 -1.5 mm 时或 $+16.45$ mm 时。

（2）不需破坏真空的紧急停机条件。

1）锅炉灭火。

2）机侧主蒸汽压力超过 21.7MPa 时。

3）机侧主、再热汽温达 565℃持续 15min 不下降或达到 567℃时。

4）主蒸汽与再热蒸汽偏差超过 42℃以上，运行时间超过 15min 时。

5）主、再热蒸汽温度 10min 内突然下降 50℃，且调整无效时。

6）主蒸汽温度低至 460℃时。

7）EH 油系统故障，EH 油压力低至 9.8MPa，无法恢复时。

8）排汽压力大于 65kPa 时。

9）汽轮机连续无蒸汽运行超过 1min 时。

10）发电机定子绕组冷水中断 30s 未恢复，而发电机保护未动作时。

11）DEH 系统和调节保安系统故障无法控制正常运行时。

12）低压缸排汽温度超过 121℃时。

13）主蒸汽、再热蒸汽、高压给水管道破裂无法运行时。

14）热工仪表电源中断、控制电源（气源）中断、热控系统故障，机组失去控制和监视手段，机组无法维持原运行状态运行，不能立即恢复时。

15）当热控 DCS 全部操作员站出现故障（所有上位机"黑屏"或"死机"），且无可靠的后备操作监视手段时。

16）汽轮机达到自动掉闸条件而未掉闸时。

三、紧急停炉

1. 紧急停炉原则

（1）尽快消除事故根源，迅速隔绝故障点，以人为本，首先消除对人身、设备的威胁，再迅速排除故障。

（2）应立即停止故障设备运行，并采取相应措施防止事故蔓延，必要时应保持非故障设备运行。

（3）发生事故后如相关连锁、保护装置未能按规定要求动作，运行人员应立即手动操作使其动作，以免造成设备损坏。

（4）凡事故跳闸的设备，在未查明真相前，不可盲目恢复其运行。

2. 紧急停炉条件

（1）锅炉达到 MFT 动作条件，MFT 保护拒动。

（2）锅炉承压部件、受热面管子和管道爆破无法维持运行或危及人身安全。

（3）所有汽包水位计损坏，无法监视汽包水位。

（4）锅炉主、再热蒸汽压力升高超过设定值，安全阀拒动。

（5）汽包、主、再热蒸汽安全阀动作后不回座。

（6）受热面金属严重超温，经降低负荷多方调整无效。

（7）锅炉严重结焦、堵灰，无法维持正常运行。

（8）尾部烟道发生二次燃烧或排烟温度过高。

（9）炉墙发生裂缝或钢架、钢梁烧红。

（10）所有 DCS 画面显示异常、黑屏或 DCS 控制系统失灵，不能监视运行参数时。

（11）省煤器、水冷壁泄漏，无法维持汽包水位；或虽能维持正常水位，但是由于补入大量低温给水导致汽包上下壁温度差超标。

四、发电机紧急停运

1. 发电机紧急停运的原则

（1）尽快限制事故发展，消除事故根源，解除对人身和设备的威胁。

（2）首先设法保证厂用系统电源的正常供电，尤其是事故保安段电源的可靠供电。

（3）保证未受到事故影响的设备可靠运行，根据情况投入备用电源。

（4）及时调整运行方式，使系统恢复正常，迅速恢复供电。

（5）当派人去检查设备或寻找故障原因时，未与检查人员取得联系之前，不允许对检查设备合闸送电。

（6）事故处理时，应始终保持冷静的头脑，相互联系，服从当值值长统一指挥。

（7）事故处理应有专人记录与事故有关的现象和各项操作的时间。

（8）对保护动作信号、光字牌应由两人做好记录再复归。

2.　发电机紧急停运条件

（1）汽轮机打闸后，程跳逆功率保护拒动。

（2）发电机内有摩擦、撞击声，振动超过允许值。

（3）发电机—变压器组系统主要设备冒烟、起火、爆炸。

（4）发电机—变压器组和励磁系统故障而保护拒动。

（5）发电机定子绕组漏水，并伴有定子接地。

（6）发电机互感器冒烟、着火、爆炸。

（7）作用于解列停机的保护拒动。

（8）发电机—变压器组出口开关以外发生短路，定子电流表指示最大，电压严重偏低，发电机后备保护拒动。

（9）发生其他直接威胁人身安全的紧急情况。

【任务实施】

一、工作准备

（1）调出"300MW 协调"标准工况；认真监盘，详细了解机组运行方式及主要监控参数。

（2）设置"6kV 厂用电ⅣA 段接地"故障。

二、操作步骤

1.　电气方面的操作

（1）若为低压厂用变压器 6kV 侧接地，转移负荷，将该变压器停运检查。

（2）若为 6kV 电动机接地，保护未动作，启动备用设备，停运该故障电动机进行检查处理；若该电动机零序保护动作，检查开关掉闸，启动备用设备。

（3）若 6kV 母线快切装置未动作且备用电源正常，检查无"限时速断""复合电压过流""零序过流"保护动作时，应在工作电源开关断开的情况下强送备用电源一次，不成功不得再送。

（4）若为 6kV 母线接地，则应迅速倒换该段电源，如接地现象消失，则为电源封闭母线接地，否则为 6kV 母线接地。

（5）判明为 6kV 母线接地，故障段上未跳闸的设备应手动断开，倒换接地 6kV 母线负荷，停电处理。

（6）查明原因，尽快恢复厂用电。

2. 锅炉方面的操作

（1）立即启动未自启的备用设备和复位已自启设备的开关。

（2）对应母线上的设备跳闸，若机组发生 RB，则热机按 RB 处理。

1）若机组未跳闸，锅炉未灭火，应立即投油助燃；检查机组 RB 动作正常。

2）检查该母线上设备跳闸，备用设备联启并退出连锁，维持机组运行稳定。

（3）若机组已跳闸（MFT）动作，应按机组手动停止运行后的步骤处理。

1）检查确认下列设备应动作正常，否则应立即手动操作。

a. 关闭来回油速断阀和所有油枪油阀。

b. 所有磨煤机跳闸，关闭磨煤机出、入口煤阀。

c. 所有给煤机跳闸。

d. 两台一次风机跳闸。

e. 等离子点火器跳闸。

f. 二次风调节挡板超驰关至点火吹扫位。若因引、送风机引起的 MFT 动作，则超驰全开二次风调节挡板。

g. 过热器减温水闭锁阀、电动截止阀关闭，调节阀超驰关闭。

h. 再热器事故喷水闭锁阀、电动截止阀关闭，调节阀超驰关闭。

i. 引、送风机自动切除为手动调节炉膛压力正常。

2）手动 MFT 后保持 30%的风量及正常炉膛压力，对锅炉进行通风吹扫 5min。如果是因两台引、送风机跳闸引起的 MFT，应检查后建立自然通风，时间不少于 15min；如果是因锅炉尾部烟道二次燃烧引起的紧急停炉，应在停炉后停止所有引风机、送风机，并关闭所有风门，挡板密闭炉膛，严禁通风。应禁止通风，投入烟道蒸汽吹灰器灭火（空气预热器着火则应投入空气预热器灭火和吹灰器），检查尾部烟道各段烟温正常后，开启检查孔，确认无火源，才能谨慎启动引风机冷却。

3）MFT 动作后应迅速查明跳闸原因，检查所有进入炉膛内的燃料确已切断，检查空气预热器、火检冷却风机在运行，否则应立即恢复其运行；检查所有吹灰器已退出。

4）控制主蒸汽压力在允许的范围内。

a. 若汽包安全阀、过热器安全阀已起座，待各安全阀均回座后用高、低压旁路控制主蒸汽压力稳定；若高、低压旁路故障无法投运，可使用过热器对空排汽阀控制主蒸汽压力稳定。

b. 若锅炉承压部件爆破引起的紧急停炉，MFT 动作后应立即关闭至吹灰系统的供汽阀、定期排污阀及本体疏放水阀，尽可能减缓汽压的下降。

5）控制汽包水位。

a. 若给水泵在运行状态或备用泵已联动且汽包水位可见，用给水旁路控制汽包水位正常。

b. 若因汽包水位低引起 MFT 动作，应立即关闭进水阀，停止给水泵，严禁向锅炉进水。

c. 若因水冷壁或省煤器爆破停炉，则停炉后严禁开启省煤器再循环。

d. 若全部给水泵均已跳闸，应立即关闭主给水电动阀及旁路阀，防止倒流扩大事故。

6）跳闸原因查明并消除，经值长许可后进行炉膛吹扫，启动锅炉运行。

3. 汽轮机方面的操作

（1）汽轮机自动掉闸或手动打闸后，检查负荷到零。检查高、中压主汽阀，高、中压调节阀，以及各段抽汽止回阀、高压排汽止回阀、抽汽电动阀均联动关闭，高压通风阀联动开启。

（2）发电机解列，机组转速明显下降。

（3）检查交流润滑油泵、高压启动油泵自动启动。

（4）检查高、低压旁路自动开启，注意主蒸汽压力，及时关闭高、低压旁路阀。

（5）确认汽轮机各疏水阀自动打开。当排汽温度达 90℃时，低压缸喷水减温自动投入。

（6）检查除氧器抽汽进汽阀联动关闭。

（7）及时进行辅汽系统的汽源切换。邻近机组运行时，开启到辅汽联络进汽阀。

（8）注意切换轴封汽源，维持轴封压力、温度正常。

（9）注意除氧器、凝结水箱水位，防止水箱满水或水位过低。

（10）检查辅汽联箱压力、温度正常，将四段抽汽用户全部切换成辅汽供给。

（11）检查机组惰走情况，记录准确的惰走时间，听测转动部分声音、振动的变化。

（12）注意监视机组轴向位移、胀差、推力瓦温度、汽缸金属温度的变化。

（13）其他操作按正常停机步骤进行。

项目 5　单元机组事故处理

【项目描述】 ──────○

单元机组在启停和运行工况下，当机组出现异常时，学习小组能根据异常、事故现象在仿真机上正确判断事故性质，分析事故原因，并进行正确处理。

【教学目标】 ──────○

知识目标：（1）掌握锅炉、汽轮机、发电机—变压器组事故处理的原则。
　　　　　（2）掌握锅炉、汽轮机、发电机—变压器组典型事故处理的基本步骤及要求。

能力目标：（1）能根据机组典型事故现象正确判断事故性质。
　　　　　（2）能根据机组典型事故现象正确分析事故原因。
　　　　　（3）掌握锅炉、汽轮机、发电机—变压器组典型事故处理的基本步骤。

态度目标：（1）具有理解和应用运行规程的能力。
　　　　　（2）能主动学习，在完成任务过程中发现问题、分析问题和解决问题。
　　　　　（3）能用精炼准确的专业术语与小组成员协商、交流配合完成本学习任务。

【教学环境】 ──────○

典型 300MW 机组仿真机房，仿真实训指导书，多媒体课件。

任务 5.1　锅炉典型事故及处理

【教学目标】 ──────○

知识目标：（1）理解锅炉事故处理的原则；
　　　　　（2）掌握锅炉灭火事故的现象和处理方法；
　　　　　（3）掌握锅炉尾部烟道再燃烧事故的现象和处理方法；
　　　　　（4）掌握锅炉受热面损坏事故的现象和处理方法；
　　　　　（5）掌握锅炉水位事故的现象和处理方法。

能力目标：（1）能说出锅炉事故处理的原则。
　　　　　（2）能说出锅炉灭火事故的现象和处理步骤。
　　　　　（3）能说出锅炉尾部烟道再燃烧事故的现象和处理步骤。
　　　　　（4）能说出锅炉受热面损坏事故的现象和处理步骤。
　　　　　（5）能说出锅炉水位事故的现象和处理步骤。

态度目标：（1）能主动学习，在完成任务过程中发现问题、分析问题和解决问题。

　　　　　　（2）在严格遵守安全规范的前提下，能与小组成员协作共同完成本学习任务。

【任务描述】

单元机组在启停和运行时，单元长组织各自学习小组在仿真机环境下，认真分析运行规程，正确判断事故类型和原因，完成锅炉事故的处理操作，并确保系统安全、经济运行。

【任务准备】

课前预习相关知识部分。根据汽水系统、燃烧系统和运行方式，经讨论后制订锅炉事故的处理步骤，并独立回答下列问题。

（1）锅炉事故处理的原则是什么？

（2）锅炉灭火事故的现象和处理步骤有哪些？

（3）锅炉尾部烟道再燃烧事故的现象和处理步骤有哪些？

（4）锅炉受热面损坏事故的现象和处理步骤有哪些？

（5）锅炉水位事故的现象和处理步骤有哪些？

【相关知识】

一、锅炉事故处理的原则

（1）当设备异常时尽快查明引起事故的原因，限制事故的发展，解除对人身及设备的威胁。

（2）在保证人身及设备安全的前提下，尽可能维持机组运行。

（3）设法保证厂用电正常，防止事故扩大。

（4）在值长领导下指挥本机组人员按规程规定处理。

（5）对事故发生的时间、地点及处理经过做好必要的详细记录，并及时汇报有关领导。

二、事故停炉的规定

遇有下列情况之一应申请停炉：

（1）给水、炉水、蒸汽品质严重恶化，经多方处理无效。

（2）锅炉承压部件泄漏无法消除。

（3）受热面金属严重超温，经降低负荷多方调整无效。

（4）锅炉严重结焦、堵灰，无法维持正常运行。

（5）所有汽包低位水位计损坏时。

（6）两台电除尘器故障无法在短时间内恢复。

（7）控制汽源失去，短时间内无法恢复。

（8）安全阀起座经采取措施不回座。

遇有下列情况之一，操作员应手动紧急停止锅炉运行：

（1）MFT 达动作条件而拒动作。

（2）给水管道、蒸汽管道破裂，不能维持正常运行或危及人身、设备安全。

（3）水冷壁管、省煤器管爆管，无法维持正常汽包水位。

（4）所有水位计损坏。

（5）锅炉压力不正常的升至安全阀动作压力，所有安全阀拒动作，且 40％旁路不能投入，两只 PCV 阀均不能开启。

（6）锅炉尾部烟道发生二次燃烧。

（7）炉膛或烟道发生爆炸，使设备遭到严重损坏。

（8）锅炉房发生火灾，直接影响锅炉安全运行。

三、锅炉灭火事故的现象、原因及处理

1. 现象

（1）锅炉负压突然增大并报警。

（2）CRT 火焰检测器无火焰，火焰 TV 无火焰。

（3）汽温、汽压急剧下降。

（4）汽包水位瞬间下降后上升。

（5）MFT 动作并显示首次跳闸原因。

（6）所有一次风机、磨煤机、给煤机跳闸。

2. 原因

（1）全投油或投油量较多时，油质差、油抢雾化不好、油压低、油系统故障、仪表气源中断。

（2）煤质差、煤粉过粗调整不及时。

（3）炉负荷低、炉膛温度低、燃烧调整不当。

（4）启、停制粉系统操作不当。

（5）启、停风机操作不当。

（6）制粉系统运行方式不当。

（7）制粉系统故障。包括磨煤机、给煤机跳闸，磨煤机满煤，给煤机断煤等。

（8）一次风机入口挡板自关、误跳。

（9）水冷壁管、过热器管、再热器管爆破。

（10）炉膛内大面积掉焦。

（11）吹灰、除渣操作不当。

（12）部分或全部引风机、送风机、一次风机、空气预热器跳闸。

（13）厂用电源部分或全部中断。

3. 处理

（1）锅炉灭火、MFT 动作，否则应手动 MFT。

（2）其他操作按 MFT 动作操作执行。

（3）严禁用爆燃法挽救灭火或点火。

四、锅炉尾部烟道二次燃烧的现象、原因及处理

1. 现象

（1）尾部烟道二次燃烧部位及以后烟道温度急剧升高。

（2）炉膛、烟道内负压急剧变化，烟道人孔冒烟气、火星。

（3）烟囱冒黑烟，炉膛氧量减小。

（4）汽温、省煤器出口水温、热风温度不正常地升高。

（5）空气预热器部位发生二次燃烧时其电流摆动大，有卡涩时跳闸。

（6）排烟温度急剧升高。

2. 原因

（1）燃烧调整不当，风粉配合不好。

（2）煤粉粗水分大燃烧不完全。

（3）送风量不足缺氧运行。

（4）长时间低负荷运行，炉膛温度低、烟速低。

（5）长时间油、煤混燃，油枪雾化不良。

（6）锅炉灭火后清扫炉膛时间太短。

3. 处理

（1）轻微二次燃烧时，排烟温度不正常地升高 20℃ 以内时应立即检查各段烟温，判断二次燃烧部位并进行蒸汽吹灰。

（2）停止上部燃烧器运行，调整燃烧使火焰中心下移。

（3）停止暖风器系统运行。

（4）增减减温水量控制过热蒸汽温度、再热蒸汽温度。

（5）汇报值长联系汽轮机、电气降低部分负荷。

（6）二次燃烧严重排烟温度不正常继续升高时紧急停止锅炉运行。

（7）蒸汽温度高于 550℃ 时应请示停炉。

（8）运行中严禁用减风的方法降低汽温。

（9）停炉后停止所有引风机、送风机，并关闭所有风门、挡板密封炉膛，严禁通风。

（10）投入烟道蒸汽吹灰器灭火。

（11）空气预热器着火则应投入空气预热器灭火和吹灰器。

（12）检查尾部烟道各段烟温正常后，开启检查孔，确认无火源后谨慎启动引风机冷却。

（13）点火前应充分干燥空气预热器，防止堵灰。

（14）如设备未损坏，请示值长点火启动。

五、水冷壁爆破的现象、原因及处理

1. 现象

（1）汽包水位下降，严重时水位急剧下降。

（2）给水流量不正常地大于蒸汽流量。

（3）炉膛负压变小或变正压。

（4）炉膛不严密处向外喷烟气和水蒸气，并有明显响声。

（5）蒸汽压力下降。

（6）各段烟气温度下降，排烟温度降低。

（7）锅炉燃烧不稳定，火焰发暗，严重时引起锅炉灭火。

（8）引风机投自动时，动叶开度不正常地增大，电流增加。

2. 原因

（1）给水、炉水品质不合格使管内结垢超温。

（2）停炉后防腐不当，管内腐蚀。

（3）燃烧方式不当，火焰偏斜。

（4）长期低负荷运行。

（5）排污阀泄漏，水循环破坏。

（6）严重缺水，下降管带汽引起水冷壁过热。

（7）炉内严重结焦，使水冷壁管受热不均匀。

（8）煤粉或吹灰损坏水冷壁管。

（9）管内异物。

（10）大块焦砸坏水冷壁管。

（11）水冷壁膨胀受热。

（12）钢材质量不合格，焊接质量不合格。

（13）操作不当，锅炉超压运行。

（14）启动升温升压速度过快。

3. 处理

（1）汇报值长，退出机炉协调控制和自动控制水位。

（2）投油助燃，稳定燃烧，控制炉膛负压正常。

（3）解列水位自动，手动调节水位正常。

（4）水冷壁泄漏不严重，尚能维持燃烧和水位时，可以降低压力、负荷运行，请示值长停止锅炉运行。

（5）水冷壁泄漏严重，不能维持燃烧和水位时，应立即停止锅炉运行。

（6）停炉后水位不能维持时，关闭给水阀，停止向锅炉上水，省煤器再循环阀不能开启。

（7）停炉后保留一台引风机运行，待炉膛正压消失后停止引风机运行。

（8）通知解列电除尘器运行。

（9）锅炉灭火则按 MFT 动作紧急停炉处理。

六、过热器管爆破的现象、原因及处理

1. 现象

（1）炉膛冒正压，投自动的引风机电流不正常地增大，烟道负压减小。

（2）主蒸汽流量不正常地小于给水流量。

（3）过热器爆管侧排烟温度下降。

（4）主蒸汽压力下降。

（5）过热器爆管侧有泄漏声，不严密处向外冒蒸汽。

（6）屏式过热器爆管时，可能导致锅炉灭火。

（7）低温过热器爆管，主蒸汽温度升高。

2．原因

（1）化学监督不严，蒸汽品质不合格，过热器管内结垢，引起管壁超温。

（2）燃烧不正常，炉膛结焦，局部过热。

（3）过热器管壁长期超温运行。

（4）汽水分离器损坏或长期超负荷运行，使蒸汽品质恶化。

（5）飞灰磨损造成管壁减薄。

（6）过热器区域发生烟道二次燃烧。

（7）管材质量不合格，焊接质量不良。

（8）过热器管内有杂物。

（9）吹灰器使用不当造成管壁磨损。

（10）使用减温器操作不当造成水塞引起局部过热，或交变应力引起疲劳损坏。

（11）启动升压、升温速度过快。

（12）操作不当，锅炉超压运行。

（13）停炉后防腐不当，使管内腐蚀。

（14）运行时间久，管材老化。

3．处理

（1）汇报值长，退出机炉协调控制和自动控制系统。

（2）过热器管壁爆破不严重时，立即降压、降负荷运行。

（3）严密监视过热器管壁损坏情况，防止扩大损坏范围。

（4）爆管严重无法维持正常燃烧、汽温时，应立即停止锅炉运行。

（5）锅炉灭火时，按 MFT 紧急停炉处理。

（6）停炉后保留一台引风机运行，直到炉内正压消失。

（7）通知电除尘值班员解列电除尘器。

七、再热器管爆破的现象、原因及处理

1．现象

（1）再热蒸汽压力下降，再热蒸汽流量下降。

（2）炉膛冒正压，烟道负压变小。

（3）壁式再热器、屏式再热器爆管时可能导致锅炉灭火。

（4）爆管侧再热汽温不正常地升高，减温水量增大。

（5）再热器爆破处有响声，不严密处向外喷烟气。

（6）泄漏侧排烟温度下降。

（7）投自动的引风机电流增大。

2．原因

（1）燃烧方式不当，局部壁温过热。

（2）管材质量不合格，焊接质量不良。

（3）受热面积灰结焦使管壁过热。

（4）管内有杂物堵塞。

（5）飞灰磨损使管壁变薄。

（6）吹灰器使用不当。

（7）蒸汽品质不合格使管内结垢。

（8）再热器区域发生二次燃烧。

（9）40%旁路系统未及时投入。

（10）再热器管壁长期超温运行。

（11）操作不当，再热器超压运行。

（12）停炉防腐不当，使管壁腐蚀。

（13）运行时间久，管材老化。

3. 处理

（1）汇报值长，退出机炉协调控制和自动控制系统。

（2）爆管不严重时，立即降压、降负荷运行。

（3）严密监视再热器管壁损坏情况，防止扩大损坏范围。

（4）爆管严重无法维持正常汽温、汽压时，应立即停止锅炉运行。

（5）锅炉灭火时，则按灭火紧急停炉处理。

（6）停炉后保留一台引风机运行，直到炉内正压消失。

（7）35%高压旁路不允许开启。

（8）通知电除尘值班员，停止电除尘器运行。

八、省煤器管爆破的现象、原因及处理

1. 现象

（1）给水未投自动时，汽包水位迅速下降。

（2）投自动时，给水流量不正常地大于主蒸汽流量。

（3）省煤器两侧烟气温差大，泄漏侧排烟温度下降。

（4）空气预热器两侧出口风温偏差大，且风温降低。

（5）烟道负压变小。

（6）烟道放灰管不严密处漏灰、水。

（7）省煤器爆破处有泄漏声，并从不严密处冒蒸汽和烟气。

（8）投自动的引风机电流增大。

2. 原因

（1）给水品质不合格，使管内腐蚀。

（2）停炉后防腐不当，使管壁腐蚀。

（3）飞灰磨损，冲刷使管壁变薄。

（4）材质量不合格，焊接质量不合格。

（5）管内有杂物。

（6）操作不当，省煤器超压运行。

（7）吹灰不当造成管壁磨损。

（8）省煤器再循环阀在启停炉过程中未及时开启，正常运行过程中未及时关闭。

（9）运行中发生断水、严重缺水、超温。

（10）烟道发生二次燃烧，使省煤器管壁过热。

3．处理

（1）汇报值长，退出机炉协调和自动控制系统。

（2）解列给水自动，手动调节水位，保持汽包水位正常。

（3）泄漏不严重，尚能维持正常汽包水位时，可降压、降负荷运行，并请示值长停止锅炉运行。

（4）泄漏严重，无法维持正常汽包水位时，紧急停止锅炉运行。

（5）注意监视汽包水位、给水流量以及泄漏情况，防止扩大损坏范围。

（6）关闭所有排污阀及放水阀。

（7）水位不能维持时停止向锅炉汽包上水。

（8）禁开省煤器再循环阀。

（9）停炉后保留一台引风机运行，待正压消失后停止其运行。

（10）通知电除尘值班员，停止电除尘和输灰管线运行。

（11）锅炉灭火，则按 MFT 动作紧急停炉处理。

九、锅炉满水的现象、原因及处理

1．现象

（1）所有水位计指示水位高，且发出声、光报警信号。

（2）给水流量不正常地大于蒸汽流量。

（3）严重满水时主蒸汽温度急剧下降，蒸汽管道发生强烈水冲击。

（4）蒸汽含盐量增大、导电度增大。

（5）水位高至+240mm 时，MFT 动作。

2．原因

（1）给水泵调速系统失灵。

（2）给水自动失灵。

（3）水位计失灵或指示低，引起误判断、误操作。

（4）负荷或汽压变化过大控制不当。

（5）正常运行监视水位不够或误判断、误操作。

3．处理

（1）以就地水位计为准立即对照水位计，水位确实高时，解列给水自动降低给水泵转速，适当减小给水流量。

（2）若汽动给水泵控制失灵，自动或手动均无法降低给水流量，应停止其运行，并启动电动给水泵运行。

（3）迅速开启紧急事故放水阀，水位恢复正常后关闭。

（4）根据汽温下降情况适当关小或全关减温水，必要时开启过热器疏水阀。

（5）汽包水位继续升高至+240mmMFT 动作，否则手动 MFT。

（6）关闭锅炉给水主电动阀及旁路阀，注意防止给水管道超压。

（7）开启省煤器再循环阀。

（8）全关减温水阀，开启过热器疏水阀。

（9）加强放水，注意水位变化。

（10）其他操作同 MFT 动作后处理。

（11）查明原因，设备故障应及时联系检修处理。

（12）水位正常后，请示值长后重新点火启动。

十、锅炉缺水的现象、原因及处理

1．现象

（1）所有水位计指示低于正常水位，发出水位低声光报警信号。

（2）给水流量不正常地小于蒸汽流量(炉管爆破或省煤器泄漏时相反)。

（3）严重时蒸汽温度升高，投自动时减温水流量增大。

（4）汽包水位低于-330mm 时 MFT 动作。

2．原因

（1）给水泵调速系统失灵。

（2）给水自动失灵。

（3）低位水位计失灵，指示高引起误判断、误操作。

（4）负荷、压力变化水位控制不当。

（5）正常运行时对水位监视不够或误操作。

（6）给水、排污系统泄漏严重。

（7）省煤器、水冷壁爆管严重。

（8）机组甩负荷。

（9）给水泵跳闸。

3．处理

（1）立即对照所有水位计，水位低至-75mm 时，解列给水自动，增加给水泵转速加大给水流量，维持正常水位。

（2）给水自动失灵时应立即手动操作。

（3）停止连续排污及定期排污。

（4）给水压力低经调整无效时，联系汽轮机启动备用给水泵。

（5）汽包水位低至-330mm，MFT 动作，否则应手动 MFT。

（6）关闭锅炉给水总阀。

（7）解列减温水。

（8）关闭连续排污及加药阀，严禁向锅炉上水。

（9）查明原因，请示总工程师决定上水时间。

（10）其他操作同 MFT 动作后处理。

任务 5.2　汽轮机典型事故处理

【教学目标】

- ◎

知识目标：（1）理解汽轮机事故处理的原则。

  （2）掌握汽轮机水冲击事故的现象和处理方法。

  （3）掌握主机真空下降事故的现象和处理方法。

  （4）掌握汽轮机动静部分摩擦及大轴弯曲事故的现象和处理方法。

  （5）掌握汽轮机超速事故的现象和处理方法。

  （6）掌握汽轮机叶片损坏与脱落事故的现象和处理方法。

 能力目标：（1）能说出汽轮机事故处理的原则。

    （2）能说出汽轮机水冲击事故的现象和处理步骤。

    （3）能说出主机真空下降事故的现象和处理步骤。

    （4）能说出汽轮机动静部分摩擦及大轴弯曲事故的现象和处理步骤。

    （5）能说出汽轮机超速事故的现象和处理步骤。

    （6）能说出汽轮机叶片损坏与脱落事故的现象和处理步骤。

 态度目标：（1）能主动学习，在完成任务过程中发现问题、分析问题和解决问题。

    （2）在严格遵守安全规范的前提下，能与小组成员协作共同完成本学习任务。

【任务描述】

  单元机组在启停和运行时，单元长组织各自学习小组在仿真机环境下，认真分析运行规程，正确判断事故类型和原因，完成汽轮机事故的处理操作，并确保系统安全、经济运行。

【任务准备】

  课前预习相关知识部分。根据汽水系统、燃烧系统和运行方式，经讨论后制订汽轮机事故的处理步骤，并独立回答下列问题。

  （1）汽轮机事故处理的原则是什么？

  （2）汽轮机水冲击事故的现象和处理步骤有哪些？

  （3）主机真空下降事故的现象和处理步骤有哪些？

  （4）汽轮机超速事故的现象和处理步骤有哪些？

【相关知识】

一、汽轮机事故处理原则

  （1）运行值班人员在监视和巡回检查中发现异常，应根据异常现象，对照相关表计、信号进行综合分析判断，并及时向班长、值长汇报，以便共同分析判断，统一指挥处理。如遇特殊紧急情况，可根据安全运行规程有关规定，果断打闸停机，以免事故进一步扩大。

  （2）事故发生时，运行值班人员要坚守岗位，处理问题应沉着冷静，能对事故发生的根源做出最快最准确判断。工作中切忌慌乱，以免发生误操作，造成二次事故。

  （3）事故发生时，运行值班人员必须首先迅速解除对人身和设备安全有威胁的系统，同时应注意保持非故障设备和其他机组继续安全运行。如需保证电网供电需要，则应尽可能增加这些正常运行机组的负荷。

（4）事故消除后，应将事故的原因、发展过程、损坏程度、恢复正常运行采取的措施、防止方法，事故发生时的监视过程，以及机组主要技术参数做好详细记录。

二、汽轮机水冲击

汽轮机水冲击，又称为汽轮机进水。汽轮机水冲击属于恶性事故，处理不及时易严重损坏汽轮机本体，导致结构损坏、机械故障和紧急停机等。

1. 现象

（1）主蒸汽温度、汽缸及转子金属温度突然下降，上下汽缸温差明显增大，下缸温度降低很多，管道伴有异常振动。

（2）机组声音异响，振动逐渐增大，主汽阀和调速汽阀的阀杆、法兰、轴封、汽缸结合面等处冒出白汽。

（3）加热器满水，抽汽管道发生水冲击或产生振动，管道上下壁温差明显增大。

2. 原因

（1）主、再热蒸汽温度调整不当，温度急剧下降，使汽温低于当时汽压下的饱和温度而成为带水的湿蒸汽。

（2）汽包水位控制不当，造成汽包满水；锅炉的蒸发量过大或蒸发不均引起汽水共腾。

（3）蒸汽管道、抽汽管道、轴封系统疏水不畅，可能把积水带入汽轮机内。

（4）除氧器、凝汽器、高/低压加热器、排汽装置满水。

3. 处理方法

因为汽轮机进水必然伴随着下缸温度急剧下降，所以应以主蒸汽温度是否突降作为依据，同时检查上、下汽缸温差变化。一旦确认发生水冲击应立即破坏真空紧急停机。具体处理措施如下：

（1）破坏真空紧急故障停机。

（2）开启本体及有关蒸汽管道疏水阀。

（3）切断有关汽源、水源，加强主、再热蒸汽管道、抽汽管道、轴封母管等系统的疏水。

（4）严密监视主、再热蒸汽汽温、轴向位移、推力轴承金属温度、推力轴承回油温度、胀差及机组振动情况，并正确记录转子惰走时间和真空数值。惰走中，检查偏心度，仔细倾听机内声音，以确定机组是否可以重新启动。

（5）若是汽包水位超限引起进水，应及时调整汽包水位至正常。

（6）若因加热器、除氧器满水引起，应隔离故障加热器或开启除氧器事故放水，同时加强抽汽管道疏水。

（7）当水冲击造成汽轮机停机后，应先进行手动盘车（4h 以上），待偏心度、汽缸温差等控制参数正常后，方可重新启动。

三、主机真空下降

凝汽器真空度的高低是凝汽设备各部分运行状况的集中反映。凝汽设备任何部分的失常，都会导致凝汽器真空度的降低，而真空的降低将使汽轮机排汽压力升高、做功能力减小、机组出力减小，此外，还可能造成机组振动、轴向推力过大、叶片过负荷等。因此，真空度是汽轮机运行中重要的监督项目。

1. 现象

（1）真空表、监视画面指示下降。

（2）排汽温度、凝结水温度升高。

（3）凝汽器端差显著增大。

（4）机组在同一负荷下，蒸汽流量增加，调节级压力升高。

（5）在汽轮机调节汽阀开度不变的情况下，负荷降低。

2. 原因

（1）空冷系统工作失常或部分空冷风机跳闸。

（2）轴封供汽压力显著降低，轴封加热器水位及负压异常。

（3）真空泵工作异常或跳闸。

（4）凝结水泵工作异常或跳闸，循环水中断，排汽装置热井水位过高。

（5）真空破坏阀误开或未关严，真空系统管道和其他设备系统损坏或泄漏，真空系统阀门水封失去。

（6）凝汽器铜管脏污结垢。

（7）低压旁路误开，与排汽装置连接的疏水、事故防水阀等开启。

3. 处理

（1）发现真空下降，先按规程对照排汽温度核对真空值。

（2）对空冷系统进行全面检查。

（3）如真空泵工作异常，转备用真空泵运行。

（4）消除真空系统泄漏点，检查真空破坏阀关闭是否严密，调整密封水正常。

（5）若轴封供汽压力低，检查轴封系统是否正常，提高供汽压力；若压力调整器拒动，应切换为手动，待修复后投入；若因轴封供汽带水造成，应及时消除供汽带水。

（6）加强循环冷却水的排污及处理，清洗凝汽器铜管及投入胶球清洗。

（7）旁路误开应手动关闭，疏放水阀开启应查明原因，采取相应措施。

四、汽轮机动静部分摩擦及大轴弯曲

汽轮机通流部分的动、静部件间间隙较小，这样设计是为了减少汽轮机通流部分的漏汽损失。然而这种间隙会在汽轮机运行中，由于热膨胀及工作应力的变化而进一步减小，过小的间隙易引起动静部分的相互摩擦，严重时发生大轴弯曲。大轴弯曲引起转子质量中心与回转中心的不重合，即存在偏心；偏心引起的摩擦进一步加大偏心，使得转子振动，伴随转速升高振动加剧。

1. 现象

汽轮机动静部分摩擦及大轴弯曲常见于机组启动、滑停和停机后，而且事故发生于汽缸内部，无法直接观察，通常依据辅助手段进行判断。

（1）运行时，机组发生异常振动，正胀差增大，严重时前后汽封处可能产生火花。

（2）汽缸内部有金属摩擦的声音。

（3）配大轴挠度指示表的机组，表中指示的大轴晃动值始终停留在高位或显示超限。

2. 原因

（1）安装、检修时动、静部分之间间隙调整不当，或设计制造等环节存在缺陷。

（2）汽缸受热不均，造成上下缸温差过大，法兰内外壁温差过大，使汽缸产生热变形，可能导致轴端和隔板汽封径向间隙消失而产生摩擦。

（3）转子原材料存在过大的内应力，在较高工作温度下经过一段时间运转后，内应力逐渐得到释放，从而使转子产生弯曲变形。

（4）汽缸进水后，引起高温状态的转子下侧接触到冷水，局部骤然冷却，出现较大的上下温差而产生热变形，造成大轴弯曲。

（5）机组振动超标，未采取果断措施打闸停机。

3. 处理

防止或处理汽轮机动静部分摩擦及大轴弯曲的措施方法应该从设计、安装和运行方面考虑。

（1）在设计制造汽轮机时，要保证机组结构合理、通流部分膨胀通顺、动静间隙合适、蒸汽管道及本体有完善的疏水系统。

（2）汽轮机冲转前，大轴晃动度、上下缸温差、胀差、轴向位移、主蒸汽及再热蒸汽温度等必须符合有关规程的规定，并应在相应部位设置测点、安装表计，确保表计指示正确。

（3）冲转前进行充分盘车，避免中途停止盘车。如在中途由于机组出现异常而停机，必须经过全面检查，并确认机组已符合再次启动条件，但仍然要进行长时间连续盘车，之后才可启动。

（4）启动升速中应有专人监视轴承振动，如发现异常，应立即查明原因并处理。

（5）启动过程中，疏水系统投入时，应注意保持凝汽器水位低于疏水扩容器标高。

（6）机组启停和变工况运行，应按规定的曲线控制参数变化，严格控制汽轮机的胀差和轴向位移变化，当汽温下降过快时，应立即打闸停机。

（7）停机后应立即投入盘车。

（8）停机后，应认真检查监视凝汽器、除氧器和各加热器水位，防止冷汽、冷水进入汽轮机。

五、汽轮机超速

汽轮机超速是指汽轮机转速超过危急保安器动作转速并急剧升高。超速往往发生在汽轮发电机与系统解列或运行中甩负荷的情况下。如不及时处理，将会造成叶片甩脱、主轴断裂等严重事故。

1. 现象

（1）转速表或频率表指示值连续上升。

（2）机组声音异常，振动逐渐增大。

（3）主油压迅速升高。

（4）机组 103% 超速时，高、中压调节阀瞬间关闭，而后开启。

2. 原因

汽轮机超速事故发生的原因可归纳为以下方面：

（1）调节系统有缺陷。如果调速系统有缺陷，则汽轮机甩掉全部负荷后，不能正常保持空载运行，即机组不能维持转速在危急保安器动作转速以下，转速将飞升过高。

1）调速汽阀不能正常关闭或漏汽量大。

2）调节系统迟缓率、速度变化率过大或调节部件、传递机构卡涩。

3）调节系统的动态特性不良。

4）调节系统整定不当。

（2）汽轮机超速保护系统故障。

1）危急保安器动作过迟或不动作。

2）危急保安器滑阀卡涩、自动主汽阀和调速汽阀卡涩、抽汽止回阀不严或拒动、蒸汽返回汽缸内等。

（3）运行操作、调整不当。

1）油质管理不善，造成蒸汽进入油系统，引起调速和保安部件生锈发涩。

2）运行中同步器调整超过了规定的调整范围，不但会造成机组甩负荷后飞升转速过高，而且还会使调节部件失去脉动作用，形成卡涩。

3）主蒸汽品质不合格，含有盐分，机组长时间带固定负荷运行，将会造成自动主汽阀和调速汽阀阀杆结垢和卡涩。

4）超速试验时转速失控，飞升过快。

3．处　理

（1）加强汽轮机调节系统的技术改造，并注意进行动态特性试验，以保证汽轮机甩负荷后，飞升转速不超过额定值。

（2）确认超速保护动作，如未动作应立即手动打闸（手动打闸失败则应紧急停止 EH 油泵运行），紧急停机，确认转速下降，并启动交流润滑油泵。

（3）检查高、中压主汽阀、调速汽阀、高压排汽止回阀、各抽汽止回阀关闭；检查确认高压排汽通风阀、轴封排放阀自动打开，否则手动开启。必要时打开锅炉对空排汽阀，锅炉泄压。

（4）机组滑压启动及运行时，调速汽阀开度要留有裕度，以防止同步器超过正常调节范围时，发生甩负荷超速。

（5）对机组进行全面检查，特别是全面检查调节保安系统并做到消缺。查明超速原因，故障排除并确认机组处于正常状态后，方可重新启动。

（6）重新启动时，应对汽轮机振动、内部声音、轴承温度、轴向位移、推力瓦温度等进行重点检查和监视，发现异常应停止启动。

六、汽轮机叶片损坏与脱落

汽轮机的动、静叶片是通流部分的主要零件，动叶片不但要承受高速转动时产生的离心力，而且还要承受高速汽流的冲击力和由于汽流不均匀而产生的往复振动作用力。因此，叶片的损坏时常发生。

1．现　象

（1）汽轮机内部或凝汽器内突然发出金属撞击声或尖锐的声响，并在启动、停机过程中的临界转速附近，伴有明显的机组振动。

（2）当断落的叶片落入凝汽器时，会将凝汽器的铜管打坏，使凝汽器内循环水漏入凝结水中，导致凝结水硬度和导电性突然增大，凝结水位升高，凝结水泵电动机电耗增大。

（3）当叶片损坏较多时，会使蒸汽通流面积改变，从而同一负荷的蒸汽流量、调速汽阀压力、监视段压力等都会改变。

（4）若机组抽汽部位叶片断落，叶片可能进入抽汽管道，使抽汽止回阀卡涩，或进入加热器使管子损坏，引起加热器疏水水位升高。

（5）停机过程中，听到机内有金属摩擦声，惰走时间减少。

2. 原因

造成叶片损坏、脱落的原因很多，与设计、制造、材质、安装检修、运行维护等因素有关。此外，电网低频率运行、机组不适当出力、低参数运行等，也会造成叶片损坏。

（1）机械损伤。

1）外来的机械杂质随蒸汽进入汽轮机内打伤叶片。

2）汽缸内部零部件松脱，如阻汽片、导流环等，造成叶片损伤。

3）因轴承或推力瓦损坏、大轴弯曲、胀差超限以及机组强烈振动，造成通流部分的动、静部分摩擦，使叶片损坏。

（2）叶片本身存在的缺陷。

1）叶片振动特性不合格，运行中因共振产生很高的动应力。

2）叶片设计不当。如叶片设计应力过高或叶栅结构不合理，以及振动强度特性不合格等。

3）叶片材质不良或错用材料。如叶片材料力学性能差，金属组织有缺陷或夹渣、裂纹；叶片经过长期运行后材料疲劳性能和振动衰减性能等降低而导致叶片损坏。

4）加工工艺不良。如叶片表面粗糙、围带铆钉孔或拉金孔处无倒角等，会使应力集中而损坏叶片。

（3）运行方面。

1）偏离额定频率运行。即电网频率变动超出允许范围，过高或过低都可能使叶片的共振安全率变化而落入共振状态下运行，使叶片加速损坏。

2）机组过负荷运行。过负荷运行时，各级叶片应力增大，特别是最后几级叶片，蒸汽流量增大，各级焓降也增加，使其工作应力增加很大而严重超负荷。

3）主蒸汽压力偏高、温度偏低。最后几级叶片处湿度过大，叶片受冲蚀，截面减小，应力集中，引起叶片损坏；汽温降低而出力不相应降低时，流量增加，引起叶片过负荷，也会造成叶片损坏。

4）蒸汽品质不合格。蒸汽含盐会使叶片结垢腐蚀，叶片结垢将使轴向推力增大，引起某些级过负荷，也会使叶片离心力增加，一旦超过材料的抗拉强度则发生断落；叶片结垢后，还会改变其振动特性，进入共振区而断落。腐蚀则使叶片强度降低。

5）水冲击。汽轮机发生水冲击使得叶片过载，发生不规则变形，造成动静部件碰磨，叶片损坏。

6）机组振动过大。振动过大，容易造成动静碰磨，导致叶片损坏或使叶片进入共振区域而损坏。

7）启动、停机和增减负荷时操作不当。如改变速度太快、胀差过大等，使动静部分发生摩擦，导致叶片损坏。

8）停机后，由于主蒸汽或抽汽系统不严密，使汽水漏入汽缸，长时间的水蚀，使通流部分锈蚀损坏。

（4）安装、检修方面。

1）动静间隙不合标准。

2）隔板安装不当，起吊过程碰伤损坏叶片。

3）机内或管道内留有杂物。

4）通流部分零件安装不牢固。

3. 处理

对汽轮机叶片损坏脱落的预防与处理方法可以从两个方面考虑，一方面是设计、安装检修方面，另一方面是运行管理方面。

（1）设计、安装检修方面。

1）对每台汽轮机的主要级叶片建立完整的技术档案。

2）新机组投运前需全面测定叶片的振动特性。

3）在机组大修时，全面检查叶片、拉金、围带，如存在缺陷应及时处理。

4）严格保证叶片检修工艺。

5）起吊搬运安装时，防止碰损叶片。

6）发现叶片有明显的热处理工艺不当而遗留有过大残余应力时，应进行高温回火处理。

（2）运行管理方面。

1）电网应保持在额定频率和正常允许变动范围内稳定运行。

2）避免机组过负荷、低频率运行。

3）加强运行中的监视与调节。机组启停和正常运行时，加强对各运行参数的监视，运行中避免参数剧烈波动。严格执行规章制度，启停必须合理，防止动静部分在运行中发生摩擦；当初终蒸汽参数及抽汽参数超过规定值时，应相应减负荷运行。

4）加强汽水品质监督，防止叶片结垢、腐蚀。

5）听到机内有异常声音，如甩脱叶片的撞击声、机内摩擦声等，造成机组振动异常，则应果断停机检查。

6）紧急故障停机后，应准确记下惰走时间，在惰走与盘车过程中仔细倾听汽缸内的声音，经全面检查、分析研究，决定是否需要揭缸检查并更新叶片。

7）停机后加强对主汽阀严密性的检查，防止汽水漏入汽缸。

任务 5.3　发电机—变压器组及典型厂用电系统事故及处理

【教学目标】
- -◎

知识目标：（1）理解发电机—变压器组事故处理的原则。

（2）掌握发电机过负荷、三相电流不平衡、温度异常等异常运行的现象和处理方法。

（3）掌握发电机失磁、发电机转子接地、发电机非同期并列、发电机非全相运行、发电机—变压器组出口开关保护动作跳闸、发电机发生振荡或失步、发电机逆功率、发电机断水事故的现象和处理方法。

（4）掌握变压器自动掉闸、变压器轻瓦斯保护动作事故的现象和处理方法。

（5）掌握 6kV 系统接地、厂用电中断事故的现象和处理方法。

能力目标：（1）能说出发电机—变压器组事故处理的原则。

（2）能说出发电机过负荷、三相电流不平衡、温度异常等异常运行的现象和处理步骤。

（3）能说出发电机紧急停运的具体规定。

（4）能说出发电机失磁、发电机转子接地、发电机非同期并列、发电机非全相运行、发电机—变压器组出口开关保护动作跳闸、发电机发生振荡或失步、发电机逆功率、发电机断水事故的现象和处理步骤。

（5）能说出变压器自动掉闸、变压器轻瓦斯保护动作事故的现象和处理步骤。

（6）能说出 6kV 系统接地、厂用电中断事故的现象和处理步骤。

态度目标：（1）能主动学习，在完成任务过程中发现问题、分析问题和解决问题。

（2）在严格遵守安全规范的前提下，能与小组成员协作共同完成本学习任务。

【任务描述】

单元机组在启停和运行时，单元长组织各自学习小组在仿真机环境下，认真分析运行规程，正确判断事故类型和原因，完成发电机—变压器组事故的处理操作，并确保系统安全、经济运行。

【任务准备】

课前预习相关知识部分。根据发电机—变压器系统、厂用电系统及其运行方式，经讨论后制订发电机—变压器组事故的处理步骤，并独立回答下列问题。

（1）发电机—变压器组事故处理的原则是什么？

（2）发电机紧急停运有哪些具体规定？

（3）发电机—变压器组出口开关保护动作跳闸事故的现象和处理步骤有哪些？

（4）变压器轻瓦斯保护动作事故的现象和处理步骤有哪些？

（5）厂用电中断事故的现象和处理步骤有哪些？

【相关知识】

一、发电机事故处理原则

（1）尽快限制事故发展，消除事故根源，解除对人身和设备的威胁。

（2）首先设法保证厂用系统电源的正常供电，尤其是事故保安段电源的供电。

（3）保证未受到事故影响的设备可靠运行，根据情况投入备用电源。

（4）及时调整运行方式，使系统恢复正常，迅速恢复供电。

（5）当派人去检查设备或寻找故障原因时，未与检查人员取得联系之前，不允许对检查设备合闸送电。

（6）事故处理时，应始终保持冷静的头脑，相互联系，服从当值值长统一指挥。

（7）事故处理应有专人记录与事故有关的现象和各项操作的时间。

（8）对保护动作信号、光字牌应由两人做好记录再复归。

二、发电机紧急停运规定

（1）发生直接威胁人身安全的危急情况。

（2）发电机组内有摩擦、撞击声，振动突然增加 $50\mu m$ 或超过 $100\mu m$。

（3）发电机组氢气爆炸、冒烟、着火。

（4）发电机电流互感器或电压互感器冒烟、着火。

（5）发电机内部故障，保护或开关拒动。

（6）发电机主开关外发生长时间短路，且发电机定子电流指向最大，定子电压骤降，后备保护拒动。

（7）发电机无保护运行（直流系统瞬时选接地点或直流熔断器熔断、接触不良等能立即恢复正常者除外）。

（8）发电机大量漏水、漏油，并伴随有定子接地或转子一点接地现象时。

（9）发电机定子冷却水断水，且断水保护拒动。

（10）发电机失磁，失磁保护拒动。

（11）发电机励磁系统发生两点接地，保护拒动。

（12）汽轮机打闸，逆功率保护拒动。

三、发电机的异常运行

（一）发电机过负荷

1. 现象

（1）定子电流超过额定值。

（2）"发电机过负荷"光字牌亮。

（3）发电机有功或无功负荷过限。

2. 处理

（1）当发生过负荷时，应根据机组运行情况及信号，并参考相邻机组有功、无功、厂用系统电压等情况，综合分析事故原因。

（2）当发电机转子、定子电流超过允许值时，如查明是系统故障引起的，过负荷期间应密切监视发电机各部温度不超过限值。

（3）如系统电压正常，应减少无功负荷，使定子电流降低到最大允许值内。

（4）若减少无功负荷仍不能满足要求，应报告值长及调度降低有功负荷。

（5）若因励磁控制器故障引起定子过负荷，应将控制器切手动运行。

（6）对保护装置进行一次全面检查。

定子绕组允许短时过电流及运行时间 (I^2-1) $T=37.5$，见表 5-1。

表 5-1　　　　　　　　　　　定子绕组允许短时过电流及运行时间

时间 T（s）	10	30	60	120
定子电流/额定定子电流×100%	226	154	130	116

（二）发电机三相电流不平衡

1. 现象

（1）发电机三相电流差较大。

（2）振动比正常值增大。

（3）"发电机不对称过负荷"光字牌亮。

2. 处理

当负序电流和三相电流之差超过10%时，应注意监视机组振动情况，以及发电机定子、转子和铁芯温度的变化。如各值都急剧上升，应降低发电机负荷，使不平衡电流降至发电机10%的额定电流以下，检查分析不平衡电流过大的原因，采取相应措施，如因系统故障引起，还应及时联系网控了解各线路运行情况，及时汇报调度处理。

发电机短时允许的负序电流值和时间为$(I_2/I_N)^2T=10$，见表5-2。

表5-2　　　　　　　　　　　发电机短时允许的负序电流值和时间

事故时间 T（s）	2.5	4	5	10
事故是负序电流的允许值 I_2(%)	200	158	141.4	100

（三）发电机温度异常

1. 现象

（1）发电机温度巡测装置报警。发电机绕组或铁芯温度比正常明显升高或越过限值。

（2）CRT画面上有可能出现报警信号。

2. 处理

（1）如个别测点温度异常，及时通知热工检查，并对一个水支路的绕组测温元件进行比较，分析原因。如确认测温元件正常，且温度仍有升高趋势，应提高水压，增加水流量，必要时降负荷，控制温度在允许值内。若同一个水支路的绕组测温元件和出水测温元件温差达到8℃，表明温度高的水支路存在不正常现象，应加强监视，及时安排停机检查；如果温度继续上升，差值达到12℃时，应立即将机组解列，停机检查。

（2）如各点温度普遍升高，应立即对氢系统、内冷水系统进行检查。

（3）判明是否由于氢冷器异常引起。

（4）判明是否内冷水系统故障引起。

（5）判明是否氢气压力过低引起。

（6）判明是否氢气纯度过低引起。

（7）判明有功、无功负荷是否超限。

（8）若经上述处理后，温度仍继续上升并超过极限值，应汇报调度减负荷停机。

（9）发电机共有四个氢气冷却器，四个水回路。在额定氢压下，当任一水回路被隔绝时，允许发电机在80%额定负荷或以下，功率因数不低于0.85的工况下运行。

四、发电机失磁

1. 现象

（1）发电机失磁保护动作，相关保护动作光字牌亮。

（2）发电机无功反指，有功稍低。

（3）定子电流增大并摆动，定子电压降低。

（4）转子电流近于零，转子电压周期性摆动。

2．原因

（1）励磁回路开路，如自动励磁开关误跳闸、励磁调节装置的自动开关误动、晶闸管励磁装置中的元件损坏等。

（2）励磁绕组短路。

（3）运行人员误操作等。

3．处理

（1）失磁保护动作跳闸时按事故跳闸处理。

（2）如果失磁是自动调节励磁装置引起的，保护未动作，则应切换到手动调节方式运行，立即调整励磁电流，恢复机组正常运行。

（3）经（1）、（2）项处理后励磁仍无法恢复时，则将厂用电系统由高压厂用变压器供电倒至启动备用变压器供电。

（4）发电机发生失磁时，在最初 1min 内应将发电机负荷降至额定值的 60% 以下；在此后的 1.5min 以内将发电机负荷降到额定值的 40% 以下。

（5）在 15min 以内不能恢复励磁时，则将发电机解列。

五、发电机转子接地

（一）发电机转子一点接地

1．现象

（1）发电机转子一点接地保护动作有信号显示。

（2）发电机转子回路绝缘监视电压在切换时指示异常。

2．处理

（1）查询转子回路是否因为有人工作而引起信号显示。

（2）检查大轴接地碳刷接触是否良好。

（3）测量转子对地电压来判断接地点位置。

（4）接地点位置在转子绕组之外，则应设法消除。

（5）接地点位置在转子绕组上，则应立即投入发电机转子两点接地保护，并尽快联系停机处理。

（二）发电机两点接地

1．现象

（1）发电机转子电流增加或为零，转子电压降低。

（2）定子电压降低，无功显示可能降低。

（3）机组振动突然增加。

（4）两点接地保护投入时，发电机—变压器组可能跳闸。

2．处理

（1）如果发电机跳闸则按发电机跳闸处理。

（2）如果发电机未跳闸，应立即将发电机解列灭磁，手动拉开高压厂用电源开关，投入备用电源开关。

（3）将发电机停电后再联系检修人员查找接地点并处理。

六、发电机非同期并列

1. 现象

（1）发电机开关合闸瞬间，定子电流有较大的冲击，系统电压降低，定子电流剧烈摆动。

（2）机组产生强烈振动，发电机本身发出轰鸣声。

（3）保护可能动作。

2. 处理

（1）若发电机无强烈振动，可不停机。

（2）若发电机产生较大的冲击电流和强烈振动，应立即解列发电机。

七、发电机非全相运行

1. 现象

发电机定子电流不平衡，"负序过负荷"动作报警。

2. 处理

（1）机组并列后发现定子三相电流不平衡，开关非全相运行，应立即将合入的开关拉开，拉隔离开关，对发电机—变压器组进行全面的检查，查找发生非全相的原因。

（2）机组解列后或机组正常运行中发生严重的定子三相电流不平衡，开关非全相运行，"非全相保护"应动作跳闸；若主开关未断开，失灵保护未动作，立即将该机组所在的母线停电，用母联开关断开发电机，拉开出口隔离开关后，恢复母线及故障机组厂用电的运行，并对故障机组进行全面的检查。

八、发电机—变压器组出口开关保护动作跳闸

1. 现象

（1）发电机匝间、发电机差动、主变压器差动、高压厂用变压器差动、发电机—变压器组差动、主变压器瓦斯保护、高压厂用变压器瓦斯保护动作跳闸时的现象。

1）发电机主开关掉闸，事故音响动作。

2）有关保护动作光字牌亮。

3）厂用电源开关跳闸，启动/备用电源自投。

4）发电机灭磁。

5）主汽阀关闭。

（2）发电机过压、过励磁、定子接地、阻抗、断水保护、主变压器冷却器故障、厂用变压器高压侧过流、热工保护动作跳闸的现象。

1）发电机主开关掉闸，事故音响动作。

2）有关保护动作光字牌亮。

3）厂用电源开关跳闸，启动/备用电源自投。

4）发电机灭磁。

2. 处理

（1）检查厂用备用电源自投情况，如未自投，在确认厂用工作电源开关断开的情况下，

合入厂用备用电源开关。

（2）检查保护动作情况，做好记录，分析判断故障性质和范围。

（3）对发电机—变压器组及相关设备进行全面检查，查明跳闸原因。

（4）如确认保护误动，应申请退出误动保护，但重差动保护和重瓦斯保护不得同时退出。

（5）若检查未发现异常现象，经总工程师批准对发电机进行手动零起升压，升压过程中密切监视发电机各表计指示，升至额定值时对发电机—变压器组进行一次全面的检查，若无异常，经调度批准后并网。若升压中有异常，立即停机处理。

九、发电机发生振荡或失步

1. 现象

发电机有功、无功表、定子电流表剧烈摆动，发电机频率表、电压表、母线电压表指示降低并摆动，转子电压、电流在正常值附近摆动，发电机发出有节奏的鸣声，其节奏与表计摆动合拍。

2. 处理

（1）若振荡是由于系统原因引起的，应立即降有功出力，增加励磁电流将发电机拖入同步。

（2）若控制器自动方式运行，在装置强励动作时，不得人为干预。

（3）若因系统故障引起发电机振荡，应尽快增加发电机励磁，提高系统电压，创造恢复同步的条件。

（4）增加励磁电流时，可按发电机事故过负荷规定执行。

（5）采取上述措施无效时应汇报值长，请示调度将引起振荡的机组与系统解列，或按调度指令进行处理。

（6）注意厂用电的运行情况。

十、发电机逆功率

1. 现象

"主汽阀关闭""逆功率保护动作"光字牌亮，发电机有功功率指示负值，无功功率指示升高，定子电流表指示降低，定子电压略升高。

2. 处理

由于主汽阀关闭，造成逆功率运行时，逆功率保护应动作，发电机解列灭磁。如保护未动，应立即手动将发电机解列灭磁，注意厂用变压器应联动正确。如汽轮机不能很快恢复，应将发电机切换至备用状态。

十一、发电机断水

1. 现象

（1）DCS "定子绕组水路断水"报警、音响报警。

（2）定子绕组内冷水流量范围为 26～30 t/h。

（3）30s 内未恢复，则断水保护动作跳闸，出"断水保护动作"掉牌。

2. 处理

（1）在定子绕组水系统发生故障的情况下，额定负荷下断水运行允许持续的运行时间为30s，而且此时绕组内应充满水。如果在此时间内，水系统（包括备用）不能恢复正常，应将负荷在2min内以每分钟50%的速率下降至20%，发电机可以在20%的负荷下运行2h。

（2）在尽量短的时间内，设法尽快恢复内冷水至正常值。发电机断水，应立即减负荷。

（3）令值班员检查定子流量表有无指示，并检查冷却水回路，查明是否保护装置或检测部分误动，若确系误动，退出断水保护，通知有关人员立即进行处理，处理好后马上投入断水保护。

（4）确系断水或不能确定为保护误动，则不允许退出断水保护。

（5）确系发电机运行中发生断水现象，应于30s内恢复供水，若30s内不能恢复，且断水保护未动作，则应人为解列停机。

十二、变压器自动掉闸

1. 现象

（1）DCS画面"变压器掉闸"故障报警。

（2）保护柜有保护动作指示。

2. 原因

（1）变压器内部或外部发生故障。

（2）保护或控制回路故障，引起误动。

（3）变压器外部短路冲击。

（4）出现短时冲击负荷。

3. 处理

（1）根据报警信息和保护动作指示及故障现象判断掉闸原因。

（2）对跳闸变压器进行详细的外部检查。

（3）对于低压变压器，检查备用变压器是否投入，如未投入，经检查确认母线无故障后立即手动投入。

（4）未发现系统故障（电压下降、系统冲击），应检查继电保护装置，若为保护误动可不经检查，再次将变压器投入运行。

（5）若判明为保护越级动作，可在故障点切除后再次合闸，送电后可不进行外部检查。

（6）过流保护动作时，检查变压器回路上有明显故障现象，应对该回路详查，消除故障后方可投入。

（7）检查差动保护范围内各部有无闪络喷油、套管爆炸等故障痕迹，并汇报值长。

（8）如有明显故障，应将变压器两侧隔离开关断开进行绝缘测定。

（9）在未查明原因，确认变压器内部无故障之前，不许将变压器投运。

十三、变压器轻瓦斯保护动作

1. 现象

DCS画面变压器"轻瓦斯动作"信号报警。

2．原因

（1）变压器内部有故障。

（2）变压器加油、滤油或冷却系统不严密，致使空气进入变压器。

（3）变压器因漏油、渗油、温度下降，引起油位降低。

（4）保护装置二次回路故障。

3．处理

（1）检查变压器油位是否正常，是否有漏油现象。

（2）检查变压器是否有放电声和异常声音。

（3）检查气体继电器内是否有气体，应收集气体进行分析，根据表 5-3 判断故障性质。

表 5-3　　　　　　　　　　　　　　　气体特性与故障性质判断

气体特性	故障性质
无色无味不可燃	油中分离的空气
淡黄色、带强烈臭味、可燃	纸板故障
黄色不易燃	木质故障
灰色、黑色、易燃烧	油故障

（4）如气体继电器内聚集的是空气，变压器仍可继续运行。当放气后气体继电器内气体仍不断产生，且频繁发信号时，不准将运行变压器的重瓦斯保护改投信号位，应迅速汇报值长，查明原因予以消除。

（5）如不是空气，而是其他颜色的气体，则应立即汇报值长，并停用该变压器进行检查处理。

（6）如动作原因不是空气浸入变压器所引起的，则需采油样进行色谱分析，判明变压器内部故障后停用处理。

十四、6kV 系统接地

1．现象

（1）6kV 某段发出接地信号。

（2）接地段可能有设备掉闸。

（3）接地段母线一相电压降低或为 0，其余两相电压升高或为线电压。

2．处理

（1）若为低压厂用变压器 6kV 侧接地，转移负荷，将该变压器停运检查。

（2）若为 6kV 电动机接地，保护未动作，则启动备用设备，停运该故障电动机进行检查处理；若该电动机零序保护动作，则检查开关掉闸，启动备用设备。

（3）若为 6kV 母线接地，则应迅速倒换该段电源，如接地现象消失，则为电源封闭母线接地，否则为 6kV 母线接地。

（4）判明为 6kV 母线接地，则应请示值长，尽量倒换接地 6kV 母线负荷，停电处理，总的接地运行时间不超过 2h。在此期间要严密监视母线 PT 的运行情况。

十五、厂用电中断

1. 现象

（1）锅炉 MFT 动作，汽轮机脱扣，给水泵汽轮机跳闸。

（2）交流照明熄灭，事故照明灯亮，事故喇叭响。

（3）所有运行交流电动机突然停转，备用交流电动机未联动。出口压力、流量到零，电动机电流到零。

（4）机房声音突变。

（5）汽温、汽压迅速下降。

2. 原因

发电机跳闸，备用电源未投入造成厂用电中断。

3. 处理方法

（1）按紧急停机步骤停机。

（2）检查确认汽轮机直流油泵、给水泵汽轮机直流油泵、空侧直流密封油泵应自动启动。复位其"启动"按钮，红灯亮，否则应手动启动，如直流润滑油泵和密封油泵不启动应立即破坏真空。

（3）解除各辅机连锁开关，复位"停止"按钮。

（4）严禁向凝汽器排汽水。

（5）手动关闭可能有汽水倒入汽轮机的阀门。

（6）电气尽快投入保安电源，必要时配合电气启动柴油发电机。

（7）保安电源送上后，启动主机交流润滑油泵运行正常后停直流油泵，投入连锁，给水泵汽轮机油泵及密封油泵也倒交流泵运行。

（8）注意监视润滑油压、油温及轴承金属温度和回油温度，汽轮机转子静止后，或转子出现暂弯曲，应进行定期盘车 180°直轴后，投入连续盘车。

（9）若厂用电部分失去，其相应设备停转，检查备用设备联动正常，否则手动启动备用设备，解除连锁，复位失电动力设备开关。

（10）排汽缸温度为 50℃以下时向凝汽器通循环水。

附　录　A

A.1　汽轮机冷态启动曲线

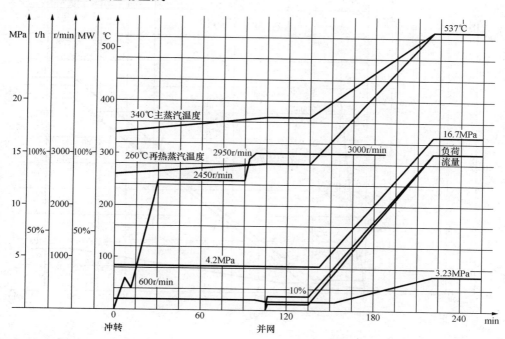

A.2　汽轮机温态启动曲线

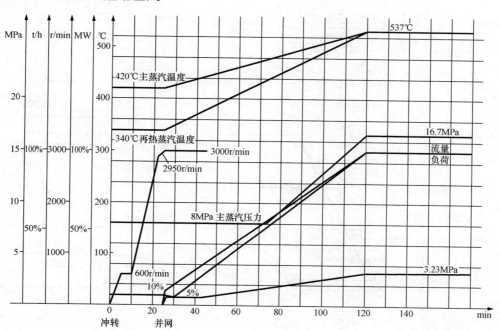

A.3 汽轮机热态启动曲线

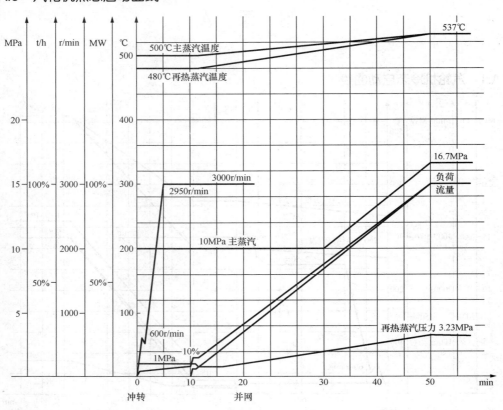

A.4 汽轮机极热态启动曲线

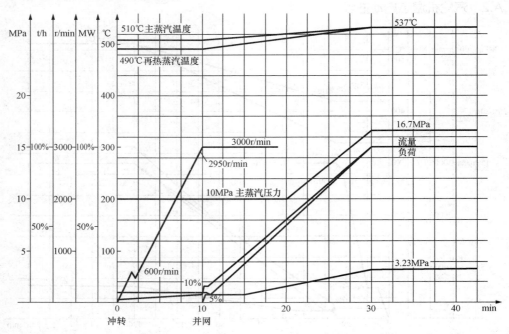

附　录　B

B.1　锅炉冷态启动曲线

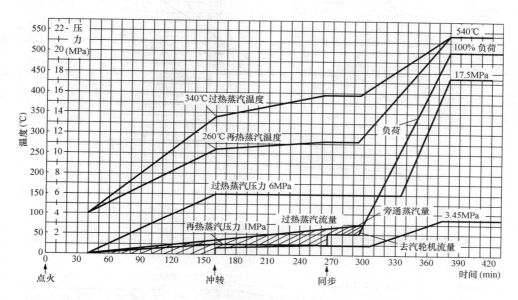

B.2　锅炉温态启动曲线

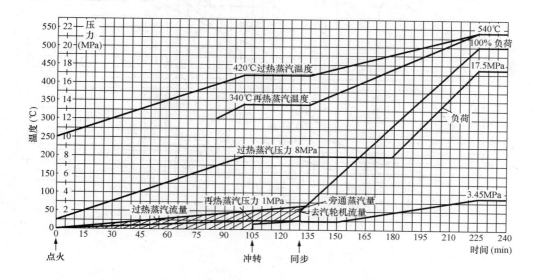

B.3 锅炉热态启动曲线

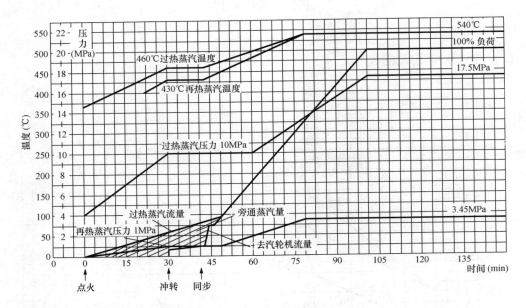

B.4 锅炉极热态启动曲线

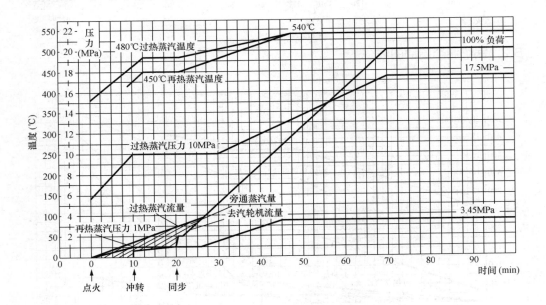

附 录 C

C.1 汽轮机主要热工参数整定表

序号	名称	单位	正常值	最高值	最低值	报警值	规定停机值 保护动作值
1	机组出力	MW	300	329			
2	电网频率	Hz	50	51.5	48.5		
3	主蒸汽压力	MPa	16.7	17.5		17.5	21.7
4	主蒸汽温度	℃	530～545	545	530	<530；>545	>567
5	再热蒸汽温度	℃	530～545	545	530	<530；>545	>567
6	再热蒸汽压力	MPa	3.26				
7	调节级后压力	MPa	12.13	13.4			
8	两侧主汽阀前温差	℃	<14				>43
9	两侧再热主汽阀前温差	℃	<14				>43
10	汽缸金属上下温差	℃	<42	42			>56
11	高压缸排汽温度	℃	327.2	<404		404	427
12	轴相位移（正向）	mm	<0.9			0.9	1.0
13	轴相位移（负向）	mm	>−0.9			−0.9	−1.0
14	胀差（正向）	mm	<15.7			15.7	16.45
15	胀差（负向）	mm	>−0.75			−0.75	−1.5
16	轴振动	mm	<0.076			0.125	0.254
17	轴承振动	mm	<0.03			0.05	
18	主油泵出口油压	MPa	1.666～1.764				
19	润滑油压	MPa	0.098～0.118			0.08	0.06
20	润滑油温	℃	38～49	49	38		
21	支持轴承温度	℃	<99			107	113
22	支持轴承回油温度	℃	<70			77	82
23	推力轴承发电机轴承	℃	<85			99	107
24	主油箱油位	mm	0	+56	−180	+56，−180	+319，−260
25	EH 油温	℃	35～60	60	35	60，35	
26	EH 油箱油位	mm	500～730			低 455	235
27	EH 油滤网差压	MPa	<0.35				
28	高压缸压比		3.26			1.8	1.7
29	轴封供汽压力	MPa	0.03				
30	低压缸轴封供汽温度	℃	149	177	121		

续表

序号	名称	单位	正常值	最高值	最低值	报警值	规定停机值保护动作值
31	排汽温度（带负荷）	℃	<90			90	121
32	排汽压力	kPa	15			60	65
33	排汽装置	mm	1500	1900	1200	高 1600 低 1300	2400
34	凝结水含氧量	μg/L	<10				
35	凝结水硬度	μmol/L	0				
36	凝结水箱水位	mm	860	1450	660	高 1060 低 900	
37	高压加热器水位	mm	0	+40	−40	±40	+160
38	7 号低压加热器水位	mm	390	440	340	高 440 低 340	高 490 低 290
39	5、6 号低压加热器水位	mm	270	320	220	高 320 低 220	高 370 低 170
40	给水温度	℃	276				
41	除氧器水位	mm	+510	+710	+310	高 +710 低 +310	高 +1010 低 −1400
42	除氧器压力	MPa	0.74	0.9662	0.2819		
43	除氧器含氧量	μg/L	<7	7			
44	发电机氢压	MPa	0.3	0.315	0.285	高 0.315 低 0.285	
45	发电机入口风温	℃	40	45	35		
46	发电机内冷水压力	MPa	0.2~0.25				
47	发电机内冷水流量	t/h	35				
48	发电机内冷水供水温度	℃	45			50	
49	发电机内冷水回水温度	℃	<75	75		75	
50	内冷水导电度	μS/cm	<1.5	1.5		5	
51	内冷水箱水位	mm	550	650	450		
52	空氢侧油压差	MPa	0.01				
53	空氢侧密封油压	MPa	0.385				
54	氢油压差	MPa	0.085±0.01				
55	密封油温	℃	27~50	56		65	
56	密封油箱油位	mm	±20	+60	−60	±60	
57	空侧密封回油温度	℃	<56			56	
58	氢侧密封回油温度	℃	<65			65	
59	辅汽联箱压力	MPa	0.85				

续表

序号	名称	单位	正常值	最高值	最低值	报警值	规定停机值 保护动作值
60	辅汽联箱温度	℃	350	360			
61	循环冷却水母管压力	MPa	＞0.3				
62	仪用气压	MPa	＞0.65				

C.2 锅炉主要热工参数整定表

序号	参数名称	定值		单位	备注
		上限	下限		
1	锅炉炉膛压力	3.3	−2.54	kPa	MFT 跳闸
2	锅炉炉膛压力	1	−1	kPa	报警
3	二次风风箱与炉膛差压	2.3		kPa	
4	火检冷却风入口滤网差压	1		kPa	
5	火检冷却风与炉膛差压		2	kPa	
6	火检冷却风出口压力低	6		kPa	
7	火检冷却风出口压力低Ⅱ值		4	kPa	
8	燃油温度正常		65	℃	
9	燃油母管压力正常		2.5	MPa	
10	燃油母管压力高	3.8		MPa	
11	燃油母管压力低		2.2	MPa	
12	吹扫蒸汽压力低		0.3	MPa	
13	送风机轴承温度高Ⅰ值	90		℃	
14	送风机轴承温度高Ⅱ值	110		℃	
15	送风机电动机前轴承温度高Ⅰ值	90		℃	
16	送风机电动机前轴承温度高Ⅱ值	110		℃	
17	送风机电动机后轴承温度高Ⅰ值	90		℃	
18	送风机电动机后轴承温度高Ⅱ值	110		℃	
19	送风机前轴承振动大	4.5		mm/s	
20	送风机前轴承振动大停机	7.1		mm/s	
21	空气预热器 A 热点超温	400		℃	跳空气预热器
22	空气预热器 A 热点报警	350		℃	
23	送风机后轴承振动大	4.5		mm/s	
24	送风机后轴承振动大停机	7.1		mm/s	
25	送风机失速报警	50		mbar	
26	引风机电动机前轴承温度高Ⅰ值	90		℃	

序号	参数名称	定值		单位	备注
		上限	下限		
27	引风机电动机前轴承温度高Ⅱ值	100		℃	
28	引风机电动机后轴承温度高Ⅰ值	90		℃	
29	引风机电动机后轴承温度高Ⅱ值	100		℃	
30	引风机前轴承温度高Ⅰ值	90		℃	
31	引风机前轴承温度高Ⅱ值	100		℃	
32	引风机后轴承温度高Ⅰ值	90		℃	
33	引风机后轴承温度高Ⅱ值	100		℃	
34	引风机前轴承振动大	4		mm/s	
35	引风机前轴承振动大停机	7.1		mm/s	
36	引风机后轴承振动大	4		mm/s	
37	引风机后轴承振动大停机	7.1		mm/s	
38	引风机失速报警	50		mbar	
39	磨煤机磨辊轴承润滑油温高Ⅰ值	90		℃	
40	磨煤机磨辊轴承润滑油温高Ⅱ值	100		℃	
41	磨煤机电动机绕组温度高Ⅰ值	120		℃	
42	磨煤机电动机绕组温度高Ⅱ值	130		℃	
43	磨煤机电动机前轴承温度高Ⅰ值	80		℃	
44	磨煤机电动机前轴承温度高Ⅱ值	90		℃	
45	磨煤机电动机后轴承温度高Ⅰ值	80		℃	
46	磨煤机电动机后轴承温度高Ⅱ值	90		℃	
47	磨煤机入口风与密封风压差		1.5	kPa	
48	磨煤机入口风与密封风压差		2	kPa	
49	磨煤机入口风与密封风压差		1	kPa	
50	密封风机入口滤网差压	1.2		kPa	
51	空气预热器B热点超温	300		℃	跳空气预热器
52	空气预热器B热点报警	200		℃	
53	一次风机前轴承温度高Ⅰ值	70		℃	
54	一次风机前轴承温度高Ⅱ值	80		℃	
55	一次风机后轴承温度高Ⅰ值	70		℃	
56	一次风机后轴承温度高Ⅱ值	80		℃	
57	一次风机电动机前轴承温度高Ⅰ值	70		℃	

序号	参数名称	定值		单位	备注
		上限	下限		
58	一次风机电动机前轴承温度高Ⅱ值	80		℃	
59	一次风机电动机后轴承温度高Ⅰ值	70		℃	
60	一次风机电动机后轴承温度高Ⅱ值	80		℃	
61	一次风机前轴承振动大	4.6		mm/s	
62	一次风机前轴承振动停机	7.1		mm/s	
63	一次风机后轴承振动大	4.6		mm/s	
64	一次风机后轴承振动停机	7.1		mm/s	
65	末级过热器压力高	17.8		MPa	
66	锅炉房仪用空气压力	0.5		MPa	
67	汽包水位	120	−180	mm	报警
68	汽包水位	240	−330	mm	MFT 跳闸

参 考 文 献

[1] 谌莉. 单元机组运行实训. 北京：中国电力出版社，2009.

[2] 牛卫东. 单元机组运行. 3 版. 北京：中国电力出版社，2013.

[3] 河南省电力公司. 火电工程调试技术手册. 北京：中国电力出版社，2003.

[4] 黄新元. 电站锅炉运行与燃烧调整. 北京：中国电力出版社，2003.

[5] 陈庚. 单元机组集控运行. 北京：中国电力出版社，2003.

[6] 东北电力科学研究院. 电气运行. 北京：中国电力出版社，2003.

[7] 林文孚，胡燕. 单元机组自动控制技术. 北京：中国电力出版社，2003.

[8] 曹吉鸣，徐伟. 网络计划技术与施工组织设计. 上海：同济大学出版社，2000.

[9] 张斌. 自动发电控制及一次调频控制系统. 北京：中国电力出版社，2005.

[10] 高爱民. 电液调节系统. 北京：中国电力出版社，2003.

[11] 国家电力公司华东公司. 发电厂集控运行技术问答. 北京：中国电力出版社，2003.

[12] 华东六省一市电机工程（电力）学会. 汽轮机设备及其系统. 北京：中国电力出版，2003.

[13] 宛安. 集散型控制系统造型与应用. 北京：中国电力出版社，2003.

[14] 王常力，罗安. 分布式控制系统（DCS）设计与应用实例. 北京：电子工业出版社，2004.